Vorwort

Vor langer Zeit auf der hell nicht Es war nichts - weder Land, weder Himmel, weder Sand, weder kaltWellen. Es gab nur einen undurchdringlichen schwarzen Abgrund, Ginnungagap, der nördlich davon lag Königreich ewig Nebel Niflheim, a zu Süden - Königreich ewig Feuer Muspelheim. Muspelheim war unheimlich Land brutzelnd Wärme, a in Niflheim, gegen, Eiseskälte und Dunkelheit herrschten. Die Welt war im Chaos, und so ging es lange weiter. Wie lange – das kann niemand sagen, weil die Zeit und der Raum der eddischen Mythen es nicht tun hat nichts mit den abstrakten Begriffen Ausdehnung und Dauer zu tun, die Wir sind es gewohnt, mit Ihnen zusammenzuarbeiten. Der mythologische Raum ist nicht nur endlich, sondern diskret und nicht einheitlich; es zerfällt in isolierte Stücke, die sind oder Platz etwas wichtig Entwicklungen, oder Platz bleibe Held. Deshalb Es ist absolut unmöglich, eine Karte der Welt der eddischen Mythen zu erstellen, da die Länder in ihnen genannten sind nicht relativ zueinander orientiert. Übrigens von hier Es gibt auch einen so wichtigen Punkt wie das Fehlen verständlicher Vorstellungen von der Welt übersinnlich oder jenseitig, denn alle Welten der skandinavischen Mythen sind gleichwertig und gleichermaßen real. Sie sind in keiner Weise gegen die „Hier und Jetzt"-Welt, sondern gegen die Möglichkeitin Sie durchdringen allein bestimmt Ausdauer Held.

Andere Wörter Erzähler nicht sieht aus auf der Artikel von außen und nicht versuchen schildere sie so, wie sie ihm wirklich erscheinen. Er stellt sich inmitten des Geschehens, innerhalb des Geschehens, und denkt sich nicht außerhalb dieses einen Ganzen. Nicht es trennt sich vom Objekt und sortiert die Dinge und Ereignisse zunächst nach ihren Parametern Bedeutung. Überlegungen zur Zuverlässigkeit oder Sichtbarkeit spielen für ihn keine Rolle. Ähnlich Abwesenheit klar Opposition Thema Objekt kann Name intern Punkt Blick auf Platz.

ABER weil die Platz Eddic Mythen beraubt Konnektivität und bröckelt in fragmentarische Hülle, dann ist die deklarative Ur-Leere nicht außerhalb des Konkreten gedacht Füllung. Der Abgrund der Welt, wie sich schon auf den ersten Seiten herausstellt, ist es überhaupt nicht Welt, da es im Norden an das Land der Dunkelheit und Kälte und im Süden an das Königreich des Feuers angrenzt. Daher erweist sich die Schöpfung nicht als Geburt aus dem Nichts, sondern als banale Transformation von vorhandenen. AUS Also gleich Erfolg kann aufreißen alt wertlos Kleid und herausschnitzenaus ihn neuer Anzug.

Als im Reich der Nebel plötzlich die lebensspendende Quelle Görgelmir hervorbrach, der Abgrund von Ginnungagap wurde von den Wassern zwölf mächtiger Bäche überschwemmt. Und obwohl der heftige Frost Niflheim sofort gedreht Wasser in Eis, Quelle fortgesetzt schlagen nicht aufhören.

Eisblöcke wuchsen sprunghaft, häuften sich übereinander und kletterten hoch, und wann Eine monströse Eisdecke kroch nahe an den Stadtrand von Muspelheim heran, es war feurig Atem schmolz das uralte Eis. Ein Feuerwerk heißer Funken, spritzte aus dem Reich des Feuers, mit Schmelzwasser vermischt und ihm Leben eingehaucht. Und dann langsam aus dem Abgrund von Ginnungagap Rose riesig Zahl, trampeln schwer Fuß Fest Eis Hülse. Es war der Riese Ymir, das erste Lebewesen der Welt. Am ersten Schöpfungstag (ggf Betrachten Sie die Geburt von Ymir am ersten Tag) Ein Junge und ein Mädchen erschienen unter seinem Arm und eines Bein konzipiert Mit Ein weiterer sechsköpfig riesiger Sohn. So Es war soll Anfang grausam und heimtückisch Stamm Riesen Grimtursenow.

Ymir und seine Nachkommen brauchten Nahrung, aber in der Dunkelheit, Kälte und dem Chaos der Leblosen Die Fütterung in der Wüste war sehr problematisch. Daher zusammen mit dem Vorfahren Riesen aus schmelzen Eis erschien riesig Kuh Audumla, aus Euter die vier Milchflüsse flossen. Audumla streifte im Eis und leckte das Salzeis Klumpen. Sie arbeitete so hart, dass am Ende des dritten Tages ein Riese des Sturms aus dem Block trat, der Urvater der drei Götter - Odin, Vili und Be. Die Brüder bevorzugten jedoch nicht den herrischen und grausamen Ymir deshalb rebellierten sie gegen den ersten der Riesen und töteten sie nach einem langen, erschöpfenden Kampf seine.

Und Frieden war Also riesig was Blut, sprudeln aus seine lief, überflutet das Ganze Welt. Die Riesen und die Kuh Audumla verschwanden spurlos in den tobenden Elementen, und nur einer von ihnen Ymirs Enkel hatten Glück: er geschafft, ein Boot zu bauen, auf dem und mit entkommen seine Ehefrau. Die Götterbrüder machten sich daran, die Welt für die ewige Kälte und Dunkelheit, die herrschte, wieder aufzubauen herum, sie mochten es nicht. Aus dem Körper von Ymir machten sie die Erde in Form einer flachen Scheibe und Sie stellten sie mitten in ein riesiges Meer, das aus seinem Blut geformt wurde. Aus dem Schädel von Ymir Brüder gemacht paradiesisch Gewölbe, aus seine Knochen gebaut die Berge, aus Haar gemacht Bäume, von den Zähnen - Steinen und vom Gehirn - Wolken. Mitten in der Welt bauten sie Midgard – die Bleibe Menschen (in der Übersetzung bedeutet Midgard "mittlerer Hof") und die abgelegenen Ländereien an der Küste den Riesen gegeben. Zum Schutz vor den Riesen umgaben sie Midgard mit einer hohen Mauer, die hergestellt aus den Augenlidern (oder Wimpern) von Ymir. Jeder der vier Ecken der Himmelsgötter in Form eines Horns aufgerollt und dem Wind entsprechend in jedes Horn gepflanzt. Von den heißen Funken, die herausfliegen Muspelheim, machten sie Sterne und schmückten damit das Firmament. Einige der Sterne waren bewegungslos fixiert, und einige durften den Himmel umkreisen, damit sie konntenlernen Zeit.

Es stimmt, andere Eddic-Lieder sagen, dass Himmelskörper existierten und Vor, deshalb Arbeit Götter reduziert Gesamt nur zu Anweisungen diese setzt, die Sie sollte haben nehmen.

Die Sonne wusste es nichtwo ist sein zuhause Die Sterne wussten es nichtwo sie leuchten einen Monat lang nicht gewusst Relikte seine.

Intern Punkt Vision auf der Platz erscheint, in im Speziellen in Volumen, was Geographie in den skandinavischen Mythen existiert nicht ohne Ethik. Alle guten Dinge werden eingesammelt Center Frieden, a teuflisch zum Scheitern verurteilt Haufen auf der seine Stadtrand. Irgendein Thema automatisch erhält je nach Standort eine Qualitätsbewertung. Mitten in der Welt gelegen Midgard, und das Land Giants Jotunheim liegt nämlich am Stadtrand angemessen vermuten was Stadtrand Frieden - das ist Land. Zwischen Themen aus Andere Lieder folgt, wasder rand der welt ist nichts anderes als das meer, das die erde ringförmig umgibt, an deren grund schlummert die monströse Weltenschlange Jormungandr und beißt sich in den eigenen Schwanz. Aber Wenn die Götter in das Land der Riesen gehen, müssen sie jedes Mal das Meer überqueren Meerenge. Die Peripherie des skandinavischen Universums stellt sich paradoxerweise als Land heraus und auf dem Seeweg gleichzeitig.

BEI Center Frieden zu regiert flagrant Verwirrtheit. Außer Midgard, bewohnt Menschen, die Götterkammer Asgard erhebt sich dort, und der Weltenbaum, die Esche Yggdrasil, durchbohrt terrestrisch Scheibe in Richtigkeit mitten drin zum seine Krone erweitert Oben alle die Welt. BEI spätere christliche Interpretationen versuchen, Asgard in den Himmel zu erheben, aber diese erbärmlichen "Grimassen und Sprünge" können da nur ein herablassendes Lächeln hervorrufen der Himmel der eddischen Mythen unterscheidet sich nicht von der Erde. Und zwar im euklidischen Raum Die Kombination von drei Objekten am selben Ort ist absolut unmöglich, dieser Geschichtenerzähler Absurdität ist nicht peinlich. Nur die Kammer der Götter, der Aufenthaltsort der Menschen und der heilige Baum sind es nicht kann nirgendwo sein aber Mitte Frieden.

Auch die Zeit der skandinavischen Mythen ist fragmentarisch und fest an das Ereignis gebunden die Zeile. Wenn auf der Welt nichts Bemerkenswertes passiert, dann steht die Zeit still. Platz. Es ist einfach nicht als flüssige Substanz konzipiert, die keinen Einflüssen ausgesetzt ist. von außen: wenn zwischen zwei Veranstaltungen fehlen kausal Verbindung, arrangieren Sie an bestellen entschlossen unmöglich. Sagen wir unbedingt nicht klar, in die chronologisch Sequenzen muss liegen Besuch Donner Thora zu bis hin zum Riesen Geirod, seinem Duell mit der Weltenschlange Jormungandr und dem Kampf mit dem Stein Riese Grungnir. Mehr Gehen, irgendein Erzählung sofort bröckelt auf der Fragmente, die ein unabhängiges Leben führen, und der Charakter dieses oder jenes Mythos ist fast immer eine statische Figur, die eine auswendig gelernte Zirkusnummer vorführt. Darin liegt keine Entwicklung. Zum Beispiel ist Magni, der Sohn von Thor, berühmt dafür, das Bein des besiegten Riesen vom Hals zu stoßen Vater. Dies war jedoch nicht seine kindische Leistung, sondern eine Leistung im Allgemeinen. Magni ist immer ein Kind und außerhalb seiner mutigen Tat existiert einfach nicht. Auf der anderen Seite der Vater der Götter Einer, scheinbar immer alter Mann.

Auch Vergangenheit, Gegenwart und Zukunft fließen fließend und wunderbar ineinander nebeneinander existieren. Dies wird durch die Grammatik des Eddic eindeutig belegt Mythen, Wenn Formen vorbei an Zeit wohl wechseln Mit Formen Gegenwart oder Zukunft. Die Götter wohnen nicht darin Zeit, wo sich die Ereignisse so wenden können oder so ähnlich, aber in einer Art regloser Ewigkeit, wo alles wie von Noten gemalt ist. Aus bloße Sterbliche sind durch eine absolute epische Distanz getrennt, als eins intelligenter Historiker. In jener fernen Zeit war alles anders und sogar die Zeit verlief anders. Kommen Tod Götter, festgelegt Mahlen Wort "Ragnarök" ausgehen volva-Wahrsager als ein Ereignis, das hier und jetzt stattfindet, aber das ist überhaupt nicht widerspricht nicht der Tatsache, dass die Katastrophe noch aussteht. Andere Wörter vorbei an und Zukunft präsentierten sich gleichermaßen real, und die Bewegung entlang der Zeitachse schien so selbstverständlich wie beispielsweise das Reisen aus Asgard in Jötunheim.

Eine einigermaßen detaillierte Nacherzählung des skandinavischen Mythos von der Erschaffung der Welt wurde nicht unternommen. aus Liebe zur Kunst (obwohl die düstere und majestätische Poesie der nordischen Sagen es in unserer nicht kann schau, lass eine Person mit einem guten literarischen Geschmack gleichgültig), aber nur zum Gehen, zu Sie, Leser, könnte durchdringen verwirrend Kosmogonie alt. Handlungen skandinavisch Götter und Helden in vorchristlich Epoche erhalten Anruf Eddic Mythen, Weil was sie erreicht Vor unser Tage in zwei literarisch Denkmäler - "Jüngere Edda" und "Ältere Edda". Als Autor gilt die „Jüngere Edda". Isländer Snorri stürmisch, welche die in Erste halb XIII Jahrhundert gesammelt zusammen und systematisierte die Mythen, die in der mündlichen Überlieferung existierten. Allerdings, um ihn den Autor zu nennen mit gewissem Aufwand möglich, denn damals gab es ein solches Konzept einfach noch nicht. Die Urheberschaft der „Elder Edda" ist nicht geklärt, ebenso wie die Etymologie des Wortes „Edda" unbekannt ist; soll, was es los aus Bauernhöfe Seltsam, wo Snorri zur Diskussion gebracht aber lange weg nicht alle Wissenschaftler eine solche Die Deutung ist zufriedenstellend.

Kosmogonische Mythen über die Geburt der Welt aus dem Chaos existierten zu verschiedenen Zeiten unter vielen Völker. Fast alle sie durchdrungen eines und Themen gleich Motiv: Original Chaos entgegen Elemente (wie Regel Feuer und Wasser) an Wille Götter vorgibt zu sein in gut organisierter Raum, und Unordnung weicht strenger Harmonie. Oft der Schöpfer fährt ab aus Angelegenheiten, und dann engagiert sein Überleitung aus mythologisch Zeit zu Zeit historisch. Mit anderen Worten, die Welt wird nicht in der Zeit geboren, sondern zusammen mit der Zeit. Wenn ein anwenden zu alt Schichten Folklore und mythologisch Aufführungen, erscheinen toll Ähnlichkeit kosmogonisch Systeme, erstellt in anders Teile des Globus. Natürlich wird es kein Detailspiel geben, sondern das Hauptspiel Die Linie wird ganz klar hervorgehoben: eine erbitterte Konfrontation zwischen den polaren Kräften, erbittert Zusammenstöße von Göttern und Monstern, Ordnung von Urchaos und mühsamer Wiederholung alle Rückgeld. altägyptisch oder Hindukulturell Traditionen in Dies Sinn gar nicht nicht anders aus Antiquität. Wir beschlossen anwenden zu skandinavisch Legenden nur weil sie einen unheimlichen Stempel heidnischer Authentizität haben, was nicht der Fall ist finden Sie zum Beispiel in antiken griechischen Mythen, die im Laufe der Jahrhunderte alten Kultur die Polituren sind ziemlich abgenutzt und wirken vor dem Hintergrund der Eddic sozusagen ein wenig postmodern Lieder. isländisch Wissenschaftler Sigurd Nordal So schrieb um eines aus Bücher "Jünger Edda":

...

Gylvis Vision ist eines dieser zeitlosen Werke, die Sie lesen können Kind unmittelbar nach der Grundierung und dann immer wieder auf allen Entwicklungs- und Wissensstufen und jeder einmal finden Neu, und Neu, und Neu. Dies Buchen gleichzeitig und transparent und schwer verständlich, einfach wie eine Taube und schlau wie eine Schlange, je nachdem wie tief Leser dringt ein in Sie. Zum, obwohl heidnisch Ausblick nicht völlig aufgedeckt in Sie, in größer Ganzheit seine nicht finden weder in was Freund Arbeit.

Wann in Epoche Aufklärung triumphiert Naturwissenschaft Malerei Frieden, die naiven Ideen der Alten wurden durchgestrichen. Das Universum ist zu einem Muster geworden göttlich Harmonie, ewig und unverändert Platz, Leben an strikt mathematische Gesetze. Ende des 19. Jahrhunderts sprach man sogar vom Ende der Physik: Sie sagen, dass alle grundlegenden Fragen daher bereits endgültig gelöst wurden links nur spazieren gehen Hand Meister an poliert Vor scheinen Fassade, zu beseitigen unerheblich Rauheit. Jedoch sehr demnächst aus unauffällig Risse warf einen solchen Rauch, dass das ganze Gebäude der traditionellen Physik verzweifelt fieberte. Aus der Vergangenheit von Wohlwollen war keine Spur mehr vorhanden. Die gemütliche viktorianische Ära verblasste langsam vorbei an, und auf der Wechsel klassisch Wissenschaft XIX Jahrhundert kam Neu Physik - paradox ungewöhnlich und erschreckend. Rückgeld aufgetreten auf der drehen Jahrhunderte nicht schlecht reflektiert in berühmt Comic Vierzeiler.

Diese Welt war in tiefe Dunkelheit
gehüllt. Es werde Licht! Und hier kommt
Newton. Aber Satan nicht für lange
gewartet Rache:
Kam Einstein - und wurde alle wie Vor.

Natürlich wäre es absurd, eine direkte Parallele zwischen naturphilosophischen zu ziehen Ansichten alt und Erfolge zeitgenössisch Naturwissenschaften. Jedoch heidnisch Malerei Frieden bei alle seine Naivität und Kunstlosigkeit profitabel ist anders aus bewegungslos und langweilig Platz Deterministen. Sie ist paradox exquisit und erstaunlich dynamisch. Übrigens die Denker späterer Epochen immer reichlich der Folklore entnommen. Zum Beispiel einer der tiefgründigsten und originellsten Köpfe von Hellas - Heraklit der Dunkle (6. Jahrhundert v. Chr.), der sagte, dass man nicht zweimal in denselben Fluss eintreten kann, einmal proklamiert: "Sie sollten wissen, dass der Krieg universell ist!" Natürlich geht es hier nicht darum bewaffnet Zusammenstöße auf der aufstellen Schelte, weil sie Gesamt nur Privatgelände Ereignis Universal- Gesetz: alle Sein - Fötus Ringen, und mich selbst Welt Es gibt ewig Werden.

Die heidnische Naturphilosophie ist weit davon entfernt, so primitiv zu sein, wie es oberflächlich erscheinen mag. erster Blick. Sagen wir Mythen über den Beginn der Zeit das Universum war mehr in Zustand, dem Chaos nahe, offenbaren überraschende Überschneidungen mit der neuesten Kosmologie Ideen. Stimmt, das Verhältnis von Chaos und Raum, Entropie und Ordnung in der Moderne Kosmologische Modelle der Geburt des Universums aus dem Nichts ist etwas anders: die ersten MomenteDas Leben unserer Welt wird als Zustand hoher Ordnung und weiterer Entropie konzipiert unwiderstehlich wächst. Jedoch, existiert und Gegenteil Punkt Vision: "primär Atom", aus dem entstand Welt, war chaotisch homogen Zustand, a alle Geschichte Das Universum ist nichts anderes als der Prozess seiner Strukturierung, evolutionäre Komplikation. So oder so, aber die grundlegenden Fragen des Seins standen wieder im Rampenlicht Astrophysiker und Kosmologen natürlich auf der Freund eben Verständnis.

Modern körperlich Malerei Frieden verirrt Sichtweite, ehemalige Alpha und Omega klassisch Wissenschaft vor dem letzten Jahrhunderte. Wann lesen um Quantisierung Platz, Korpuskularwelle Dualismus oder toll Metamorphose, die im Laufe der Zeit in Schwarzen Löchern auftreten, erinnert man sich unwillkürlich an eine Aufspaltung Stücke Platz Eddic Mythen und toll mythisch Zeit, nicht wissen Unterschiede zwischen Vergangenheit und Zukunft. Und die Vereinigung in einem Punkt der Menschenwelt, der Halle Götter und der heilige Weltenbaum - warum nicht auch die Schnörkel der Elementarteilchen in der Physik Mikrowelt? Das wundersame Verdampfen des Universums aus dem Raum-Zeit-Schaum und seinen Der unvermeidliche Tod, wenn "die Zeit nicht mehr sein wird" (die Worte von Johannes dem Theologen), ist auch möglich Entsprechungen in den Mythen verschiedener Völker finden. Daher ist es kaum sinnvoll zu tätscheln Vorfahren auf die Schulter und klagen über die Begrenztheit ihrer naturwissenschaftlichen Kenntnisse. Noch nicht bekannt, Was ist einfacher - sich ein neues kosmologisches Szenario auszudenken oder als erster Antworten zu geben, lassen Sie ungefähr oder sogar fehlerhaft, bis hin zu Fragen nach grundlegenden Mustern Sein. Und wer kennt vielleicht ausgefeilte Modelle der Weltordnung, die viel sind moderne Astrophysik, wird unseren Nachkommen als unbeholfen und distanziert erscheinen aus Wirklichkeit, was uns siehe kosmogonisch Darstellung alt.

Entfernungen, Meilen, Meilen

Derjenige, der die Welt erschaffen hat, hat sich ein Wunschtraum aus der Begegnung gemacht Erstellt auf verschiedenen Sternen. Er dazwischen errichtet sie eine Barriere perfekt leer und unsichtbar aber unwiderstehlich: besitzen, a nichtMensch Distanz.

Stanislaw Lem

BEI Antike Personen lebte auf der eben Erde. Nichts toll in Dies Nein, zum Mensch Auge irdisch auftauchen und in der Tat sieht Weg rennen pro Horizont grenzenlos Flugzeug, wenn, sicherlich, Vernachlässigung lokal Tropfen Hilfe an Höhe. Die Kaufleute und Soldaten der Antike konnten durch die Täler und über die Hügel reisen eigene Erfahrung, um sicherzustellen, dass die Oberfläche der Erde riesig ist eben Pfannkuchen.

Unsere entfernten Vorfahren jedoch als naive Einfaltspinsel zu betrachten, wäre rücksichtslos und kurzsichtig. Es ist nur so, dass die Wissenschaft damals noch in Windeln zappelte. Lockerer Flor Tatsachen, wo sich genaue Beobachtungen und erstaunliche Vermutungen mit Ungeheuerlichkeiten abwechselten Missverständnisse, die noch systematisiert werden müssen. Die Spreu vom Weizen zu trennen, geht gar nicht eine solche leichte Aufgabe wie es könnte scheinen auf der erster Blick.

Aber wenn Vision uns nicht täuscht und Erde Ja wirklich eben, sollte möchten herausfinden, wie lange weg Sie ist erweitert. ABER weil die niemand aus Sterbliche nicht gelang es Gehen Sie an seinen Rand und schauen Sie nach unten. Es schien ziemlich logisch, dies anzunehmen die Kanten nein überhaupt - irdisch auftauchen nirgends nicht endet. Aber Unendlichkeit - sehr unbequem Konzept, schlecht zugänglich rational Verständnis, und Personen stets gesucht aus Sie beseitigen, abschütteln. Wenn ein gleich Kante bei Erde schließlich Es gibt, was, erzählen auf der barmherzig, kann verhindern, dass die Wasser der Welt, von allen Seiten das Land überspülen, sich spurlos ergießen bodenlos ein Abgrund? Position Gerettet paradiesisch Gewölbe, umgeworfen Oben Erde riesige Schale und bildet mit ihr ein einziges Ganzes. Also ewig auf der Flucht Der Horizont wird der Ort sein, an dem sich die Kristallkuppel des Himmels mit dem Firmament der Erde verbindet. Zwischen übrigens, biblisch Ausdruck „Firmament irdisch und Firmament paradiesisch" ist Echo diese Altes Testament geografische Darstellungen.

So, wir zumindest aussortiert Mit Gerät Universum. Passiert Trog Mitmit flachem Boden, mit dem Deckel des Himmelsgewölbes zugeschlagen. Es bleibt die Form zu bestimmen und Maße Dies Entwürfe. Jedoch bei anders Völker manchmal existierte diametral Gegenteil Meinungen zu dieses Konto.

Sagen wir, die alten Ägypter, die im Niltal lebten, und die Sumerer, die die Interfluve bewohnten Tigris und Euphrat glaubten, dass die Erde von Ost nach West viel länger ist als von Norden Süden. Aus einer Reihe historischer Gründe waren sie mit den Einwohnern ziemlich gut vertrautNachbarländer liegen an den östlichen und westlichen Grenzen ihrer Königreiche, aber die südlichen und nördlich Land Für eine lange Zeit war zum Sie fast Komplett Terra inkognita. Deshalb Sumerer und Ägypter Erde gezeichnet in bilden rechteckig Schublade, verlängert in Breitengrad Richtung. Bei den Griechen war offenbar der Sinn für geometrische Proportionen entwickelt besser: Ihrer Meinung nach war die Erde eine runde Platte, natürlich mit Griechenland darin Center. Land co alle Parteien gewaschen Wasser mächtig Flüsse unter Name Ozean, a Mittelmeer Meer war Sie schlank Zweig, seine nett Blinddarm, ausgestreckt in die Mitte Frieden.

Altgriechisch Historiker und Geograph Hekataios Milesian, lebte für fünf Jahrhunderte Vor Anfang der christlichen Ära der Autor des grundlegenden Werkes „Erdbeschreibung", das zu Stande kam bis heute in Fragmenten, sogar versucht, die Abmessungen dieser Platte zu berechnen. Er kam zu die Schlussfolgerung, dass sein Durchmesser 8.000 Kilometer nicht überschreiten sollte; also die Gegend Flache Erde wird 50 Millionen Quadratkilometern entsprechen. Und zwar wahr Die Fläche unseres Planeten ist 10-mal größer, wir wagen zu glauben, dass die Zahlen von den Mutigen erhalten werden ein Eingeborener von Milet, erschien den Zeitgenossen monströs. Natürlich ist der Kreis mehr perfekt Zahl an Vergleich Mit unbeholfen Rechteck, aber die sakramentale Frage, was die Erdscheibe hält, blieb noch aus Antwort. Die alten Griechen wurden nicht aus dem Nichts geboren und wussten genau, dass alle schwere Körper haben Trend herunterfallen.

– Ob die flache Erdscheibe wirklich so groß sei, freuten sich die Skeptiker trockene Handflächen reiben, dann lass uns der respektierte Hecateus erklären, unvernünftig, was Kräfte bewirken, dass es bewegungslos hängt. Fällt er dennoch mit einem Pfiff hinein Leere, wie alle anderen Körper, warum bemerken wir dann dieses Ungestüm nicht Herbst?

Wir nicht wir wissen wie antwortete Der Erste Antiquität Geograph auf der unbequem Fragen Gegner. Es war am einfachsten zu sagen, dass sich das Firmament der Erde unendlich nach unten erstreckt,aber es sofort führte zu Erinnerung verflucht unendlich, ab die gerade jetzt gelang es verschwinde. Wo schlauer Es war vermuten was terrestrisch Scheibe ruht auf der irgendetwas dauerhaft. Hindus die Erde setzen auf der vier Säule.

– Höchst Gut, – vernichtend gefiltert durch Lippe Skeptiker, – a auf der wie Stand Säulen?
– Auf der riesige Elefanten, das ist eben klein Kinder kennt.
– ABER Elefanten?
– ABER Elefanten, Ja wird sein für dich bekannt trampeln ihr Fuß Hülse riesigSchildkröten.
– ABER Schildkröte?…

Die böse Unendlichkeit kroch immer wieder hartnäckig aus allen Löchern, und die Vorstellung von eben Erde Gefahren Denker hinein hoffnungslos Sackgasse.

Erinnern wir uns an die lustige Geschichte von Lazar Lagin über den mächtigen Geist Gassan Abdurrahman ibn Hottabe von Geburt an aus alt Arabien, nach Willen das Schicksal sich selbst gefunden in modernes Moskau. Sie sagen, er war eine sehr einflussreiche Figur am Hof des weisen Königs Solomon, der vor 3000 Jahren in Palästina regierte, gefiel Caesar irgendwie nicht. Der liebevolle König (der Legende nach hatte Salomo 700 Frauen und 300 Konkubinen) nicht mit dem Ungehorsamen auf Zeremonie zu stehen und ihm ohne lange Gespräche befohlen zu haben, ihn in einem irdenen Gefäß einzusperren, die in den Tiefen des Meeres ertrinken sollte. Und 3000 Jahre später ein Moskauer Schuljunge Volka Kostylkow zufällig kam rüber auf der moosig Keramik Schiff hinein Zeit Morgen Baden. Wie live Genies, in Richtigkeit niemand nicht weiß aber Hottabych entpuppte sich als ungewöhnlich fröhlicher und entgegenkommender alter Mann und bot deshalb gleich seinen an Retter viele Dienste. Volka hatte eine Prüfung in Erdkunde, in der er eher war fein Schwamm So was nach mehrere rein formell Körperbewegungen Rechts Pionier und gültig Mitglied astronomisch Tasse bei Moskau Planetarien winkte gegenseitig vorteilhaft handeln.

Hinweise Genie - nicht Pfund. Rosinen. Wolke habe Indien, aber um arabisch Meerund der Golf von Bengalen, der die Ufer dieser riesigen Halbinsel umspült, armer Junge hatte keine Zeit, etwas zu sagen. Gegen seinen eigenen Willen sprach er völligen Unsinn Land, lügnerisch auf der selbst Kante irdisch Scheibe, und um benachbart landet, bewohnt kahl Personen die Essen ausschließlich roh Fische und holzigZapfen.

Als sie ihn fragten, von welcher Scheibe er sprach, und ob er nicht wusste, dass die Erde hat die Form einer Kugel, Volka gehorchte Hottabych, grinste arrogant und ging weiter Spielzeug gleich eloquente Art:

...

– Du würdest du bitte Witze erzählen Oben deine am ergebensten Schüler! Wenn ein möchten Erde war Ball, Wasser floss nach unten möchten Mit Sie Abstieg und Personen gestorben möchten aus Durst a Pflanzen ausgetrocknet. Erde, O würdigster und edelster aller Lehrer und Mentoren, hatte und hat die Form flache Scheibe und wird allseitig von einem majestätischen Fluss umspült "Ozean". Die Erde ruht auf sechs Elefanten, und sie stehen auf einer riesigen Schildkröte. So funktioniert die Welt, oh Lehrer!

Witze Witze aber engstirnig Darstellung um Natur von Sachen auf der Seltenheit zäh. Es wird gesagt, dass einst Bertrand Russell, der bedeutende englische Philosoph und Mathematiker, hielt einen öffentlichen Vortrag über Astronomie. Und das obwohl es relativ passiert istneuerdings, zu Beginn des letzten Jahrhunderts, war der Dozent gründlich und gemächlich. Apropos wieDie Erde dreht sich um die Sonne, er hat nicht übersehen, dass unser herrliches Tageslicht hell ist gewöhnliche Stern und, in mein drehen, zu ziehen um um Center Galaxien. Als der Vortrag zu Ende war, erhob sich eine kleine ältere Frau aus den hinteren Reihen. Dame und angegeben was alle, um wie hier interpretiert Liebling Dozent, - kontinuierlich Unsinn.

– Auf der selbst Tat, - sagte Sie ist, - unser Welt - das ist groß eben Teller, dieKosten auf der der Rücken Riesenschildkröte.

– Brunnen Gut, - lächelte Russel, a auf der wie gleich festhalten Schildkröte?

– Du bist sehr scharfsinnig, junger Mann, antwortete die kleine alte Dame. - Eine Schildkröte steht auf dem Rücken einer anderen Schildkröte, diese auf einer anderen und so weiter und so weiter und so weiter. Des Weiteren.

Vielleicht, Kosmogonie Hekate mehr Für eine lange Zeit war möchten in gehen, wenn möchten nicht getrennt lästige Kleinigkeiten. Aufmerksame Griechen bemerkten, dass das Bild des Sternenhimmels greifbar ist ändert sich, wenn Sie von Süden nach Norden reisen. Ein Teil der Sterne schwebt über dem südlichen Horizont, und im Norden leuchten neue Sternbilder auf, die in den südlichen Breiten nicht zu sehen sind. Zum Beispiel, Polar Stern Schritt pro Schritt klettert alle Oben und Oben, aus was Mit man musste schlussfolgern, dass es früher oder später direkt über dem Kopf hängen würde Reisender. Na sicher Griechen Es war nicht bewusst, was ähnlich Veranstaltung kann sein stattfinden nur nur auf der Nördlich Pole, aber Trend gesprochen Sie selber pro mich selbst. (Um fair zu sein, stellen wir fest, dass fünf Jahrhunderte vor der Geburt Christi, der Polar, das heißt alpha Ursa Minor, war nicht der Stern, der dem Pol am nächsten war, aber diese Einzelheiten sind hier auslassen.) Auf der anderen Seite beginnt der Nordstern, wenn man nach Süden reist, nach unten zu rutschen, die nördlichen Sternbilder mit sich ziehen, und unbekannte tauchen am südlichen Horizont auf Sterne. Auf der Äquatorlinie (das Konzept ist gleichermaßen spekulativ für die Alten Griechen, wie Nordpol) Der Nordstern sollte am nördlichen Horizont liegen. Wenn die Erde wäre Bei einer flachen Scheibe würde sich das Muster der Konstellationen äußerst geringfügig ändern und sich geringfügig verschieben nach Perspektive. Der Sternenhimmel würde überall gleich aussehen, aber der Komplex Evolution nicht möchten und in denken Sie daran.

Daher der antike griechische Philosoph Anaximander, der fast 100 Jahre vor Hekateus lebte und zu einheimisch Milet, empfohlen was irdisch auftauchen verzieht an Richtung von Süden nach Norden. Statt einer runden Platte bekam er einen liegenden Zylinder horizontal, auf deren Oberfläche Menschen leben. Es muss gesagt werden, dass die kleinasiatische Stadt Milet war für einen älteren Zeitgenossen das wahre kulturelle Mekka der Antike Anaximander, seine Landsmann und Lehrer Thales Der Erste Vertreter Schulen ionisch Naturphilosophen, zu verstanden Sinn in Bewegung paradiesisch Koryphäen. Durch Legende, er prognostizierte eine Sonnenfinsternis von 585 v. e. Ehrlich gesagt ist nicht ganz klar, wie das gelang ihm, denn bei Thales hatte unsere Erde die Form einer flachen Scheibe, schwimmt auf der Oberfläche des endlosen Ozeans. Die Theorie der Sonnen- und Mondfinsternisse die Griechen entwickelten sich viel später, also überlassen wir die Errungenschaften des Thales von Milet Gewissen Chronisten.

Die zylindrische Erde von Anaximander war im Vergleich dazu ein unbestreitbarer Fortschritt flaches Universum von Hecateus oder Thales, aber leider hat sie die Situation nicht gerettet. Wie bekannt, Antiquität Griechen war maritim die Menschen sehr frühzeitig gemeistert und erledigt Mittelmeer Küste auf der alle seine hindurch - aus Gibraltar Säulen auf der Westen bis zu den Küsten Kleinasiens im Osten. Flinke, spitznasige Schiffe tapferer Seefahrer drang nicht nur durch die Meerengenkette ins Schwarze Meer ein (die Griechen nannten es Euxine Pontom), sondern gingen auch an den Atlantik, und auf der Suche nach dem legendären Land Thule erreichten sie britisch Inseln (Expedition Pytheas). nicht ohne Grund Fabulist Äsop einmal verglichen ihre Stammesgenossen mit Fröschen, die auf allen Seiten um ihren heimischen Sumpf stecken. alt Griechen, deren ganzes Leben eng mit dem Meer verbunden war, fast jeden Tag hatte eine Chance absehen zerbrechlich Muscheln in entfernt Baden. Sorgfältig Aufpassen pro Schiffe, die den Hafen verlassen, hatten sie mehr als einmal Gelegenheit, dafür zu sorgen das Schiff verschmilzt nicht einfach „im blauen Nebel des Meeres", sondern scheint hinter dem Hang des Hügels entlang zu verschwinden Teile: Zuerst wird der Rumpf vor den Augen verborgen, dann das Segel, dann die Mastspitzen. Zu denen, die fähig denken, blieb tun elementar geistig eine Anstrengung, zu Kommen Sie zu Fazit um Sphärizität Erde. Mehr Gehen, Schiffe ausgewichen unter Berg unbedingt gleichermaßen außen Abhängigkeiten aus Richtungen, in die sie schwebte. Reisen auf der Süden ergab genau das gleiche Ergebnis wie das Segeln nach Osten oder Westen. Zylindrisch Anaximanders Modell konnte die gleichmäßige Krümmung der Erdoberfläche entlang nicht erklären alle Richtungen und erwies sich daher als unhaltbar. Das haben die Griechen richtig beurteilt nur auftauchen Ball nicht widerspricht alle Summe angesammelt Antiquität Wissenschaft Fakten.

Es wird angenommen, dass die Idee der Sphärizität der Erde zuerst von einem Zeitgenossen zum Ausdruck gebracht wurde Sokrates Philolaus von Tarent. Dies geschah in der zweiten Hälfte des 5. Jahrhunderts v. e. Und großartig Aristoteles, der etwa 100 Jahre später lebte, wusste bereits mit Sicherheit, dass die Erde eine Kugel ist, und sogar fügte sein eigenes Argument der Schatzkammer der antiken Astronomie hinzu. Das ahnte er weil Mond- Finsternisse ist verworfen Erde Schatten, Wenn unser Planet liegt zwischen Mond und Sonne. Außerdem der Querschnitt des Erdschattens auf der Scheibe Der Mond ist immer rund, was nur passieren kann, wenn die Erde es hat bilden Ball. Sei Erde eben Scheibe, Malerei war möchten unbedingt anders. Sie sagen, was

Aristoteles eben versucht Berechnung Länge Äquator unser Planeten, nehmen pro Basis der Unterschied in der Position des Polarsterns in Griechenland und Ägypten. Er hat die Größe ungefähr gleich 400.000 Stufen. Wenn wir alte Längenmaße in das uns Vertraute übersetzen metrisches System, dann werden es in einer Etappe etwa 200 Meter sein. Wie auch immer, die meisten Historiker glauben, dass dies genau der Fall ist (die attischen Stadien mit der Nummer 185 Meter, a Babylonisch - 195 Meter), obwohl Komplett Klarheit in Dies Frage nein. So oder ansonsten, aber der Durchmesser der Erde, gemessen von Aristoteles, erwies sich als doppelt so hoch wie neu Werte.

Aber Eratosthenes von Kyrene, der im 3. Jahrhundert v. Chr. Lebte. h., wurde viel zuverlässiger Ergebnis. Aus den Berechnungen von Eratosthenes folgte, dass der Umfang der Erdkugel (in in metrische Maße umgerechnet) 39.700 Kilometer (moderne Berechnungen ergeben fast 40 000 Kilometer). Das Ergebnis von Eratosthenes konnte erst Ende des 18. Jahrhunderts leicht korrigiert werden. Jahrhunderte, die den nachdenklichen Forscher seit den Werkzeugen alarmieren müssen die genossen griechisch Astronom, war auf der Seltenheit Primitive. Er gemessen die Höhe der Sonne über dem Horizont am 21. Juni, am Tag der Sommersonnenwende, um 12 Uhr die Leuchte erhebt sich am höchsten in den Himmel. Die Messungen wurden am selben Tag durchgeführt zwei ägyptische Städte - Syene (modernes Assuan) und Alexandria, das sich befindet auf der 800 Kilometer Norden. BEI Siena vertikal gesteckt in Erde Stock nicht gab Schatten, aus was folgt, was Sonne in das Tag stand exakt in Zenit Oben Siena. ABER hier in Alexandria zeigte sich ein kurzer Schatten, der der Position des Mittags entsprach Sonne auf der 7 Sek überflüssig Grad Süden Zenit.

Sei Erde eben, Sonne und in Siena und in Alexandria stand möchten in Zenit gleichzeitig, da die Entfernung zwischen diesen Städten relativ gering ist. ABER Sobald es möglich war, den Unterschied in der Länge des Schattens zu identifizieren, bedeutet dies, dass die Oberfläche des Planeten zwischen den Städten ist gekrümmt, da sich herausstellte, dass die Stöcke in Syene und Alexandria schräg zueinander standen zum Freund. Eine einfache Rechnung zeigt, dass ein Unterschied von 7 Grad 800 entspricht Kilometer dann Unterschied in 360 Grad (voll Umsatz an Kreise) wird geben Wert nahe
40 000 Kilometer. Klar, was wenn bekannt Länge Kreise, nicht wird sein Arbeit Berechnung Durchmesser Ball, seine Volumen und Quadrat seine Oberflächen. Durchmesser Erde beträgt ungefähr 12.800 Kilometer, und die Fläche einer Kugel mit einem solchen Durchmesser wird es sein gleich ungefähr 500 Millionen Quadrat Kilometer.

Übrigens hat die Menschheit großes Glück, dass die Erde nicht besonders groß ist. Ob unser Planet viel größer ist, der Blick auf den Sternenhimmel bei Bewegung ein wenig Hunderte Kilometer praktisch nicht geändert möchten, a Schiffe gelang es möchten wegschmelzen in atmosphärischer Dunst, bevor ihre Hülle am Horizont verschwand. Ja, und die Grenze der Erde der Schatten auf der Mondscheibe würde in diesem Fall wie eine perfekt gerade Linie aussehen. Schätze mit dem Auge unbedeutend Krümmung Es war möchten entschlossen unmöglich. Notwendig glauben, was und Entwicklung Die Astronomie würde dann ganz anders verlaufen, und die Vorstellung von der Sphärizität des Planeten entstand viel später.

Wenn ein möchten Universum erschöpft Erde, alt Griechen erlaubt möchten Basic Frage der Kosmologie schon vor mehr als 2000 Jahren. Allerdings war da auch der Himmel. Weil die Es war unwiderlegbar bewährt was Erde Es hat kugelförmig Form, sollte traditionelle Vorstellungen über das Firmament des Himmels zu überdenken. Umgekehrtes Schalenmodell ging ins Archiv über und an seine Stelle trat eine Hohlkugel, die den Erdball von allen Seiten bedeckte. Klar, was Durchmesser eine solche Kugeln muss sein mehr Durchmesser Erde. Ganz Frage ist wie viel mehr. Mit anderen Worten, wie weit ist der Himmel? Gemeinsames Fahrrad über die Tatsache, dass es ein wenig höher ist als die Adlerfliegen, funktionierte nicht mehr. Was für interessante Dinge können am Himmel sehen? Neben der aktiven Reise durch das Firmament der Sonne und des Mondes am Himmel Es gibt auch Fixsterne. Genauer gesagt, sie verschieben sich auf einmal, als ob sie himmlisch wären die Kugel trägt sie mit sich und macht alle 24 Stunden eine komplette Umdrehung um die Erde. Aber Freund verhältnismäßig Freund Sterne bewegungslos, a Bild Konstellationen stets eines und das gleich. Und durch pro Jahr, und nach 10 und nach 100 Jahren sind sie genau an der gleichen Stelle zu finden. Man hat den Eindruck, dass die Sterne an die Himmelskugel geheftet sind, die unerbittlich Spinnen um die Welt.

Die Alten liebten es jedoch zu beobachten und konnten bemerken. Das haben sie längst herausgefunden Eine große Sternenfamilie hat ihre eigenen Zappel, die nicht stillsitzen, sondern herumhetzen wie verrückt und zeichnet das ganze Jahr über komplexe, schleifenförmige Zickzacks. Sonne u Der Mond natürlich – sie sind zu groß, um als Sterne betrachtet zu werden. Nun, und mehr solcher eilte genau fünf - Merkur, Venus, Mars, Jupiter und Saturn. Die Griechen fingen an, diese ewig zu nennen Wanderer Planeten, was in Übersetzung meint "wandern". Es stellte sich heraus, was bei berühmt Geschicklichkeit kann eben definieren relativ Entfernungen zwischen Sie.

Näher Gesamt zu Erde, ohne Zweifel war Mond, weil in Zeit Solar- Finsternisse gesegelt zwischen Erde und Sonne. Entfernungen Vor Andere Planeten kann aus relativ berechnen ihre Geschwindigkeiten Bewegung vor dem Hintergrund von Fixsternen. Aus Erfahrung wissen wir, je näher ein Objekt ist, desto schneller bewegt es sich. Vogel hoch am Himmel steigt majestätisch und langsam a Sein niedrig Oben Erde, eilt vorbei wie schnelle graue Blitze. So sah die Ausrichtung der alten Griechen aus (mit zunehmender Entfernung von der Erde): Mond, Merkur, Venus, Sonne, Mars, Jupiter und Saturn.

So entstand das geozentrische Modell, das meist mit dem Namen Claudius in Verbindung gebracht wird. Ptolemäus, Altgriechisch Astronom, Wer lebte in I–II Jahrhunderte ne, Schöpfer grundlegend Abhandlung Almagest. BEI Center Universum still ausgeruht Die Erde und um sie herum drehten sich in regelmäßigen Kreisen acht ineinander verschachtelte eine andere Sphäre, die den Mond, die Sonne und die fünf damals bekannten Planeten trug. Auf der die achte Sphäre enthielt die Fixsterne. Um einen sehr komplizierten Weg zu erklären, welche die Planeten verpflichten auf der Hintergrund Sterne, Ptolemäus empfohlen was sie zusätzlich Bewegen Sie sich in kleineren Kreisen, die mit der entsprechenden Kugel verbunden sind. Diese zusätzlich Umlaufbahnen bekam den Namen Epizyklen.

ABER es ist verboten ob Berechnung nicht relativ, a absolut Distanz obwohl möchten Vor einige Himmelskörper? Außer angeblich der halblegendäre Aristarch von Samos der das heliozentrische Modell anderthalbtausend Jahre vor Kopernikus zum ersten Mal konstruierte der herausragende Astronom der Antike Hipparchos kümmerte sich um die Entfernungsmessung zum Mond, lebte im 2. Jahrhundert v. h. fast 300 Jahre vor Ptolemaios. Erinnere dich daran während des Mondes Finsternisse auf der Scheibe Mond beobachtet Schaltkreis terrestrisch Schatten, die stets (bei irgendein Finsternisse) ist ein Kreis. An der Krümmung des Randes des Erdschattens kann man urteilen die Größe seines Querschnitts im Vergleich zur Größe des Mondes. Wenn wir davon ausgehen Die Sonne ist viel weiter von der Erde entfernt als der Mond, Sie können berechnen, wie weit von der Erde entfernt Der Mond muss so positioniert werden, dass der Erdschatten auf eine beobachtbare Größe reduziert wird (wir kennen die Dimensionen der Erde). Hipparchos kam zu dem Schluss, dass die Entfernung zum Mond 30 Mal beträgt mehr irdisch Durchmesser wenn akzeptieren Durchmesserwert unser Planeten, gefunden Eratosthenes (12 800 Kilometer), dann Distanz Vor Mond wird sein 384 000 Kilometer.

es unbedingt brillant Ergebnis: an modern Schätzungen, Durchschnitt Distanz zwischen dem Mond und Erde ist 384 400 Kilometer, Ändern aus 356 610 Kilometer am Perigäum (Punkt der Mindestentfernung) bis 406.700 Kilometer am Apogäum (Punkt maximale Entfernung). Und so bin ich bereit, den Revisionisten der Orthodoxen zuzustimmen historische Version, die darauf bestehen, dass Messungen mit dieser Genauigkeit nicht der Fall sind könnte sein erfüllt Vor Epoche Renaissance. Mehr Gehen, eben in XVIII Jahrhundert ähnlich Richtigkeit war entmutigend Aufgabe. Unbedingt unklar, was Weg Mit ihnen gelang es den alten Griechen, die Winkel zwischen Himmelskörpern genau zu messen primitive Werkzeuge zur Verfügung. Ich rede nicht mehr darüber das für genaue astronomische Beobachtungen, eine Uhr mit einer Sekunde Pfeil, während die mechanische Uhr Ende des Mittelalters in Europa erfunden wurde lang Zeit nicht habe gehabt eben Minute. Zwischen Themen uns erzählen, was Hipparch Mit

mit atemberaubender Genauigkeit berechnet die Dauer des Mondmonats - 29 Tage 12 Stunden 44 Minuten 2,5 Sekunden (Istwert - 29 Tage 12 Stunden 44 Minuten 3,5 Sekunden). Wie er gelang es einen Fehler machen Gesamt auf der eines gib mir eine Sekunde (und wie Gedanke Hälften Sekunden),nicht mechanisch haben Std, Geschichte ist leise.

Chroniken Bericht was Entfernungen zwischen geographisch Absätze Eratosthenes anhand der Geschwindigkeit von Kamelkarawanen gemessen und anhand der Winkel des Sonnenaufgangs bestimmt Stöcke in den Boden gegraben. Es sieht nach der Wahrheit aus, weil, sagen wir, unter den mittelalterlichen Mongolen einer ist Länge wurde als tägliche Pferdeüberquerung angesehen. Natürlich die Konstanz einer solchen Maßeinheit mehr als zweifelhaft, obwohl die Batyrs von Dschingis Khan anscheinend ganz zufrieden damit waren. Aber Mongolen eben in Kopf nicht kam messen Kreis Erde! Werden deine aber Mit Antike Astronomie, etwas ist nicht so einfach, wenn zum Beispiel ein antiker römischer Architekt Vitruv (1. Jahrhundert v. Chr.) Kannte die Perioden heliozentrischer (dh um die Sonne) Revolutionen Planeten besser Kopernikus.

Ein indirektes Argument für die Gültigkeit unserer Argumentation kann sein unbedingt Höhlenmensch eben kosmologische Darstellungen in frühes Mittelalter Byzanz. Erleuchtet Byzantinisch Kosmen Indikopleutus (Kozma Indikopol), anerkannt Spezialist an mittelalterlich Kosmographie, Gedanke was Universum repräsentiert dich selbst rechteckig Kasten, gewaschen von Gewässer Großartig Flüsse Ozean. Das Himmelsgewölbe wird von vier steilen Wänden getragen. Sterne, nach Kosmas, es gibt nichts anderes als die kleinen Nelken, mit denen der Deckel dieser Schachtel gefüllt ist, aber Vier winderzeugende Engel sind in den Ecken dieser unverständlichen Struktur platziert. Übrigens, der besagte Kosmas wohnte 6. Jahrhundert bereits eine neue Ära, also nach 900 Jahren nach Aristarch und 700 nach Eratosthenes. Aber Byzanz ist oströmisch Imperium, das einst Teil der aufgeklärten Pax Romana war, die wiederum vererbt Griechen. BEI Unterschied aus Western römisch Reich Byzanz nicht unterworfen verheerende Überfälle barbarischer Stämme, und zwar die Zeit seit dem Untergang Roms (476 Jahr) ist ein bisschen vergangen - etwa 100 Jahre. Okay, wenn man bedenkt, dass es unkonventionell ist historische Versionen gehören nicht zu unseren Aufgaben. Dies sind nur Bemerkungen, wie sie laut sagen um...

So gelang es den Astronomen mehr als 100 Jahre vor Beginn der christlichen Ära zu messen Entfernung zum Mond, und zwar sehr genau. Was ist mit anderen Himmelskörpern? Wie weit sind sie von der Erde entfernt? Der bereits erwähnte Aristarch von Samos (IV-III Jahrhunderte. Vor ne) versucht Berechnung Distanz aus Erde Vor Sonne, aber gelitten Fiasko. Die mathematische Argumentation des griechischen Astronomen war jedoch ziemlich fehlerfrei Die Werkzeuge, die ihm zur Verfügung standen, waren nicht gut, so die Größe hat sich herausgestellt weniger Stimmt Entfernungen fast in fünfzehn einmal. (Jedoch, viele Historiker bezweifeln die wahre Existenz von Aristarch und glauben das nicht ohne Grund dass ihm die Errungenschaften der europäischen Astronomen des 16. Jahrhunderts zugeschrieben werden.) Das Ergebnis war Archimedesviel besser (2/5 des tatsächlichen Wertes), aber das ist sehr alarmierend, da selbst Johannes Kepler im 17. Jahrhundert dieser Aufgabe nicht gewachsen war, berechnete sich das von ihm der Abstand war sogar noch kürzer. Wie dem auch sei, der Himmel hat sich in ein Ende bewegt Distanz, a Universum hat sich herausgestellt viel mehr, wie könnte denken am meisten gewagt Gedanken Antike.

Nach Hipparchos und Ptolemaios trat in den astronomischen Wissenschaften eine Stagnation ein. Stagnation fortgesetzt Über eineinhalb tausend Jahre, bis zu Vor Anfang XVI Jahrhundert, Wenn Polieren Priester Nikolaus Kopernikus vorgeschlagen Neu Modell Universum Mit bewegungslos Sonne in Center, erhalten Titel heliozentrisch. Entsprechend Dies Modelle, Die Planeten kreisten in regelmäßigen Kreisen um die Sonne, und ihre Zahl verringerte sich aufsechs (Merkur, Venus, Erde, Mars, Jupiter, Saturn). Der Mond hat streng genommen verloren den Status eines vollwertigen Planeten und verwandelte sich in einen natürlichen Satelliten der Erde. Obwohl das Modell Copernicus war viel einfacher als Ptolemaic und gab etwas bessere Ergebnisse, her auf der hindurch fast 100 Jahre Ernsthaft nicht wahrgenommen. Fraktur passiert in XVIII Jahrhundert, als es dem italienischen Astronomen Galileo Galilei zum ersten Mal gelang, durch ein Teleskop zu sehen (das er selbst erfand 1608) die Trabanten des Jupiter, gefolgt vom großen Johannes Kepler eingeführt Änderungen in planen Kopernikus. Analysiert glänzend Beobachtungen Mars durchgeführt von seinem Lehrer, dem dänischen Astronomen Tycho Brahe, kam Kepler zu dem Schluss das einzige geometrisch Zahl, die perfekt Antworten Dies Beobachtungen - Ellipse. In dem modifizierten Modell von Copernicus begannen sich die Planeten also zu drehen Sonne an elliptisch Umlaufbahnen a Sonne gerührt in eines aus Tricks Dies Ellipse.

Darüber hinaus fand Kepler heraus, dass zwischen den durchschnittlichen Entfernungen der Planeten von der Sonne und es gibt eine einfache mathematische Beziehung zwischen ihren Umlaufzeiten. Auf diese Weise, wurde möglich Berechnung relativ Distanz zwischen Sonne und irgendein aus Planeten. Leider hat das wenig gebracht, denn das von Kepler vorgeschlagene Schema (ziemlich zuverlässig und bemerkenswert konsistent mit Beobachtungen), gab es überhaupt keine Skala. Man könnte sagen, dass der Saturn 10-mal weiter von der Sonne entfernt ist als die Erde, aber wie groß diese Entfernung in Kilometern ist - ein in Dunkelheit gehülltes Geheimnis. Aber wenn es möglich wäre irgendeine Möglichkeit, die Entfernung zwischen der Erde und einem der Planeten zu berechnen, Astronomen die erforderliche Skala würde sofort in den Händen erscheinen. Es war eine Kleinigkeit, auf solche zu kommen Weg.

Zum Definitionen Entfernungen zwischen paradiesisch Körper verwenden Phänomen Parallaxe. Parallaxe ist eine sehr einfache Sache. Wenn Sie Ihren eigenen Finger betrachten vor einem farbigen Hintergrund Tapete rechtes und linkes Auge abwechselnd, leicht Stellen Sie sicher, dass darin In dem Moment, in dem Sie ein Auge schließen und das andere öffnen, bewegt sich der Finger ein wenig Hintergrundabstand. Je näher der Finger an den Augen ist, desto größer wird er sein. Voreingenommenheit. Die Essenz des Phänomens liegt an der Oberfläche: da die Augen durch einige getrennt sind Distanz Freund aus Freund, Sie sehen auf der Thema jeder Auge unter sicher Winkel.

Der gleiche Ansatz kann leicht auf Himmelskörper angewendet werden. Natürlich nacheinander blinken Augen, suchen, sagen wir auf der der Mond unbedingt bedeutungslos weil die Sie ist gelegen zu viel lange weg. ABER hier wenn zwei Astronom, getrennt Distanz in mehreren hundert Kilometern wird unser natürlicher Trabant gleichzeitig beobachtet Hintergrund des Sternenhimmels ist die Mondparallaxe leicht zu erkennen. Wir müssen uns nur einigen darüber, welche Sternbeobachtungen gemacht werden, und dann wird der erste Astronom den Rand sehen Mond- Scheibe auf der eines Ecke Distanz aus im Voraus ausgewählt Sterne, a zweite, beziehungsweise, - auf der Andernfalls. Weiter - schon ein Geschäft Techniken: wenn bekannt Voreingenommenheit Mond verhältnismäßig hervorragend Hintergrund und Distanz zwischen Observatorien, dann Mit Hilfe einfache trigonometrische Funktionen kann Berechnung Distanz Vor Mond.

BEI Fortschritt eine solche Beobachtungen Es war etabliert, was Größe Mond- Parallaxe ist 57 Bogenminuten oder etwa 1 Grad Bogen (ein Vollkreis ist 360 Grad; Es gibt 60 Minuten in einem Grad und 60 Sekunden in einer Minute). Offset bei 57 Bogenminuten ist sehr einfach zu messen, da sie ungefähr zwei scheinbaren Durchmessern entspricht Komplett Mond. Distanz, berechnet Mit Hilfe Parallaxe, zeigte gut Übereinstimmung mit den nach der altbewährten Methode erhaltenen Zahlen - durch den Erdschatten in Zeit Mondfinsternis.

Aber es gab ein Problem mit den Planeten. Das Problem ist, dass sie zu weit weg sind. daher ist die parallaktische Verschiebung so klein, dass sie nicht gemessen werden konnte bis Anfang des 17. Jahrhunderts. Das Problem wurde nach der Erfindung des Teleskops erfolgreich gelöst 1608 Jahr. Im zweite halb XVIII Jahrhundert zwei Französisch Astronom, Jeansstoff Reich und Giovanni Cassini (italienischer Herkunft), berechnet nach der Parallaxenmethode Distanz aus Erde Vor Mars. Beobachtungen wurden durchgeführt gleichzeitig in Paris und Französisch-Guayana. Keplers Modell erhielt schließlich den gewünschten Maßstab, wonach alle anderen Entfernungen innerhalb des Sonnensystems konnten problemlos berechnet werden. BEI im Speziellen Kassini bestimmt was Distanz aus Erde Vor Sonne ist 140 Million Kilometer. Zum XVIII Jahrhundert das ist sehr nicht schlecht Richtigkeit, So wie er falsch Gesamt für 10 Millionen Kilometer. Die Technologie stand nicht still und in der ersten Hälfte des 18. Jahrhunderts Cassinis Ergebnis wurde auf 152 Millionen Kilometer korrigiert (aktueller Wert ist 149.6 Million Kilometer). Dies Wert anschließend genannt *astronomisch Einheit* (a. e.) und werden breit anwenden in Qualität seine nett interplanetarisch Meilen.

Sonnig System erworben beeindruckend Maße: zum Beispiel, Distanz aus Die Sonne zu Saturn ist fast eineinhalb Milliarden Kilometer entfernt, fast zehnmal mehr als zur Erde. Und als der englische Astronom William Herschel 1781 entdeckte Uranus (dieser Planet ist mit bloßem Auge nicht sichtbar, daher wussten die Alten nichts darüber Existenz), Sonnig System sofort gleich wuchs auf fast zweimal (zwischen Uranus und Die Sonne liegt etwa 3 Milliarden Kilometer entfernt). 1846 der französische Astronom Urban Joseph Le Verrier entdeckte Neptun, und der Amerikaner Clyde Tombaugh entdeckte 1930 Pluto, den neunten und letzter Planet. Damit verdoppelt sich das Sonnensystem noch einmal, z Pluto ist fast 6 Milliarden Kilometer oder etwa 40 astronomische Kilometer von der Sonne entfernt Einheiten. Und sein Durchmesser wird jeweils 12 Milliarden Kilometer (80 AE) betragen. Ein Lichtstrahl, der 300.000 Kilometer pro Sekunde fliegt und sich in einer Sekunde mit fortbewegt Quartal Vor Mond und pro acht Protokoll Vor Sonne, würde brauchen nahe 12 Std, zu Kreuz Sieaus Ende in das Ende.

Lass es uns versuchen mehr visuell einführen dich selbst relativ Skala Solar- Systeme. Wenn ein porträtieren Sonne in billiard Raum Ball (um 7 Zentimeter hinein Durchmesser), dann zu Merkur - dem sonnennächsten Planeten - in einer solchen Größenordnung liegen wird fast drei Meter (280 Zentimeter) und zur Erde - etwas mehr als siebeneinhalb Meter. Der Riesenplanet Jupiter wird sich auf eine Entfernung von etwa 40 Metern bewegen, und Pluto muss es tun verpflichten anständig Spaziergang weil die er wird sein Lüge in 300 Meter aus Sonne. Die Abmessungen der Erde in diesem Maßstab werden nur 0,5 Millimeter betragen, also so zu sehen ein Staubkorn kann nur ein Mensch mit gutem Sehvermögen sein. Es ist also besser, es ein wenig zu machen mehr: Lassen Größe Erde wird sein entsprechen Größe Standard Handgelenk Std. Dann ist der Durchmesser der Sonne auf dieser Skala doppelt so groß wie der Durchschnitt menschliches Wachstum, und die Entfernung zwischen der Erde und der Sonne wird 400 Meter betragen. Pluto wird sein und überhaupt nicht siehe da er ausscheiden auf der Distanz in fünfzehn Kilometer.

Die Umlaufbahn von Pluto ist jedoch keineswegs der am weitesten entfernte Punkt im Sonnensystem. Wenn drin 1684 Jahr Großartig Englisch Wissenschaftler Isaak Newton geöffnet Mine berühmt Gesetz universelle Gravitation, nach der Körper mit Kraft direkt angezogen werden proportional zum Produkt ihrer Massen und umgekehrt proportional zum Quadrat der Entfernung zwischen ihnen erhielt Keplers Modell eine mathematische Rechtfertigung. Wissenschaftler haben erhalten Waffen zuverlässig Werkzeug, erlauben Berechnung irgendein Orbit, eben wenn Karosserie auf einem kleinen Abschnitt seiner Flugbahn beobachtet. Astronomen beschäftigen sich schon lange mit Kometen - caudat Gäste, Zeit aus Zeit entstehenden auf der Firmament. Freund und zeitgenössisch Newton, Edmund Halley sah eine deutliche Periodizität im Verhalten einiger Kometen. und empfohlen was sie bewegen sich um Sonne an sehr stark verlängert Umlaufbahnen (Ellipsen mit großer Exzentrizität, wie Astronomen sagen). Halley berechnete die Umlaufbahn einer dieser Kometen und sagte voraus, dass er 1758 wiederkehren würde. 16 Jahre später seine des Todes Vorhersage Halley wurde wahr: Komet Ja wirklich erschien auf der Himmel in spezifizierten Sie Jahr und Mit seit damals trägt seine Name, regelmäßig Rückkehr jeder 75 oder 76 Jahre.

An seinem Perihelpunkt (am nächsten zur Sonne) befindet sich der Halleysche Komet im Inneren Umlaufbahn der Venus, und am Aphel (dem Punkt der maximalen Entfernung von der Sonne) geht weit darüber hinaus Orbit Neptun - auf der 5 Mit überflüssig Milliarde Kilometer. Jedoch existieren So genannt lange Zeit Kometen, die anwenden an Also verlängert Umlaufbahnen was kehren zurück zu Sonnenzeiten in mehrere Jahrhunderte a dann und Jahrtausende. BEI Das hat Mitte des letzten Jahrhunderts der niederländische Astronom Jan Hendrik Oort vorgeschlagen dass weit hinter der Umlaufbahn von Pluto eine riesige Wolke von Kometen liegt, von wo sie von Zeit zu Zeit kommen durchdringen in Nachbarschaft Sonne. BEI eine solche Fall Durchmesser Solar- Systeme kann sein erreichen 1000 Milliarde Kilometer und eben mehr, oder Dutzende tausend astronomisch

Einheiten. Heute ist die Oort-Hypothese praktisch zur Theorie geworden. Ausführliche Geschichte um Planeten Solar- Systeme und paradiesisch Körper lügnerisch pro Orbit Pluto Sie, Leser, du kannst finden in Kapitel "Ring um Sonne" und „Neun oder zehn?".

Also zu Anfang XVIII Jahrhundertgröße Frage Solar- Familie war praktisch aufgelöst (natürlich ohne die letzten drei Planeten, die später entdeckt wurden). Links sich mit den Fixsternen auseinandersetzen, ein für allemal herausfinden, was sie sind. Was sie so was: Gesamt nur Punkte auf der kugelförmig Firmament, lügnerisch bei die meisten Grenzen Solar- Systeme, wie geglaubt alt, oder riesig paradiesisch Karosserie, Fernbedienung auf der ungeheure Distanz? Die Parallaxenmethode, die sich erstaunlich gut bewährt hat bei der Berechnung der Entfernungen zwischen den Planeten, hat hier offensichtlich nicht funktioniert, da keiner von ihnen Sterne nicht gelang es registrieren irgendein auffällig versetzt. Eben wenn Beobachter wurden durch einen Abstand gleich dem Durchmesser der Erde, die Lücke zwischen benachbarten getrennt Sterne nicht auch nicht geändert auf der Jota.

Es gab jedoch noch eine weitere Möglichkeit. Der Durchmesser unseres Planeten erreicht und nicht 13.000 Kilometer, aber schließlich ruht die Erde, wie Sie wissen, nicht an Ort und Stelle, sondern schnell fliegt durch die Leere um die Sonne. Gegenüberliegende Punkte der Erdumlaufbahn sind durch getrennt Raum von fast 300 Millionen Kilometern. Die Lösung bot sich an: Wenn eines Abends, um die Position der Sterne auf der Karte einzutragen, und danach genau dasselbe ein halbes Jahr, dann wird der Astronom den Sternenhimmel von zwei Punkten aus beobachten, die durch einen Riesen getrennt sind Distanz, Vorgesetzter in 23 Tausende einmal Komplett Länge irdisch Durchmesser. Relevant Weg muss Zunahme und Parallaxe. Pro Jahr Stern beschreiben sehr klein Ellipse - seine nett Bild terrestrisch Umlaufbahnen in Miniatur, a eckig Distanz aus die Kanten Dies Ellipse Vor seine Center wie mal und wird sein Parallaxe Sterne.

Für Planeten ähnliche Methode nicht gut, weil sie windet sich skurril über den Himmel auf der hindurch des Jahres, Maskierung Themen die meisten Parallaxe Voreingenommenheit, genannt Bewegung Erde. Getrennt besitzen Verkehr Planeten aus Sie Parallaxe - eine Aufgabe überwältigende Komplexität. Aber die Sterne sind das ganze Jahr über praktisch stationär, also entdecken Sie haben eine Parallaxenverschiebung, die ziemlich real ist. Die Logik scheint zu sein einwandfrei, aber es konnten keine stellaren Parallaxen festgestellt werden. Es steht schon lange auf dem Hof XIX Jahrhundert, aber Astronomen, egal wie sie kämpften, konnten nicht mindestens einen empfindlichen bestimmen Voreingenommenheit weder bei Ein Stern.

Die Situation wurde sehr unangenehm. Davon kann man natürlich immer ausgehen alle Sterne ohne Ausnahmen sind auf der eines und Volumen gleich Distanz aus Erde. Dann, Natürlich hervorragend Parallaxe nicht wird sein, weil die Parallaxe Voreingenommenheit entsteht nur in Volumen Fall, wenn wir vergleichen Position nah dran Thema Mit Position verhältnismäßig entfernt. Jedoch Hypothese fest Firmament, oder dünn Kugelschale, auf deren Oberfläche sich die Sterne befinden, sah sehr gut aus zweifelhaft. Die Helligkeit der Sterne ist sehr unterschiedlich, und um dies sicherzustellen, genügend einfach sehen auf der nachtaktiv Himmel. klassifizieren Sie an Dies Parameter Die alten Griechen lernten, die gesamte Sternpopulation in 6 Größenordnungen (1. Stern 100-mal heller als ein Stern der 6. Größe). Das ist mit der Erfindung des Teleskops klar Sternenregiment kam, als es möglich wurde, Sterne zu beobachten, die nicht zu unterscheiden sind bloßes Auge. Die Zahl der Sterngrößen wuchs sofort beträchtlich. Es war vernünftig davon ausgehen, dass die wahre Leuchtkraft alle Sterne Lügen im hübsch enge Grenzen und der Unterschied in ihrer scheinbaren Helligkeit ist ausschließlich auf die Entfernung zurückzuführen. Auf der anderen Seite, es ist verboten Es war zurücksetzen co Konten und Gegenteil Rücksichtnahme: alle Sterne Lüge etwa gleich weit von der Erde entfernt, aber sie leuchten auf völlig unterschiedliche Weise, wie z Glühbirne größer und weniger Kraft.

Konzept Äquidistanz Sterne Mit Geknister gescheitert Wenn Astronomen erraten anwenden zu Antiquität hervorragend Verzeichnisse. Zuerst systematisch Hipparchos begann, die Sterne zu katalogisieren, und Ptolemäus setzte seine Arbeit fort und überließ es der Nachwelt grundlegend Abhandlung "Almagest", in die Fest Koordinaten 1000 Mit

überflüssig Sterne. BEI 1718 Jahr schon vertraut uns Edmund Halley, studieren hervorragend Himmel, unerwartet entdeckt, dass es mindestens drei Sterne (Arcturus, Procyon und Sirius) gibt überhaupt nicht, wo sie von den alten Griechen bemerkt wurden. So groß war die Diskrepanz Fehler nicht könnte sein und Reden: zum Beispiel, Arkturus verteidigt auf der ganz Grad aus spezifizierten in
"Almagest"-Punkte. Wir erinnern uns, dass ein Grad eine Entfernung ist, die doppelt so groß ist wie der Durchmesser. Vollmond. Es blieb anzunehmen, dass die Sterne, wie die Planeten, ihre eigenen haben Bewegung, nur Sie Verkehr unvergleichlich Langsamer wenn Arcturus nahm mehr eineinhalb tausend Jahre, zu wechseln zu eines Grad.

Die Suche nach stellaren Parallaxen ging weiter, aber der erste Erfolg kam zu den Astronomen nur in 30er Jahre XIX Jahrhundert, Wenn Teleskope und astronomisch Werkzeug werden viel Mehr perfekt. BEI 1838 Jahr Deutsch Astronom Friedrich Wilhelm Bessel gelang es definieren Parallaxe 61 Schwan, Jahr später veröffentlicht ihr Ergebnisse Engländer Thomas Henderson (er studiert Position von Alpha Centauri) a 1840 Der russische Astronom Vasily Yakovlevich berichtete über seine Beobachtungen des hellen Sterns BegiStruve. Gerechtigkeit um ... Willen sollte möchten hergeben Palme Meisterschaft exakt Struve, weil er die Arbeit vor allen anderen beendete - 1837, aber er war etwas spät dran Veröffentlichung. Die stellaren Entfernungen erwiesen sich als unvorstellbar groß. Sogar der nächste Sonnenstern - Alpha Centauri (tatsächlich ist es ein Dreifachstern und der Sonne am nächsten Lügen dritte, schwach Sie Komponente - Nähe, was übersetzt wie "nächste") gelegen auf der Distanz 4.3 hell des Jahres. interplanetarisch verst - astronomisch Einheit ist für solche offenen Räume nicht mehr geeignet, also verwenden Astronomen die interstellare eine Meile ist ein Lichtjahr. *Lichtjahr* - ist die Entfernung, aus der ein Lichtstrahl kommt Geschwindigkeit von 300.000 Kilometern pro Sekunde, überwindet in einem Jahr. Erinnere dich an dieses Licht Der Strahl braucht nur 8 Minuten, um die Sonne zu erreichen, und etwa 6 Stunden, um zu eilen Vor Pluto a Vor nächste Sterne er muss kriechen Über vier Jahre. Wenn ein wie auch immer, Sie können versuchen, sich auszudrücken ist die Entfernung in Kilometern: seit eins hell Jahr Ungefähr gleich 9,5 Billionen Kilometer ist dann die Distanz zu Proxima Centauri nahe 40 Billionen Kilometer (40.000.000.000.000 Kilometer).

Erinnern wir uns an unser Modell mit einer Billardkugel anstelle der Sonne, der Erde in sieben halben Meter davon und Pluto in einer Entfernung von etwa 300 Metern, dann in dieser Größenordnung Distanz zwischen Sonne und nächste zu ihn Stern wird sein Kleid fast 2000 Kilometer. ABER in Modelle, wo Erde war Größe Mit Handgelenk Uhr, a Pluto war in
fünfzehn Kilometer aus Sie kommen Sie dorthin Vor in der Nähe Centauri wird sein sehr problematisch weil die das ist Distanz wird sein nahe 100 tausend Kilometer - zwei Mit halb auf der ganzen Welt Reisen. Mehr mehr visuell Beispiel erfunden eines Moskau Dozent. Er nahm ein Stück Kreide und erklärte es zum "Planeten Erde", und ein Brett hing an der Wand - Sonne. Von der Tafel bis zur Kreide war nur ein Meter, der das Astronomische darstellen sollte Einheit - 150 Million Kilometer, Trennung Sonne u Erde. "Wie in Dies bis zum nächsten Stern skalieren? fragte der Dozent das Publikum. Das Publikum wurde schüchtern aussprechen. Jemand schlug vor, dass der Stern in einer nahe gelegenen Gasse sein würde, aber die meisten stand entschlossen für den Stadtrand. Inzwischen war der Stern in Jaroslawl (bzw irgendein Freund Stadt, Fernbedienung auf der 300 Kilometer). Mehr einmal wir betonen was das ist nächste zur Sonne Stern.

Besselewskaja 61 Schwan hat sich herausgestellt mehr weiter - in 11.1 hell des Jahres, a Vor Lauf die von V. Ya studiert wurde. Struve, war 27 Lichtjahre. Dies ist die Skala der stellaren Entfernungen. Nach Definitionen Erste Parallaxe bei nächste Sterne erhalten breit Verbreiten mehr eines interstellar Meile - *Parallaxe zweite,* oder Parsek. *Parsec* (Stk.) - das ist Distanz, auf der die Stern bei Sie Überwachung Mit Gegenteil Punkte Die Umlaufbahn der Erde ändert ihre scheinbare Position um eine Bogensekunde. Oder mehr einfacher: die Entfernung, aus der die Erdumlaufbahn in einem Winkel von einer Bogensekunde sichtbar ist. Einer Parsek gleich 3.26 hell des Jahres, 206 265 astronomisch Einheiten oder 30.857×10^{12} Kilometer (leicht mehr dreißig Billion Kilometer). Distanz Vor in der Nähe

Centauri ist 1.3 parsec, Vor 61 Schwan - 3.4 parsec, a Vor Lauf - 7.8 Parsek. empfohlen Fazit, was Sterne - auf keinen Fall nicht dimensionslos Punkte auf der Firmament, a riesig Sonne, in alle ähnlich unser einheimisch Leuchte, nur Fernbedienung ungeheuerlich weit weg, auf der Entfernung von vielen gemessen hell jahrelang.

Indem Sie die wahre Entfernung zum Stern berechnen, können Sie seine Leuchtkraft berechnen, das heißt nicht sichtbar hervorragend Wert, a echt Stärke Sie Sveta, die erhalten Anruf absolut hervorragend Größe. Ziemlich möglich und umkehren Verfahren: geistig Indem man einen Stern in beliebiger Entfernung platziert, kann man bestimmen, wie hell er ist Sie ist wird sein erscheinen irdisch Beobachter. Absolut hervorragend Größe genannt Helligkeit Sterne auf der Distanz in zehn Parsek (32.6 hell des Jahres); Natürlich Sterne ungleichmäßig im Raum verteilt, sondern wenn wir sie an einer bestimmten Stelle aneinanderreihen Distanz, dann wir können vergleichen Sie gültig Helligkeit. Unser Sonne auf der eine Entfernung von 10 Parsec wäre ein sehr schwacher Stern mit einer absoluten Helligkeit von 4,9, und Sirius ist der hellste Stern an unserem Himmel - es würde fast genauso glänzen, wie es glänzt auf seinem Ort (2,7 Parsec oder etwa 9 Lichtjahre). Seine absolute Größe ist 1.4, aus was folgt, was Stimmt Helligkeit Sirius übersteigt sonnig in 25 einmal. Natürlich ist dies noch lange nicht die Grenze: der blaue Riese Deneb (wir werden über die Sternenklassen in sprechen nächste Kapitel) übersteigt an Helligkeit Sonne in 270 tausend einmal; er nicht sieht aus besonders hell, nur weil es sehr weit von uns entfernt ist (mehr als 3 Tausend hell Jahre).

Mit anderen Worten: Die scheinbare Brillanz eines Sterns sagt nichts über die Lichtmenge aus die sie ausstrahlt. Die Sonne scheint extrem hell, weil sie sich buchstäblich im Inneren befindet Zwei schritte. Sirius ist etwa viermal heller als Wega aus dem Sternbild Leier und der Führer Der Nordstern ist der schwächste von ihnen (sechsmal schwächer als Wega). Wenn wir jedoch produziert Neubewertung von Werten und aufgereiht diese Sterne auf der das Gleiche Distanz aus Erde, dann würde der Polarstern selbstbewusst den ersten Platz einnehmen, und der zweite Platz wäre Vega, auf der dritte - Sirius, aber großartig Sonne wurde möchten hoffnungslos Außenseiter.

Als es Mitte des vorletzten Jahrhunderts möglich war, die Entfernung zum nächsten zu bestimmen Sternen, stellte sich sofort die Frage, wie weit sie reichten. bloßes Auge kann sehen nahe sechs tausend Sterne, aber Wenn Galileo sah auf der Himmel in mein ein primitives Spektiv, entdeckte er sofort, dass die Sterne viel dichter gestochen waren. Es ist nur so, dass viele Mitglieder dieser glorreichen Familie so schwach sind, dass man sie nicht sehen kann. ohne die Hilfe eines Teleskops gibt es keine Möglichkeit. Moderne astronomische Technologie ermöglicht es Ihnen, Sterne der 25. Größenordnung zu unterscheiden. Darüber hinaus wurde bereits in der Zeit von Herschel deutlich dass die Sterne im Raum sehr ungleich verteilt sind. Wenn du in den Himmel schaust dunklen mondlosen Nacht, können Sie ein schwaches nebliges Leuchten sehen, das das Ganze umgibt Firmament aus Horizont zu Horizont. Zu Unglücklicherweise hell urban die Lichter nicht ermöglichen Erfolg haben seine wie sollte (Elektrifizierung, Mit Punkte Vision Astronom, allgemein ein zweifelhafter Segen), aber irgendwo in der Wildnis kann man leicht sehen Sanft leuchtend Molkerei Streifen, Kreuzung nachtaktiv Himmel. alt Griechen genannt ihre Galaktikos ("milchig, milchig") und die Römer - via lactea, was wörtlich übersetzt wird meint "milchig Weg". Herkunft Dies Titel verknüpft mit Antiquität der Mythos von Jet Milch, die spritzte auf der Himmel aus Truhe Göttinnen Hera, Ehefrauen Zeus Wenn Sie ist Zurückgestoßen Baby allein Herkules.

Es gibt weit mehr Sterne in Richtung der Milchstraße als irgendwo sonst Ein weiterer Teile Firmament, deshalb Herschel angemessen empfohlen was Sterne nicht verteilt gleichmäßig, a gesammelt in kompakt Struktur, haben bilden bikonvexe Linse. Laut Herschel war unser Sternensystem (später wurde es Call the Galaxy) könnte etwa 300 Millionen Sterne enthalten und 15 sein tausend Lichtjahre (vergessen wir nicht, dass die ersten stellaren Parallaxen nur gemessen wurden durch 16 Jahre nach des Todes Hersche). Heute wir wir wissen was unser Galaxis *milchig Weg* (oder einfach *Galaxy* mit einem Großbuchstaben) ist viel größer: sein Durchmesser beträgt 100 tausend Lichtjahre, und die Anzahl der Sterne erreicht 200 Milliarden (jedoch ist die Anzahl Die Sternenpopulation variiert nach Schätzungen verschiedener Autoren stark - von 150 bis 400 Milliarde Sterne).

Hier notwendig tun klein Rückzug und erzählen zum Leser was diese Parameter wurden auf diese Weise berechnet. Da die Parallaxenverschiebung mit groß ist Arbeit erfolgreich messen eben in der Nähe des nächsten Sterne, Parallaxenerkennung an den Objekten mehr als 100 Lichtjahre entfernt, wird zu einer fast unmöglichen Aufgabe. Parallaxe ist ein Wert, der von der Eigenbewegung eines Sterns abgeleitet wird, also ist das klar Je weiter ein Stern entfernt ist, desto schwieriger ist es, seine Bewegung über den Himmel zu erfassen. Nicht hinein gehen in Einzelheiten, sagen wir was Astronomen aushelfen So genannt Cepheiden Skala. Cepheiden werden als pulsierende veränderliche Sterne bezeichnet, die streng periodisch sind ihre Helligkeit um eine oder zwei Größenordnungen ändern (Strahlungsleistung erhöht sich um 2,5–6 einmal an Vergleich Mit Minimum). Eigentlich verschiedene Variablen Sterne existiert viele; Einer der berühmtesten ist der rote Riese Omicron Ceti, der wieder entdeckt wurde Ende des 16. Jahrhunderts vom deutschen Astronomen David Fabricius. Dieser Stern ist mehrmals ändert ihren Glanz mit einem Zeitraum von etwa 11 Monaten, daher hieß sie Mira (übersetzt aus Latein - "toll"). Jedoch größte Bedeutung zum Astrophysiker haben kurzperiodische variable Sterne mit einer Periode von einem Tag bis zu einem Monat (normalerweise ca Wochen). Dies ist genau das Cepheus-Delta, das seine Helligkeit mit einem Zeitraum von 5,37 Tagen änderte seine Namen für alles Familie ähnlich Sterne.

BEI frühzeitig der Vergangenheit Jahrhundert amerikanisch Astronom Henriette Leavitt entdeckt Korrekte Beziehung zwischen Leuchtkraft und Periode einiger Cepheiden. Je mehr es gab einen Zeitraum, je mehr Energie der Stern pro Zeiteinheit abstrahlte. Nachdem ich die Leistung berechnet habe Strahlung nach der Abhängigkeit "Periode - Leuchtkraft", Wissenschaftler konnten die Entfernung zu berechnen Cepheiden. Zunächst wurden relative Entfernungen ermittelt (wie oft ein Stern näher oder weiter als ein anderer), und dann absolute, unter Berücksichtigung der Radialgeschwindigkeit von Cepheiden (in Spektrum eines Sterns, der sich entlang der Sichtlinie nähert oder entfernt, tritt eine Verschiebung auf spektral Linien). Astrophysiker habe zuverlässig Skala. ABER überhaupt in letzter Zeit auf der Astronomen halfen Supernovae eines bestimmten Typs (Typ 1a), deren Leuchtkraft liegt in sehr engen Grenzen. Über diese Sterne, die "Standardkerzen" genannt werden, Detail hinein erzählt Kapitel „Und Dunkelheit kam."

Zu Beginn des 20. Jahrhunderts hatte sich die Welt unvorstellbar ausgedehnt. Das wurde endlich klar Die Sonne ist einer von vielen hundert Milliarden Sternen, die unsere Galaxie bewohnen, und bei weitem nicht das bemerkenswerteste. In der Sternennomenklatur wird es als gewöhnliches Gelb aufgeführt Klasse G Zwerg. Ja, und liegt zudem keineswegs im Zentrum, wie er z. Herschel und an der Peripherie der Milchstraße in einem ihrer Spiralarme - 26.000 hell Jahre aus Center Galaxien (um acht Kiloparsec). deutlich vorstellen diese Überwältigende Weite ist nicht einfach. Schrumpfen wir das gesamte Sonnensystem auf die Größe eines Sandkorns, dann wird der nächste Stern Proxima Centauri in dieser Größenordnung sein Entfernung von einem Meter, und die Entfernung zum Zentrum der Galaxie wird fast 9 Kilometer betragen. Erinnern wir uns an das Modell mit einer Billardkugel anstelle der Sonne, den Dimensionen der Milchstraße 60 Millionen Kilometern entsprechen - ein Wert, der durchaus mit der Entfernung vergleichbar ist aus Erde zur Sonne.

Das Universum ist jedoch nicht auf die Milchstraße beschränkt. Wenn wir könnten verlassen Sie Grenzen, Vor uns aufgeschwungen möchten immens leer Platz, undurchdringliche Kohlenschwärze, ohne wahrnehmbare Objekte. Und nur an ungefähr 200.000 Lichtjahre von unserer Sterneninsel entfernt, würden wir finden zwei zottig neblig Ausbildung falsch Formen - groß und Klein Magellan Wolken. Sie sind Gut sichtbar auf der Himmel Süd Hemisphäre in bilden zwei weißliche Flecken und sehen aus wie isolierte Fragmente der Milchstraße. Zum ersten Mal beschrieben eines der Teilnehmer auf der ganzen Welt Baden Fernana Magellan. Direkte Beziehungen

Sie müssen nicht zur Milchstraße: Das sind zwei unabhängige kleine Galaxien, ziemlich arme sterne. Die Kleine Magellansche Wolke liegt 160.000 Lichtjahre entfernt, und Der Große wird sogar noch weiter verschoben – um fast 200.000 Lichtjahre. Obwohl die Magellanschen Wolken sind merklich kleiner als die Milchstraße, sehr merkwürdig Objekte. Beispielsweise befindet sich der Stern S Doradus in der Großen Magellanschen Wolke, besitzen größte berühmt Helligkeit. unbewaffnet Auge Sie ist nicht sichtbar Weil was Es hat 8 hervorragend Wert, aber Sie absolut Helligkeit übertrifft Sonnenschein 600.000 Mal! Und in der Kleinen Magellanschen Wolke gibt es bereits Hunderte davon Bekannte uns Cepheiden, die systematisch studiert Henriette Leavitt in frühzeitig der Vergangenheit Jahrhundert.

Wenn ein möchten wir sah Mit eine solche Entfernungen auf der unser besitzen Galaxis, dann würde eine beeindruckende spiralförmige Scheibe sehen, die vage einer wilden Drehung ähnelt Whirlpool (Form bikonvex Linsen oder Spindeln Sie ist erwirbt bei sehen Mit Rippen). Jedoch milchig Weg und Magellan Wolken - das ist mehr lange weg nicht alle. BEI 2 Mit halb Million hell Jahre aus milchig Wege Lügen Spiral- Galaxis Andromeda, viel Vorgesetzter unser an Masse und Anzahl Sterne. Sie ist sichtbar mit bloßem Auge als schwaches Sternchen der 5. Größe und ist im Messier-Katalog unter aufgeführt Nummer 31, also hieß es M31. (Charles Messier - der berühmte Franzose Astronom, eines aus Erste gestartet bilden Katalog Nebel und hervorragend Cluster.)

Andromeda-Galaxie, Milchstraße, Magellansche Wolken, Spirale im Dreieck (MZZ) und viele Galaxien etwas weniger (Allgemeines Nummer nahe 40) sind inklusive in Verbindung So *Lokale Gruppe* genannt mit einem Durchmesser von über 3 Millionen Lichtjahren. Innerhalb von 10 Mpc (Megaparsec, also Millionen Parsec) oder mehr als 30 Millionen Lichtjahre, verstreut etwa ein Dutzend ähnlicher Gruppen. Und bei 15 Mpc (fast 50 Millionen Licht Jahre) liegt ein großer Haufen im Sternbild Jungfrau, der mehrere tausend Galaxien umfasst. So der Weg unser lokal Gruppe gehört zu mehr mehr großflächig Struktur, allgemein als lokaler Superhaufen von Galaxien bezeichnet. Sein Durchmesser beträgt 30 MPC, a Dicke - nahe zehn MPC (100 und dreißig Mit überflüssig Million hell Jahre beziehungsweise). Center Dies riesig galaktisch Wolken ist der oben genannte Cluster in Jungfrau.

Die Milchstraße schmiegt sich an den äußersten Rand eines lokalen Superhaufens. Und auch weiter, auf der Distanz in 90 MPC (überprüfen geht schon auf der Hunderte Million hell Jahre), gelegen viel mehr groß Akkumulation in Konstellation Haar Veronika, in Verbindung dem inbegriffen über 10 Tausend Galaxien. Durch alle Aussehen, es repräsentiert dich selbst Teil eines anderen riesigen galaktischen Superhaufens, der vor kurzem Dutzende sind geöffnet. Damit krönen sie die Hierarchie unserer Strukturen *Metagalaxien* (des beobachtbaren Teils des Universums). Nur bei Entfernungen in der Größenordnung von vielen Hunderte Million hell Jahre Universum kann Erwägen wie verhältnismäßig homogen Struktur, die enthält Dutzende Milliarde Galaxien. Modern Astrophysik verfügt über eine hochpräzise, perfekte Ausrüstung, mit der Sie leiten können Beobachtungen im breitesten Wellenbereich - von Meter-Radiowellen bis zu Gammastrahlen. Außer, abgesondert, ausgenommen traditionell optisch Teleskope breit anwenden Infrarot und Radioteleskope sowie Röntgen- und Gammastrahlendetektoren. Sich schnell entwickelnd Neutrino-Astronomie. Wissenschaftler haben Zugang zu unvorstellbaren Messentfernungen 10-12 Milliarden Lichtjahre, als die Welt noch jung und frisch war, und die ersten Galaxien kaum gelang es bilden. So der Weg Maße beobachtbar Teile Universum kann schätzen ungefähr bei 6 Tausend Megaparsec.

Wenn wir ferne Sterne oder Galaxien betrachten, sollten wir daran denken, dass wir Rückwärtsbewegung entlang der Zeitachse. Wenn Sirius etwa 9 Lichtjahre entfernt ist, sehen wir so war es vor 9 Lichtjahren, weil Licht eine endliche Geschwindigkeit hat Verteilung. Strahlen rot Riese Beteigeuze aus Konstellationen Orion losfahren in weit zurück in die Zeit der Wirren, als Boris Godunov auf dem russischen Thron saß. Ball Sternhaufen im Zentrum der Galaxie werden uns zurück in die letzte Eiszeit und ins Licht führen Der Andromeda-Nebel wurde zu einer Zeit emittiert, als unsere affenähnlichen Vorfahren stand auf zwei Beinen und drehte die ersten Steine. Die am weitesten entfernten Objekte in unserem Universum senden hell aus Epoche, Fernbedienung in vorbei an auf der viele Milliarden Jahre. Solar- Systeme und Planeten Erde dann mehr nicht war in denken Sie daran.

Um persönlich in lebenden Bildern die Größe des beobachteten Teils des Universums abzuschätzen oder Metagalaxien, geistig reduzieren irdisch Orbit (Sie Durchmesser 300 Million Kilometer) auf die Größe der inneren Elektronenhülle im klassischen Atommodell Bora (Sie Radius gleich 0,53 x 10-8 cm). Dann nächste Stern wird unterbringen obwohl und auf der kleinen, aber durchaus makroskopischen Abstand von 0,014 Millimetern, der Abstand zu Das Zentrum der Galaxie wird 10 Zentimeter betragen und der Durchmesser der Milchstraße wird 35 betragen Zentimeter. Die Andromeda-Galaxie wird um bis zu sechs Meter vom Bohr-Atom zurückweichen, und Entfernung zum zentralen Teil des Galaxienhaufens im Sternbild Jungfrau, zu dem auch unsere gehört Die lokale Gruppe wird etwa 120 Meter sein. Radiogalaxie Cygnus A (davor 600 Mio hell Jahre) „weglaufen" zu Dies Skala auf der zwei Mit halb Kilometer a Vor entfernt Radio Galaxy 3C 295 muss laufen und laufen – immerhin 25 Kilometer. Alles in allem, terrestrisch Ball riesig wie Mit Pathos sagte ein Lehrer Grundschulklassen ...

Stern Freakshow

- Ja... Wir leben wir leben - a warum? Geheimnis Jahrhunderte. Und wenn nicht verstandenjeder dünn fadenförmig die Essenz der Leuchten?

Sieger Pelevin

außen irgendein Zweifel, am meisten bemerkenswert und gemeinsames Objekte unser Das Universum sind die Sterne, daher ist es sinnvoll, mit den „Bewohnern" zu beginnen Sie. Welt Sterne Streiks ihr Vielfalt. Unter Sie Es gibt riesige Sterne und Zwergsterne, kollektivistische Sterne, bevorzugen verirren in Herden, und Stern-Einsiedler, die in herrlicher Isolation leben. Viele Sterne bilden sogenannte mehrere Systeme aus zwei oder drei Sternen, die um einen gemeinsamen Schwerpunkt kreisen auf der verhältnismäßig klein Distanz Freund aus Freund. Allein Sterne ähnlich dunkel Geister, weil sie im Infrarotbereich leuchten, während andere im Zehner- und Hunderterbereich leuchten tausendmal heller als unsere Sonne. Und nur in einem Parameter - nach Masse - sind sie nicht sehr variieren stark untereinander: von 1/10 der Sonnenmasse bis zu 100 Sonnenmassen. Sterne fast wie Personen sie werden geboren, wachsen auf, werden alt und sterben. Doch wenn allein gehe zu andere Welt leise und unmerklich, dann wird der Tod anderer von grandiosen kosmischen begleitet Katastrophen, erhalten Titel Explosionen Supernovae. Eine solche Sterne sichtbar auf der Entfernungen von vielen Millionen Lichtjahren, und ihre Helligkeit übertrifft die reichsten Vorstellung: unerträglich scheinen Supernova-Zwerge kumulativ scheinen Hunderte Milliarde Sterne der gesamten Galaxie.

Wie bekannt nichts nicht bis in alle Ewigkeit und zu Sterne das ist gilt in Komplett messen. Jeder abgelaufen. Einige Sterne leben hell und festlich in Millionenhöhe abbrennen Jahre. Als Dinosaurier die Erde durchstreiften, existierten sie noch nicht. Die vergängliche Existenz dieser Eintagsfliegen fit in eines ein kurzer galaktisch sofortig. Sonstiges führen gemessen gemächlich Existenz und Wille live Für eine lange Zeit: Zeit Leben Sterne, ein wenig weniger fest wie Sonne, kann sein erreichen 25 Milliarde Jahre (unser Universum wurde geboren erst vor etwa 14 Milliarden Jahren). Die Sonne beleuchtete etwa 5 Milliarden Jahren und heute ist er „ein Mann in den besten Jahren", wie Carlson zu sagen pflegte. Wie lyrisch Held Dante es gelang es passieren die irdisch Leben Gesamt nur Vor halb. Etwas Sterne bestimmt nicht einfach das Schicksal: Wenn sie brennen Runter auf den Boden seine nuklear Treibstoff, dann einbiegen in in Schwarz Löcher - toll Objekte, besitzen sehr seltsam und eben erschreckend Eigenschaften. Weg zu Center Schwarz Löcher - das ist Abstammung in Hölle, Straße ohne Rückkehr, weil die Stärke Schwere auf der Sie Oberflächen erreichen solche Größenordnungen, dass selbst das Licht nicht mehr hinaus kann. Ungeheuerlich Schwere wie schwer Grabstein Herd für immer und ewig Zäune ab Schwarz Loch aus unser Frieden. Jedoch, über Schwarze Löcher wir in seine Zeit noch Lass uns reden.

Das erste, was Ihnen auffällt, selbst bei einem flüchtigen Blick auf den Nachthimmel, ist eine deutliche Unterschied zwischen Sternen in Helligkeit und Farbe. Die alten Griechen, wie wir uns erinnern, zerschmetterten das Ganze stellares Publikum in sechs Klassen ein, die als stellare Magnituden bezeichnet werden. Sterne Sterne der ersten Größenordnung sind 2,512-mal heller als Sterne der zweiten Größenordnung und so weiter. Auf diese Weise, Sterne sechste Mengen schwächer Sterne Erste Mengen in 100 einmal. Außer, abgesondert, ausgenommen sichtbar stellaren Helligkeiten gibt es absolute Helligkeiten, über die ich bereits im vorigen geschrieben habe Kapitel, also werde ich es nicht wiederholen. Tatsächlich ist die absolute Größe dieselbe das gleiche wie die Leuchtkraft eines Sterns (sie wird normalerweise in Einheiten der Leuchtkraft der Sonne ausgedrückt und mit dem Buchstaben L bezeichnet), d.h. die Gesamtenergiemenge, die von einem Stern pro Einheit abgegeben wird Zeit. Die Sterne variieren stark in diesem Parameter. Ich möchte Sie daran erinnern, dass die Leuchtkraft von Deneb übertrifft die solare um das 270.000-fache und die Helligkeit von S Dorado im Großen Magellanschen Wolke übertrifft die Leuchtkraft der Sonne um das 600.000-fache. Unter anderen hellen Sternen unserer Himmel können Antares (Alpha-Skorpion), Beteigeuze (Alpha-Orion) und Rigel genannt werden (Beta Orion), Helligkeit die überschreiten sonnig in vier tausend, acht tausend und 45 tausend Zeiten bzw. Andererseits kann die Leuchtkraft von Zwergsternen wiederum Ertrag solare Leuchtkraft in Tausende und Zehner tausend einmal.

Nur sehr helle Sterne können den Farbunterschied mit bloßem Auge erkennen. Sagen wir Antares und Beteigeuze Wille rot, Kapelle - gelb, Sirius - Weiß, a Weg
- bläulich-weiß. Aber ein kleines Amateurteleskop oder sogar ein anständiges Feld Ferngläser verbessern die Bildqualität erheblich. Die Farbe eines Sterns und damit sein Spektrum bestimmt durch die Temperatur seiner Oberflächenschichten. Bei einer Temperatur von 3-4 Tausend Grad Kelvin Stern wird sein rot, bei 6–7 Tausende Grad erwirbt unterscheidbar gelblicher Farbton und heiße Sterne mit einer Temperatur von 10-12 Tausend Grad leuchten weiß oder bläulich hell. BEI zeitgenössisch Astronomie es gibt zuverlässig und ziemlich objektive Methoden zur Messung der Farbe von Sternen, mit deren Hilfe die Helligkeit unter Name "Index Farben". Zu jedem Bedeutung Indikator Farben entspricht bestimmt Spektrumtyp.

Erhalten zuordnen Sieben Haupt spektral Klassen die benennen Lateinische Buchstaben O, B, A, F, G, K und M. Für größere Genauigkeit jede Spektralklasse in 10 Unterklassen eingeteilt (von 0 bis 9 mit steigender Abwärtstemperatur). So Daher wird ein Stern mit Spektrum B9 näher an spektralen Eigenschaften liegen Spektrum A2 als beispielsweise Spektrum B1. Sterne der Klassen O - B sind blau (Oberflächentemperatur - ungefähr 100 - 80 Tausend Grad), A - F - Weiß (11 - 7,5 Tausend Grad), G - Gelb (ungefähr 6.000 Grad), K - orange (ungefähr 5.000 Grad), M - rot (2-3 Tausende Grad).

Unsere Sonne gehört zur Spektralklasse G2 (die Temperatur ihrer Oberfläche Schichten - ungefähr 6.000 Grad) und gilt, egal wie beleidigend, als gelber Zwergstern. Die Größe dieses Zwergs ist jedoch recht anständig - der Durchmesser der Sonne beträgt etwa 1,4 Million Kilometer.

Etwas Sterne kann regelmäßig Rückgeld Mine scheinen. BEI Erste Kapitel gesagt um Cepheiden, pulsierend Variablen Sterne, die manchmal genannt
"Leuchttürme des Universums", denn dank ihnen war es möglich, mit Hilfe von eine zuverlässige Waage zu bauen die Astronomen gelernt haben, die Entfernungen zu fernen Sternen und anderen Galaxien zu bestimmen. Cepheiden sind gelbe Überriesen mit einer Oberflächentemperatur von ca das gleiche wie die Sonne. Aber sie leuchten viel heller, wegen der Kraft ihrer Strahlung übertrifft sonnig in Dutzende tausend einmal. periodisch Rückgeld scheinen Sterne

dieser Art ist daher in ihrer Tiefe mit komplexen physikalisch-chemischen Prozessen verbunden sie werden normalerweise wahre oder physikalische Variablen genannt. Stern der Welt aus der Konstellation Kita gehört auch zu den realen Variablen, obwohl die Periode der Helligkeitsänderung in ihr ist viel mehr und handelt von elf Monate (bei Cepheiden - aus Tage Vor Monate).

Es gibt jedoch veränderliche Sterne, mit denen Helligkeitsschwankungen in keinem Zusammenhang stehen Merkmale Sie intern Gebäude. Ein Beispiel eine solche Stern ist Algol (Beta Perseus), die in Antike genannt "Auge Teufel" und "Ghul". Sie Helligkeit ändert sich alle drei Tage ohne drei Stunden um eine ganze Größenordnung. Die Griechen platziert beta Perseus in den Kopf von Medusa Gorgon - ein schreckliches Monster mit Reißzähnen in weiblicher Form und mit Schlangen statt Haaren. Der Blick dieser geflügelten Kreatur verwandelte alle Lebewesen in Stein. Algol gilt zu Nummer So genannt Verdunkelung doppelt Sterne, Weil was die Gründe die Variabilität seiner Helligkeit unterscheidet sich grundlegend von der des Delta Cepheus oder des Omicron Cetus. Um Algol zieht schwach Stern - zweite Komponente doppelt Systeme, Orbit die Lügen in eines Flugzeug Mit terrestrisch Orbit. Wann Sie ist stellt sich heraus zwischen Algolem und die Erde im Blickfeld eines irdischen Beobachters, dann teilweise überschattet. Auf diese Weise, Intensität Strahlung Algol in Wirklichkeit nicht intensiviert und nicht schwächelt a Überreste streng Konstante. Recht einfach auf der Weg Verbreitung hell Strahlen regelmäßig ein Hindernis entsteht.

Es ist vernünftig anzunehmen, dass seit der Oberflächentemperatur der roten Sterne des Spektrums Klasse M ist mehr als zweimal kleiner als die Sonne, dann sollten sie sehr schwach leuchten. In Wirklichkeit stellte sich jedoch heraus, dass alles alles andere als so elementar war. Einige Klassenstars M (sagen wir "fliegender" Barnard) Ja wirklich schwelen kaum, obwohl sie es sind überhaupt in der Nähe der Sonne (die Entfernung zu Barnard beträgt etwa 6 Lichtjahre). Aber viele andere, die sicherlich in die gleiche Spektralklasse fallen, leuchten sehr hell, Trotz auf der von Bedeutung Abgelegenheit aus Sonne. Zum Beispiel, Antares in Skorpion und Beteigeuze aus dem Sternbild Orion – klassische rote Sterne – sind nicht nur sichtbar weniger als Eins, sondern haben auch eine große Eigenleuchtkraft. Leistung Die Strahlung von Beteigeuze ist 8.000 Mal größer als die der Sonne. Es ist klar, dass eine so hohe Helligkeit verhältnismäßig kalt Sterne kann sein erklären nur Sie riesig Größen. Und obwohl die Oberfläche des Roten Riesen nur auf 2-3 Tausend Grad erhitzt wird, gesamt Intensität hell fließen wird sein sehr von Bedeutung an Vergleich Mit Sonne. Lassen Sie einen Quadratkilometer der Oberfläche von Beteigeuze relativ schwach leuchten, aber es gibt also um Größenordnungen mehr solcher Quadratkilometer auf dem Körper eines Sterns Energie Sie Strahlung in vielen Zeiten Solar übersteigt.

1920 wurde der Durchmesser von Beteigeuze gemessen. Obwohl die Sterne, auch in den mächtigsten Teleskope als dimensionslose Punkte angesehen werden, wurde eine ausgeklügelte Methode entwickelt, um sie zu berechnen Größen. Ein Geschäft in Volumen, was Strahlen Sveta, Kommen zu irdisch Beobachter aus gegenüberliegende Punkte der Sternscheibe (die wir nicht als Scheibe wahrnehmen) bilden, Themen nicht weniger, etwas Ecke zwischen dich selbst. Na sicher messen seine Wert direkt unmöglich, aber hell Strahlen, überlappend Freund auf der Freund, stören sich gegenseitig, so dass Sie mit Hilfe eines speziellen Geräts (Interferometer) dies können messen Ergebnis ähnlich Ergänzungen und Berechnung Wert Winkel. Wissen Dies Ecke und Distanz Vor Sterne vielleicht ohne Besondere Arbeit Berechnung Sie gültig Durchmesser. Natürlich hat die Methode ihre Grenzen (der Winkel sollte nicht verschwindend klein sein), aber in viele Fälle er richtig funktioniert und sehr mach dich nicht schlecht empfohlen.

Berechnet Also Weg Durchmesser Beteigeuze getroffen Vorstellung. Es stellte sich heraus, dass es fast den 350-fachen Durchmesser der Sonne hat und ungefähr 500 beträgt Million Kilometer. Abrufen zum Leser was Orbit Mars Lügen in 220 Millionen Kilometer von der Sonne entfernt. Wenn es möglich wäre, diesen Stern an die Stelle unserer Leuchte zu stellen, die Oberflächenschichten der Photosphäre von Beteigeuze würden sich weit über die Umlaufbahn des Mars hinaus erstrecken, und alle vier terrestrischen Planeten (Merkur, Venus, Erde und Mars) würden einsinken hervorragend Busen. Auftauchen Beteigeuze wird sein fast in 120 tausend einmal mehr Oberflächen

Sonne, deshalb kaum ob Kosten überrascht sein, was Sie Helligkeit in mehrere tausend einmal übertrifft die Sonne. Das Volumen dieses roten Sterns beträgt das 40-Millionen-fache von Sonne. Trotz dieser fantastischen Größe wird die Masse von Beteigeuze nur geschätzt nur 12–17 Sonnenmassen, das heißt, seine durchschnittliche Dichte sollte vernachlässigbar sein. Rot Überriesen, Innerhalb die kann fit mehrere planetarisch Umlaufbahnen Solar- Systeme, kann vergleichen Mit riesig Bläschen. Wenn ein Durchschnitt Dichte sonnig Substanzen ist gleich um 1,4 g/cm3 (fast in eineinhalb mal mehr Dichte Wasser), dann wird es in solch ungeheuer geschwollenen Blasen millionenfach weniger sein als in Luft.

Beteigeuze ist keineswegs einzigartig unter den Sternen. Es gibt also rote Überriesen unvorstellbar riesig, was Sterne wie Antares oder Beteigeuze erscheinen neben Mit sie nur Krümel. Zum Beispiel ist Epsilon Aurigae größer als Alpha Orion. mindestens fünfmal, aber wir sehen es nicht einmal, weil die Strahlung dieses Monsters fast völlig Lügen in Infrarot Bereiche Spektrum. entdecken seine gelang es wegen Gegenwart hell Satellit, welche die regelmäßig verdunkelt unsichtbarer Stern. Epsilon Aurigae ist ein Infrarot-Überriese mit einem Durchmesser von 3,7 Milliarden Kilometer. Wenn Sie es anstelle der Sonne platzieren, „schluckt" es leicht die ersten 6 Planeten (Merkur, Venus, Erde, Mars, Jupiter und Saturn) und werden das Sonnensystem auffüllen in die Umlaufbahn des Uranus. Ein anderer Stern dieses Typs - VV Cephei A - ist darin nur geringfügig unterlegen die Größe seines Begleiters aus dem Sternbild Auriga. Sein Durchmesser ist größer als der Durchmesser von Beteigeuze mehr als dreimal. Die Suche nach unsichtbaren Sternen ist seither mit großen Schwierigkeiten verbunden die Erdatmosphäre ist fast undurchlässig für Infrarot Strahlen; außerdem eigene Thermal- Strahlung Erde erlischt warm, Kommen aus Platz. Tem nicht weniger gelang es messen Temperatur etwas Sterne, die scheinen in Infrarot Angebot. Sie ist gelegen in innerhalb 800 - 1200 Grad Kelvin was, sicherlich gleich, sehr wenig: 800 Grad - das ist gerade Temperatur rot Wärme. Dunkel und kalt Überriesen wie VV Kepheus oder Epsilon Wagenlenker muss sein leer spärliche Welten, weil ihre Füllung über ein kolossales Volumen geschmiert ist. Wenn Durch ein Wunder gelang es, die Substanz dieser Sterne in das Labor der Erde, ihren Durchschnitt, zu übertragen Dichte fast nicht wäre anders aus Vakuum.

Kohl demnächst in Natur es gibt rot Riesen und Überriesen, natürlich legen nahe, dass es rote Zwerge geben muss, die in dasselbe hineinfallen Spektralklasse M. Erinnern wir uns zumindest an Barnards "fliegenden" Stern, der sich schnell bewegt mit einer Geschwindigkeit von mehr als 10 Bogensekunden pro Jahr über den Himmel. Das ist viel, weil Die Eigenbewegung von Sternen wird in der Regel mit viel kleineren Werten gemessen (ca eine Sekunde pro Jahr oder weniger). Ein herausragender Sportler verdankt seinen Namen amerikanisch Astronom Eduard Barnard welche die geöffnet Sie in 1916 Jahr. Rot Zwerge, die der Sonne deutlich an Masse unterlegen sind, sind keineswegs Blasen, sondern ziemlich gewichtig komplette Sterne. Außerdem sind sie sehr oft viel dichter als unser Stern. Zum Beispiel, rot Zwerg Krüger 60V Einfacher Sonne Gesamt in fünf einmal, obwohl seine Volumen ist 1/125 der Sonne. Daher sollte seine durchschnittliche Dichte gleich sein 35 g/cm3, was der 25-fachen Dichte der Sonne (1,4 cm3) und der anderthalbfachen Dichte entspricht Platin. Eben eine solche fest paradiesisch Karosserie, wie unser einheimisch Planet, Es hat Mitte Dichte bestellen 5.5 g/cm3 (Dichte Stein Rassen terrestrisch bellen ist 2.6 g/cm3, a zum Erdmittelpunkt erreicht es einen Wert von 11,5 g / cm3), dh es ist Kruger in sechs Sekunden unterlegen überflüssig einmal.

BEI Klammern Hinweis was Dichte alle paradiesisch Tel (und äußerst spärlich Gas Bläschen wie Antares und Beteigeuze hier zu nicht Ausnahme) schnell wachsend an Richtung zu Center. Zu Sonne könnte stabil existieren, nicht unter Einwirkung von Gravitationskräften zusammenbrechen, sollte die Dichte seiner zentralen Bereiche erreichen Mengen bestellen 100g/cm3, was übersteigt Dichte Platin in fünf einmal. Es ist klar, dass in der Mitte Krüger 60V ähnlich Indikator für extrem messen für zwei bestellen mehr.

Die Dichte von Roten Zwergen ist jedoch nichts im Vergleich zu Weißen Zwergen. Weiß Zwerge - das ist klein und sehr heiß Sterne, vertreten dich selbst Endstadium der Evolution paradiesisch Leuchten wie unsere Sonne. Ihre Temperatur Oberflächenschichten sehr unterschiedlich - ab 5.000 Grad für die "Alten" kalte Sterne bis zu 50.000 in "jung" und heiß. Sie sind vom Gewicht her vergleichbar die Sonne, aber ihr Durchmesser überschreitet in der Regel nicht den Durchmesser der Erde (etwa 12.800 Kilometer). So erreicht ihre durchschnittliche Dichte Werte in der Größenordnung von 106 g/cm3 und übersteigt sonnig in Hunderte tausend einmal. Einer kubisch Zentimeter Substanzen Weiß Zwerg kann sein wiegen mehrere Tonnen. Der Erste Weiß Zwerg war offen in 1844 Jahr Friedrich Bessel, als er unerwartet Anomalien in der Bewegung des Sirius entdeckte - die meisten hell Sterne unser Himmel. Seine Flugbahn an unverständlich Grund regelmäßig von der durchschnittlichen Position abgewichen, also schlug Bessel vor, dass Sirius eintritt doppelt System, dann Es gibt Es hat fest Satellitenstern, a beide Koryphäen anwenden um einen gemeinsamen Schwerpunkt. 1862 gelang es ihnen, in der Nähe von Sirius ein schwaches Licht auszumachen Fleck, und seitdem heißt die helle Komponente dieses binären Systems Sirius A und sein unerheblich dunkel Nachbar bekam Titel Sirius V.

Sirius BEI - lange weg nicht die meisten klein Vertreter Bevölkerungen Weiße Zwerge. Da seine Leuchtkraft 300-mal geringer ist als die der Sonne und die Oberflächentemperatur erreicht 8000 Grad Kelvin (Temperatur Sonne - 5800 Grad), kommt nicht auf viel an Arbeit Berechnung seine Dimensionen. Sirius-Radius Ein Muss sein etwa 20 Tausend Kilometer (5.000 Kilometer weniger als Neptun, aber dreimal mehr als die Erde) und seit seiner Masse ist 95 % Sonnenmasse, dann Durchschnitt Dichte seine Substanzen gleich 105g/cm3.

Natürlich ist Sirius B keineswegs eine Ausnahmeerscheinung. Wurde bald entdeckt superdichte Satellit von Procyon, fast doppelt so leicht wie die Sonne, und dann strömten die Funde wie aus Füllhorn. Bis heute wurden ziemlich viele Weiße Zwerge entdeckt (obwohl Suche diese klein schwach Sterne konjugiert Mit beträchtlich Schwierigkeiten), und an vorläufige geschätzt auf der Sie Teilen Konto für mehrere Prozent Sterne unser Galaxien.

Trotz der ungeheuren Ausbreitung der Sternpopulation in Bezug auf den Dichteparameter - von fast vollständiges Vakuum auf Werte vergleichbar mit der Dichte des Atomkerns, der Masse von Sternen unterscheiden sich nicht sehr - von 0,1 Sonnenmassen bis 100 Sonnenmassen. Auf diese Weise, der schwerste Stern ist nur tausendmal massereicher als der leichteste. Und du solltest drin sein Bedenken Sie, dass es an den äußersten Polen der Skala relativ wenige herausragende Zuschauer gibt, So wie Gewicht Die überwiegende Mehrheit der Sterne schwankt innerhalb 0,2–5 Sonne Gew. Gewicht - äußerst wichtig charakteristisch, weil die definiert nicht nur stellar modus vivendi, aber auch sein trauriges Ende, und in gewisser Weise sogar posthum Bestimmung Sterne. Aber über Evolution wir sind die sterne in seine Zeit Lass uns reden separat.

ABER wie Stern wiegen? Wenn ein co Helligkeit, Indikator Farben und spektral Klasse, die die chemische Zusammensetzung und Temperatur der Oberfläche eines Himmelskörpers bestimmt, wir irgendwie herausgefunden, wie man seine Masse bestimmt? Unverzichtbar und unersetzlich das Instrument sind in solchen Fällen die uns bereits bekannten Doppelsterne. Die Tatsache, dass es fast unmöglich ist, die Masse eines einzelnen Sterns zu messen. Natürlich die Intensität Helligkeit und Spektrum können viel sagen, weil sie von der Masse abhängen, aber ich wollte es trotzdem um diesen Wert sicher zu kennen. Glücklicherweise sind überzeugte Einsiedler wie unsere Sonne sind relativ selten, da die meisten Stars lieber in einem Freundschaftsspiel wohnen Mannschaft. Öfters Gesamt das ist gepaart doppelt Systeme, weniger oft - verdreifachen und eben vervierfachen. Es ist nicht einfach, eine Struktur von drei oder vier Sternen zu schaffen, weil solche Systeme erweisen sich als dynamisch instabil. Um sie stabil zu machen erforderlich einhalten die Zeile Bedingungen. Dritte Komponente muss die Anschrift um nah dran Binärsystem in einer ausreichend weiten Umlaufbahn, die sich niemals einer Entfernung nähert weniger acht - zehn Radien intern "Zwei". Er mich selbst, in mein drehen, kann sein sein doppelt

System, und dann nehmen diese beiden Paare einander als Punktobjekte wahr. BEI im ersten Fall haben wir einen dreifachen Stern und im zweiten einen vierfachen. Aufgrund der Eigenschaften Prozesse der Sternentstehung gibt es in Systemen größerer Vielfalt in der Natur nicht. Doppelt Sterne kreisen um einen gemeinsamen Schwerpunkt - das sogenannte Baryzentrum, da jeder zieht die Decke über sich und "schaukelt" den Nachbarn mit seinem Gravitationsfeld. Wenn also die Umlaufzeiten der Sterne und die Entfernungen von ihnen zum Baryzentrum bekannt sind, ist dies nicht der Fall wird sein groß Arbeit bestimmt Masse berechnen jeder Sterne.

Sollte erzählen mehrere Wörter um eben Diagramm "Spektrum - Helligkeit" (oder "Temperatur - Helligkeit"), Weil Astronomen weit Viel Spaß. Weil die Diagramme dieser Art wurden erstmals von dem Dänen E. Hertzsprung und verwendet Amerikaner G. N. Russell, sie werden üblicherweise Hertzsprung-Russell-Diagramme genannt. Auf der horizontalen Achse In diesem Diagramm sind die Spektraltypen von links nach rechts von O bis M angeordnet, d. h. der Reihe nach Abnahme der Temperatur. Auf der senkrechten Achse von unten nach oben sind Leuchtkräfte bzw absolut hervorragend Mengen, an messen Sie Zunahme. Trotzdem Freund aus Freund Hertzsprung und Russell fanden eine empirische Beziehung zwischen Temperatur und Leuchtkraft. Wie Regel Stern Themen heller wie Sie ist heisser obwohl, sicherlich, es gibt und Ausnahmen (denken Sie daran rot Überriesen). Aber in Durchschnitt Dies Regelmäßigkeit funktioniert überhaupt nicht schlecht. Deshalb wie Nach links Lügen spektral Klasse recherchiert Sterne auf der horizontal Achsen (Folglich, wie mehr Sie Temperatur), Themen Oben Sie ist klettertan vertikal Skala absolut hervorragend Mengen (Helligkeit).

So der Weg mehrheitlich Sterne niedergelassen an Diagonalen in bilden breit ein Band, das von der oberen linken Ecke des Diagramms, wo heiße und helle Sterne liegen, zu verläuft niedriger Rechts Ecke, bewohnt kalt und schwach rot Zwerge. Dies breit Diagonales Klebeband wird als Hauptreihe bezeichnet.

Sterne, lügnerisch auf der hauptsächlich Sequenzen befinden sich nicht jedenfalls wie, aber Folge leisten sicher Regeln. Sofort gleich es ist ans Licht gekommen Beziehung zwischen Temperatur Sterne und Sie Radius, weil die es stellte sich heraus, was Stern Mit sicher Die Oberflächentemperatur kann nicht beliebig groß sein und damit ihre Leuchtkraft passen auch in einige feste Parameter. Darüber hinaus steht die Leuchtkraft im Zusammenhang mit die Masse des Sterns. Gehen wir entlang der Hauptreihe von den Spektraltypen O - B Vor Zu - M, dann Massen Sterne ständig Verringerung. Sagen wir bei Sterne Klasse Ö Massen erreichen mehrere zehn Sonnenstrahlen, während sie bei Sternen der Klasse B 10 nicht überschreiten Massen der Sonne. Es ist bekannt, dass unsere Sonne eine Spektralklasse von G2 hat, also wird sie es tun sein fast in Mitte hauptsächlich Sequenzen ein wenig näher zu Sie RechtsUnterkante. Sterne späterer Massenklassen sind deutlich kleiner als die Sonnenmasse; zum Beispiel, Rote Zwerge der Spektralklasse M sind zehnmal leichter als die Sonne. Die physische Ursache von allem diese Muster gelungen verstehe nur nach Schaffung Theorien thermonuklear Reaktionen.

Allerdings fällt bei weitem nicht die gesamte Sternpopulation auf die Hauptreihe. Rote Riesen und Überriesen (sie werden traditionell als rot bezeichnet, obwohl sie zu den sie haben auch gelbe Sterne) bilden einen eigenen Zweig, der in einem breiten Streifen auswächst in der Mitte der Hauptsequenz und geht in die obere rechte Ecke des Diagramms. Wir schon Diese Sterne sind bekannt Mit große Leuchtkraft und niedrig Temperatur Oberflächen. Vor dem Hintergrund des Großteils der Sternpopulation von Riesen gibt es relativ wenige. Und ganz unten in der linken Ecke des Diagramms sind weiße Zwerge - heiße Sterne mit geringer Leuchtkraft, was Er spricht um Sie sehr klein Größen. laufend ein wenig nach vorne, sagen wir was Weiß Zwerge gegenwärtig dich selbst regulär Finale Bühne Evolution etwas Sterne. Thermonukleare Reaktionen in ihrem Darm laufen schon lange nicht mehr und sie kühlen langsam ab. So, bietet sich an Fazit, was und rot Riesen, und Weiß Zwerge - das ist seine nett Produktion Abfall, sicher Bühne Evolution Sterne, links Heimat Folge. ABER weil die Fragen Leben und des Todes - allein aus die meisten Verbrennung, Es ist gekommen Zeit näher познакомиться Mit Geburt und Evolution Sterne.

Nach modernen Vorstellungen werden Sterne in Gas- und Staubwolken geboren, die Anfang schrumpfen unter Aktion besitzen Schwere Kräfte. interstellar Mittwoch nur auf der Der Erste Sicht scheint nichts nicht gefüllt leer Weltraum, aber in Wirklichkeit enthält er erhebliche Mengen an Gas und Staub, die sehr ungleich verteilt sind. Der größte Teil des Gases und Staubs ist darin konzentriert galaktische Spiralarme, und hier die sogenannten Assoziationen jung Sterne, was ist zusätzlich Streit in Nutzen Sie Geburt aus Gas- und Staubwolken. Neben molekularem Wasserstoff und atomarem Helium sind solche Wolken enthalten kleine kosmische Staubpartikel, die aus schwereren Elementen bestehen. Und obwohl noch niemand in der Lage war, alle Phasen der Sternentstehung von Anfang bis Ende zu verfolgen selbst Allgemeines bilden dieser Prozess kann man sich vorstellen nächste Weg.

Nach Abgrenzung und Dichtungen Fragment Wolken kommt Phase seine schnell Kompression. Dichte gerinnen schnell wachsend, a seine Transparenz ständig Stürze, Daher kann die angesammelte Wärme es nicht verlassen und das Gerinnsel beginnt sich zu erwärmen. Radius eine solche Protosterne viel übertrifft Radius Sonne, aber Sie ist geht weiter schrumpfen, Weil was Druck Gas und Temperatur Innerhalb Wolken nicht in fähig Gleichgewicht Gravitation Stärke. Wann Temperatur in Center Protosterne erreicht mehreren Millionen Grad, flammen Kernfusionsreaktionen in seiner Tiefe auf. Die Temperatur und der Druck steigen weiter, und es kommt ein Punkt, an dem sie beginnen effektiv widerstehen Kräfte Gravitation Kompression. Protostern wird Komplett Stern und genügend schnell "Hinsetzen" auf der Heimat Folge.

Zu "durchlaufen" die meisten frühzeitig Phase seine Evolution, Stern erforderlich verhältnismäßig ein wenig Zeit. Geschwindigkeit Aussehen auf der hell beruht aus Gewicht Baby. Schwer Sterne geboren viel Schneller Lunge. Zum Beispiel, bei unser Sonne, an etwas Schätzungen, Weg auf der das ist ein Geschäft um dreißig Million Jahre, a Sterne, verdreifachen Wenn Sie es an Masse übertreffen, springen Sie wie eine Kanone heraus - in nur 100.000 Jahren. Aber Bei roten Zwergen, deren Masse um eine Größenordnung geringer ist als die der Sonne, erstreckt sich die Geburt Hunderte Million Jahre, aber aber und live eine solche Sterne viel länger. Gewicht Sterne bestimmt nicht nur die Umstände ihrer Geburt und die ersten Schritte in dieser Welt, sondern auch hinterlässt einen herrischen Eindruck auf ihr gesamtes weiteres Schicksal. Aber zuerst, lass uns damit umgehen Prozesse undicht in hervorragend Eingeweide, die zur Verfügung stellen neugeboren gemütlich Existenz.

Irgendein Stern repräsentiert dich selbst selbstjustierend nuklear Reaktor, Bereitstellung verlängert und stabil Produktion Energie. BEI hervorragend Eingeweide Kernfusionsreaktionen gewinnen an Dynamik, bei denen Wasserstoff umgewandelt wird Helium, und das wiederum verwandelt sich nach und nach in immer schwerere Elemente. Der Hauptkernzyklus eines Sterns ist die Umwandlung von Wasserstoff in Helium, weil Wasserstoff in Prozentsatz in seiner Zusammensetzung am meisten. Zum Beispiel unsere Sonne, sicher lebte etwa 5 Milliarden Jahre in der weißen Welt, enthält etwas mehr als 80 % Wasserstoff. Sich ausruhen zwanzig % Herbst auf der Helium und Sonstiges, mehr schwer Elemente, aber Helium, Natürlich unvergleichlich mehr. Transformation Wasserstoff in Helium in meist durchgeführt durch So genannt Proton-Proton Kreislauf, a weil die er sehr langsam, sorgt es für ein stabiles Brennen des Sterns für 10 Milliarden Jahre. BEI Urwald physikalisch und chemisch Prozesse, laufend in Eingeweide Sterne, wir nicht steigen, a Wir stellen nur fest, dass die Lebensdauer eines Sterns auf der Hauptreihe (d. h. seine Periode relativ ruhige Existenz) hängt in erster Linie von seiner Anfangsmasse ab. Unser Sonne und ähnlich zu ihm Sterne bestimmt lang und gemessen Leben (nicht weniger 5 Milliarde Jahre) und rot Zwerge werden leben mehr länger.

Irgendein Stern repräsentiert dich selbst glühend heiß Plasma Ball (Helium und Wasserstoffplasmen, wie Astrophysiker sagen) und thermonuklear Reaktionen spielen eine doppelte Rolle: Erstens halten sie den Druck auf dem erforderlichen Niveau und Temperatur, die ablehnen Gravitation Kompression a Zweitens, bereichern

Stern mit schweren Elementen. So sieht die durchschnittliche chemische Zusammensetzung der äußeren Schichten eines Sterns aus etwa so: Für 10.000 Wasserstoffatome gibt es 1.000 Heliumatome, 5 Atome Sauerstoff, 2 Stickstoffatome, ein Kohlenstoffatom und 0,3 Eisenatome. Relativer Inhalt Andere Elemente mehr weniger. Jedoch Akkumulation schwer Elemente (a ohne Sie die Entstehung von Planeten vom terrestrischen Typ und anscheinend Leben ist unmöglich) am meisten aktiv los in fest Sterne, die spürbar schwerer Sonne. Helium in Zentren eine solche Sterne beginnt einbiegen in in Elemente Kohlenstoff Kreislauf (Kohlenstoff, Sauerstoff, Stickstoff u usw.), und sie werden wiederum transformiert in noch mehr schwer Elemente bis hin zu Eisen. Unsere Sonne ist bekanntlich ein relativ kleiner Stern. (gelb Zwerg spektral Klasse G2), und Berechnungen Show was wenn möchten es ursprünglich auf der 100 % war aus Wasserstoff, zu ihm es dauerte möchten nicht weniger zwanzig Milliarde Jahre, zu erreichen zeitgenössisch Verhältnisse Wasserstoff, Helium und Andere Elemente. Inzwischen hat das solare "Zeitalter" nicht mehr als 5 Milliarden Jahre. Was Weg Sonne gelang es Also schnell Reich werden schwer Elemente, wenn seine Massenzum reicht das eindeutig nicht?

Um diese Frage zu beantworten, müssen Sie schauen was passiert mit den sternen hauptsächlich Sequenzen. Wie wir denken Sie daran Sein auf der hauptsächlich Sequenzen Stern stabil strahlt auf der hindurch lang Zeit und Sie Position auf der Diagramm "Spektrum - Leuchtkraft" ändert sich nicht. Allerdings unterstützt der Wasserstoff-Kraftstoffverbrauch thermonukleare Fusionsreaktionen in der Tiefe, ist für verschiedene Sterne nicht gleich. Sterne vergleichbar mit Die Sonne nach Masse leben sie sehr sparsam, sodass sie für lange Zeit genügend Wasserstoffreserven haben. Rote Zwerge sind noch größere Geizhälse: Wenn man jeden Cent sorgfältig zählt, werden sie zweimal leben, und sogar drei- oder viermal länger als unsere Sonne. Aber massive Sterne sind große Spender und Partikel: Die schwersten von ihnen werden nur auf der Hauptsequenz sein mehrere Million Jahre. Stürmisch Leben in jung Jahre führt zu frühzeitig hohes Alter.

Was passiert mit einem Stern, wenn der gesamte (oder fast der gesamte) Wasserstoff in seinem Kern ausbrennt? Wann Wasserstoff Treibstoff passt zu das Ende Kern Sterne beginnt schrumpfen, a seine Temperatur schnell wächst. BEI Ergebnis gebildet sehr dicht und heiß Region, bestehend aus Helium Mit klein Verunreinigung mehr schwer Elemente. Gas in ein solcher Zustand wird als entartet bezeichnet. Kernreaktionen im zentralen Teil des Kerns praktisch Pause, aber genügend aktiv fortsetzen Leck auf der seine Peripherie. Der Stern beginnt schnell anzuschwellen, schwillt sprunghaft an, und seine Größe und Helligkeit viel Zunahme. Stern kommen aus Mit hauptsächlich Sequenzen und dreht sich in rot Riese Mit Temperatur Oberflächen nahe 3 tausend Grad Kelvin.

Jedoch in zentral Bereiche geschwollen Sterne Helium geht weiter verwandeln in Kohlenstoff und Sauerstoff bis zu Vor die meisten schwer Elemente. Was wird passieren, wenn auch der Helium-Brennstoff ausgeht, wie Wasserstoff in der vorherigen Stufe? Des Weiteren Bewegung Veranstaltungen beruht aus Initial Massen Sterne. Wenn ein Sie ist war klein wie unser Sonne, extern Schichten abgeladen, Bildung planetarisch Nebel (eine expandierende Gaswolke), in deren Zentrum das uns bereits Bekannte aufleuchtet Weiß Zwerg - heiß Stern Größe um Mit Erde und Mit Gewicht bestellen MassenSonne. Mittel Materiedichte weißer Zwerg beträgt 106 g/cm3.

Weiß Zwerge - sehr neugierig Objekte. Darstellen dich selbst an Wesen Angelegenheiten, tot Stern (thermonuklear Reaktionen vor langer Zeit abgestiegen auf der Nein), sie fortsetzen strahlen, und die Gravitationskontraktion ist dennoch nicht in der Lage, die entgegenwirkende Kraft zu überwinden zu ihm hoch Druck. Sofort gleich entsteht Frage: wo das ist Druck genommen wird wenn Temperatur inländisch Regionen Sterne verhältnismäßig niedrig (Ja wirklich So), a thermonukleare reaktionen bestellt, um lange zu leben? Paradoxe Gesetze sind an allem „schuld". Quantum Mechanik. Unter Aktion Schwere Substanz Weiß Zwerg verdichtet Also, was atomar Kerne buchstäblich hineinzwängen Innerhalb elektronisch Muscheln benachbart Atome. Elektronen verlieren intim Verbindung co ihr Verwandtschaft Atome und frei in interatomaren Hohlräumen durch den Raum des Sterns zu reisen, dann Zeit wie nackt Kerne bilden nachhaltig hart System - etwas Ähnlichkeit Kristallgitter. Dieser Zustand wird als entartetes Elektronengas bezeichnet obwohl Weiß Zwerg geht weiter abkühlen, Durchschnitt Geschwindigkeit Elektronen Verringerung nicht denkt. Je näher die Elektronen nach den Gesetzen der Quantenmechanik beieinander stehen, desto ihre Geschwindigkeiten sollten sich stärker unterscheiden, woraus folgt, dass die meisten Elektronen wird sein bewegen sich sehr schnell. Hören wir zu Physiker:

...

Eine solche quantenmechanische Bewegung steht in keinem Zusammenhang mit der Temperatur der Substanz, it schafft Druck, genannt Druck degenerieren elektronisch Gas. Bei Weiße Zwerge exakt Dies Stärke gleicht Stärke aus Sie besitzen Schwere.

So der Weg Weiß Zwerge wie möchten "reifen" Innerhalb rot Riesen und gegenwärtig dich selbst Finale Bühne Evolution mehrheitlich Sterne. es tot, allmählich abkühlende Welten, in denen aller Wasserstoff ausgebrannt ist, und nukleare Reaktionen gestoppt. Übrigens wird in ferner Zukunft ein solch wenig beneidenswertes Schicksal widerfahren unsere Sonne. Berechnungen zufolge wird es in etwa 5-6 Milliarden Jahren vollständig abbrennen Wasserstoff und verwandeln sich in einen roten Riesen, der seine Leuchtkraft um das Hundertfache erhöht, und der Radius - zu zehnt. Es ist merkwürdig, dass HG Wells eine ähnliche Entwicklung unserer Koryphäe vorhergesagt hat Roman „Die Zeitmaschine" Wenn Sie, der Leser, sich erinnern, es ist ein Zeitreisender sah in ferner Zukunft eine riesige purpurrote Sonne am halben Himmel, die über der Wüste hing auf dem Seeweg. geradeheraus Sprichwort Brunnen ein wenig gebluft weil die geschwollen Sonne sollte die Erdoberfläche auf mehrere hundert Grad Celsius erhitzen, damit Der Zeitreisende würde zusammen mit seiner ungeschickten Maschine lebendig geröstet werden. Aber klammern wir uns nicht an die Klassiker auf Kleinigkeiten. Die Sonne wird in der roten Riesenbühne leben mehrere Hunderte Million Jahre, a nach abwerfen Hülse und wird umkehren in Weiß Zwerg.

Und wie wird sich ein massereicherer Stern nach dem Heliumverbrauch verhalten? Wenn seine Initiale Die Masse betrug mehr als 8 - 10 Sonnenmassen, im Zentrum des Sterns eine Zwiebelform ein Kern aus schweren Elementen, umgeben von Schichten aus leichteren. Für manchen In diesem Moment verliert ein solcher Kern an Stabilität und beginnt katastrophal zu schrumpfen. Dieses Phänomen Gravitationskollaps genannt. Abhängig von der Masse des Kerns ist es zentralTeil oder dreht sich in superdicht ein Objekt - Neutron Stern, oder Zusammenbrüche "bis zum Anschlag" und bildet ein schwarzes Loch. Die ungeheure Gravitationsenergie, die freigesetzt wird reißt während der Kompression die Hülle und den äußeren Teil des Kerns ab und wirft sie mit einem High aus Geschwindigkeit. los grandios Explosion, begleitet Geburt Supernova Sterne. Uns nicht bekannt Platz Katastrophen mehr Skala, wie Ausbrüche Supernovae; in fließen etwas Zeit eine solche Stern leuchtet heller ganz Galaxien. Schrittweise fallen gelassen Gas Hülse abkühlen und langsamer (in interstellar Es gibt viel verdünntes Gas im Weltraum), und im Laufe der Zeit wird es eine Gas-Staub-Wolke bilden, in in denen das spezifische Gewicht schwerer Elemente sehr auffällig ist. Dies erklärt sich dadurch, dass in Während seines kurzen, aber turbulenten Lebens gelang es dem massiven Stern, viele schwere anzusammeln Elemente bis Drüse, etwas manche, von denen flog in den interstellaren Raum in Zeit Explosion. Wann Gas-Staub Wolke wird beginnen kondensieren unter Aktion Schwere Stärke, Innerhalb ihn kann sein aufflammen Neu Stern. Ähnlich Sterne, geboren auf der Ruinen ehemalige erhalten Anruf Sterne zweite Generationen, und unserSonne, sieht aus wie Zeiten bezieht sich Nummer einfach so Sterne.

Es gibt also eine gewisse Kontinuität in der Natur: massereiche Sterne Erste Generationen sterben bereichernd interstellar Platz schwer Elemente, die als Baumaterial für Sterne der zweiten Generation dienen. Alles chemisch Elemente schwerer Helium gebildet in hervorragend Eingeweide in Fortschritt thermonuklear Synthese, a

Die schwersten Elemente wurden in Supernova-Explosionen erzeugt. Die Erde hat einen Eisenkern was ungefähr ein Drittel seiner Masse ausmacht, so dass Sie es ungefähr abschätzen können die Menge Drüse spuckte aus prähistorisch Supernova 5 Milliarde Jahre dazu der Rücken. Alles, was uns auf der Erde umgibt, und die Erde selbst, ist vererbte Sternenmaterie uns ein Vermächtnis. Man kann sagen, dass Kernreaktionen im Inneren von Sternen der Hauptgrund dafür sind Vielfalt der Umwelt. In ferner Vergangenheit im Universum der schweren Elemente Es war viel weniger, wie jetzt, um wie bezeugen Daten Aufsicht Astronomie. Spektroskopisch Forschung zeigte was hervorragend Öffentlichkeit stark anders an seine chemisch Komposition. Zum Beispiel, heiß fest Sterne, konzentriert in der galaktischen Ebene, mehrere zehnmal reicher an Heavy Elemente, wie Sterne Ball Cluster, lügnerisch nahe Center Galaxien.

Blinken Supernova - sehr Selten Phänomen. Pro letzte tausend Jahre in unser Galaxis brach aus Gesamt drei Supernovae - in 1054 Jahr, in 1572 Jahr und in 1604 Jahr. Die Supernova von 1572, die im Sternbild Kassiopeia ausbrach, wurde von einem dänischen Astronomen beobachtet Ruhig Brahe. BEI maximaler Zeitraum sie glänzte mit ihrer Brillanz heller Venus. Supernova 1604 des Jahres nachgegeben in Helligkeit Stern Ruhig Brahe, aber alle gleich und Sie ist in maximal scheinen angetreten mit Jupiter. Er leuchtete im Sternbild Ophiuchus auf und wurde von Johannes Kepler und Galileo beobachtet Galilei. Was die Supernova von 1054 betrifft, so sind Hinweise darauf auf Chinesisch erhalten geblieben Chroniken, aus die folgt, was Sie ist war sichtbar eben Nachmittag, a in maximal scheinen wiederholt zahlenmäßig unterlegen Venus. Heute zählt, was Krabbe Nebel in das Sternbild Stier und der Pulsar darin (ein schnell rotierender Neutronenstern) sind die Überreste der Supernova von 1054. Der Krebsnebel ist eine wirbelnde Wolke Gas, von abgerissenen Fäden durchbohrt - kriecht zwar langsam, aber doch deutlich dahin Himmel. Es schien möchten, nichts Besondere aber weil die Distanz Vor Dies Nebel überschreitet 4.000 Lichtjahre, was bedeutet, dass die Expansionsgeschwindigkeit seiner Gase 1500 erreicht Kilometer in gib mir eine Sekunde. Zwischen Themen Geschwindigkeit konventionell Gas Nebel in unser Galaxis nicht übersteigt 20–30 Kilometer in gib mir eine Sekunde. Nur monströs an Stärke Explosion könnte Masse informieren Gas so hoch Geschwindigkeit.

Obwohl Ausbrüche Supernovae - Phänomen sehr Selten, an messen Verbesserung astronomische Beobachtungstechniken begannen, sie immer häufiger zu entdecken. Galaxien es gibt Dutzende Milliarde und irgendwo Supernova Notwendig aufflammen. ABER weil die in maximal seine scheinen sie fähig überstrahlen Galaxis, in die beleuchtet, können sie in Entfernungen gesehen werden, die nur modernen Menschen zugänglich sind Teleskope. Zum Beispiel die Supernova S Andromedae, die 1885 in dieser Galaxie explodierte, hatte absolut hervorragend Wert Minus- 19, aus was folgt, was Sie Helligkeit in kurzzeitig 10 Milliarden mal die Leuchtkraft der Sonne. Sie sogar mit bloßem Auge als sehr schwaches Sternchen der 6. Größenordnung gesehen werden konnte, aber Nebel Andromedae getrennt aus unser Galaxien fast 2 Mit halb Million Lichtjahre. Heute werden Dutzende von Supernovae in anderen Galaxien entdeckt Jahr.

Obwohl alle Supernova-Explosionen das Endstadium im Leben eines Sterns darstellen, Astronomen unterscheiden je nach Art des Spektrums und der Leuchtkraft mehrere Arten von ihnen. Normalerweise gibt es zwei Arten dieser seltenen Sterne. Typ I Supernovae - alt und nicht so alt Massereiche Sterne, die sowohl in elliptischen als auch in Spiralgalaxien flackern. Leistung Strahlung Supernovae Dies Typ besonders Großartig. Supernovae II Typ werden mit jungen massereichen Sternen in Verbindung gebracht, die ihre Evolution schnell „durchliefen". Weg. Sie befinden sich in den Armen von Spiralgalaxien, wo weiterhin Prozesse ablaufen. Sternenexplosion, a in elliptisch Galaxien sie nicht aufflammen noch nie.

Aus Supernovae sollte abweichen gewöhnliche Neu Sterne. Sie sind aufflammen relativ häufig (ca. 100 Flares pro Jahr in unserer Galaxie) und die Strahlungsleistung diese Sterne sind Tausende und Zehntausende weniger. Ausnahmslos alle Neuen sind eng doppelt Systeme, wie Regel bestehend aus Weiß Zwerg und normal Sterne.

Der Initiator der Explosion ist normalerweise ein Weißer Zwerg, ein zu Boden gebrannter Stern, aus dem er hervorgeht nur die Asche lang beendeter thermonuklearer Reaktionen blieb zurück. Aufgrund der Nähe zwischen Komponenten doppelt Systeme Substanz oberflächlich Schichten Satellit überläuft auf der Weiß Zwerg, und Wenn seine sammelt sich an viele, thermonuklear Reaktionen kann entzünden wieder. Der Vorgang hat Flash-Charakter und ähnelt der Explosion eines riesigen Wasserstoffs Bomben. Im Laufe von mehreren Stunden oder Tagen erreicht der Stern seine maximale Helligkeit, und dann, für viele Monate oder sogar Jahre, verblasst es langsam. Die Masse der abgeworfenen Schale ist immer viel weniger Massen die meisten Sterne, So was Sie ist nicht Zusammenbrüche bei Explosion, wie Supernova, a Überreste in intakt und Sicherheit. Erhalten zählen, was Neu verlieren 1/100 000 seine Massen, wohingegen bei Supernovae Typ I dieser Indikator schwankt innerhalb aus 1/10 bis 9/10 auch bei Supernovae Typ II - von 1/100 bis 1/10. Nach einer gewissen Mal kann ein neuer Stern wieder aufflammen (manchmal passiert das nach ein paar Jahrzehnte). Supernovae Sterne nicht niemals entzünden.

So, nach katastrophal Explosion fest Supernova Überreste sehr klein ein Gerinnsel von ungeheurer Dichte - der sogenannte Neutronenstern. Wenn die Füllung weiß ist Zwerg repräsentiert dich selbst degenerieren elektronisch Gas, dann in Neutron Stern es gibt keine freien Elektronen. Seine Masse ist so groß, dass der Druck des Elektronengases es nicht ist Kräfte widerstehen wachsend Gravitation Kompression. im übertragenen Sinne Sprichwort Elektronen "gepresst" in Protonen, in Ergebnis was Protonen drehen in Neutronen. Pro Abgesehen von den äußeren Schichten eines Neutronensterns (Kruste) besteht seine Substanz hauptsächlich aus Neutronen und sehr klein Mengen Protonen und Elektronen. Druck in Center Neutronenstern erreicht so große Werte, dass er mehrere Male überschreiten kann Dichte atomar Kerne. Na sicher atomar Kern zu gebaut aus Protonen und Neutronen, aber es wirken nur Kernkräfte auf sie, und im Fall eines Neutronensterns, auf er fügt die schwerste Schwerkraftpresse hinzu. Wir können sagen, dass ein Neutronenstern repräsentiert eine kontinuierliche atomar Kern.

Zu irgendein visuell vorstellen monströs Dichtheit Eingeweide Neutron Sterne, denken Sie daran, dass die Größe eines Atoms im Durchschnitt 10^{-8} cm beträgt und die Größe des Atomkerns ist 10^{-13}cm. So der Weg Kern weniger Atom in Im Algemeinen in 100 tausend einmal, a weil die Fast die gesamte Masse eines Atoms ist im Kern konzentriert, gewöhnliche Materie besteht aus fast Leere. Zum Vergleich: auf der Strecke zwischen Erde und Sonne etwas mehr als 100 Sonnendurchmesser und fast 12.000 Durchmesser der Erde, während zwischen den Atomen Ader und nächste elektronisch Hülse (Orbit) ohne Arbeit wird unterbringen 100 tausend nuklear Kerne. Wenn ein wir lass uns drücken Kerne Rücken an Rücken Freund zu Freund, Dichte Substanzen wird steigen 10^{15} mal und wird übersteigen Dichte Atomkern. Dichte Neutron Sterne wird auf 5×10^{15} g/cm3 geschätzt, was übrigens mehreren Milliarden Tonnen entspricht. Beim Gewicht bestellen zwei Solar- Massen wie ein Objekt wird sein perfekt sehr klein - 10–15 Kilometer in Durchmesser.

Die Struktur eines Neutronensterns ist sehr komplex und kaum verstanden. Wie sich die Substanz verhält bei Dichten Vorgesetzter nuklear kann nur erraten. Empfohlen mehrere Modelle, die die Struktur von Neutronensternen beschreiben, aber sie enden alle in dem einen oder anderen hypothetische Abschlüsse. Nur über eines sind sich die Experten einig: ein Neutronenstern hat einen Schichtaufbau. Die Oberflächenschicht ist ein Plasma, das eingehende einfängt aus Platz relativistisch Partikel, die bewegen sich an Spiralen eine lange magnetisch Energie Linien und intensiv strahlen in Röntgen Angebot. Des Weiteren geht Schicht, mit einer kristallinen Struktur, gefolgt von einer Schicht aus schweren Kernen, Neutronen und Elektronen. Noch tiefer sind dicht gepackte Neutronen und genau in der Mitte gelegen Kern aus Quark-Gluon Plasma. Durch Richtung aus Oberflächen zu Center Dichte steigt von $4,3 \times 10^{11}$ g/cm3 bis $1,2 \times 10^{15}$ g/cm3.

Ein typisches Neutronensternmodell ist eine geschichtete Zwiebel: die äußere bellen aus Elektronen und Kerne, intern bellen (superflüssig Neutronen, Kerne Mit Überschuss Neutronen und Elektronen), extern Kern (superflüssig Neutronen, supraleitend Protonen, normale Elektronen) und dem inneren Kern, neben dem ein großes Fragezeichen steht. Durch etwas Daten, Neutron Angelegenheit kann sein dort einbiegen in in Quark. Wie bekannt Neutronen und Protonen bestehen aus Quark Dreiergruppen. Bei nicht sehr hoch Quarkdichten werden durch die Energie der starken Wechselwirkung leicht im Neutron gehalten, aber im Zentrum eines Neutronensterns, wo die Dichte über die Skala hinausgeht, bekommen sie die Gelegenheit dazu durchdringen in benachbart Partikel, dann Es gibt Anfang frei reisen Innerhalb superdichter Bereich. Quark-Triplets fallen auseinander, und dann folgt solche Materie Erwägen wie Quark Gas oder Flüssigkeit. Durch Berechnungen Theoretiker Neben konventionell und-und d-Quarks (obere und untere, aus denen Nukleonen gebaut werden - Protonen und Neutronen) in eine solche Gas gefunden werden in groß Anzahl So genannt s-Quarks (seltsam) die zu den schweren Teilchen gehören - Hyperone. Daher solche Quarksterne "seltsam" genannt. (Über subnukleare Teilchen, einschließlich Quarks und Gluonen, Detail beschrieben in Kapitel "Ziegel Universum.")

Einigen Modellen zufolge wird also zuerst ein gewöhnliches Neutron geboren Stern, und nachdem die Materie in ihrer Tiefe in den Quark-Zustand übergegangen ist, ist es entwickelt sich in Quark Stern. Jedoch, Komplett Klarheit in diese Ausgaben nein.

Na sicher entdecken Neutron Stern durch optisch Beobachtungen unmöglich. In ihnen finden keine Kernreaktionen statt, also auch keine Strahlung. Außerdem ist die Oberfläche eines Neutronensterns so klein, dass seine scheinbare Brillanz ausbleibt wird völlig vernachlässigbar sein. Aber wenn es in einem binären System enthalten ist, dann Die Art der Bewegung eines gewöhnlichen Sterns kann die Anwesenheit eines unsichtbaren Nachbarn verraten. Jedoch die Entdeckung kam, wie so oft, von einer ganz anderen, unerwarteten Seite. In dieser Sekunde halb der Vergangenheit Jahrhundert gelang es registrieren mächtig Quellen Funkemission, deren Intensität sich im Laufe der Zeit periodisch änderte. 1967 Jocelyn Bell, Doktorand Englisch Radioastronom Antonius Er wünscht, zufällig entdeckt unbedingt ungewöhnlich Radioquelle, welche die ausgestrahlt in treibend Modus streng regelmäßig - alle 1,33 Sekunden. Nach kurzer Zeit wurden drei weitere Quellen mit gefunden eine solche gleich kurz Intervalle. Wann Ausführung um künstlich Ursprung Signale Weg gefallen (anfangs fing an zu reden um außerirdisch Zivilisationen und eben entstand klein Panik), blieb der Einzige Möglichkeit - natürlich Ursprung Funkimpulse. Geheimnisvoll Radioquellen habe Titel Pulsare und genügend demnächst war identifiziert Mit schnell rotierend Neutron Sterne.

Wenn ein nehmen Stern Mit Parameter unser Sonne (Durchmesser nahe 1.4 Million Kilometer und eine Umlaufzeit von 25 Tagen um die Achse) und komprimieren ihre Substanz in einem Volumen mit bei einem Radius von etwa 10 Kilometern dann die Äquatorialgeschwindigkeit, unter Beachtung der Massenerhaltung ungeheure Zunahme - etwa 100.000 Mal. Und die Rotationsperiode ist milliardenfach auf eine tausendstel Sekunde reduziert. Stimmt, der von Bell gefundene Pulsar hatte es Zeitraum deutlich mehr, aber alle gleich das ist sehr klein Wert, unbedingt untypisch für Himmelskörper. Übrigens macht der Pulsar im Krebsnebel 30 Umdrehungen pro Sekunde, was dem errechneten Wert schon sehr nahe kommt, und der Pulsar im Sternbild Pfifferlinge hat eine Periode von 0,00155 Sekunden. Das ist nur klar solche Körper, deren lineare Abmessungen in Dutzenden von Kilometern gemessen werden. Und wenn ja, dann Vor uns nicht was außer Neutron Sterne.

Mit einer rekordverdächtig kurzen Impulsdauer haben wir es herausgefunden. Es bleibt herauszufinden, wo eine so starke Funkemission aufgenommen wird. Die oberste Schicht eines Neutronensterns ist Plasma, durchdrungen starkes Magnetfeld. Geladene Teilchen bewegen sich mit Energie Linien und in Ende endet sich herausstellen in Bereiche magnetisch Stangen, wo weggeworfen eng fokussiert Bündel Partikel Mit hoch Energie - So genannt Jets (vom englischen Jet - "Jet"). Die schnelle Drehung des Sterns gibt den Abgang Teilchen zusätzliche Energie. Aus den Berechnungen folgt, dass die Kompression des Sterns dazu führt Wenn wir also seinen Durchschnittswert für gewöhnliche Sterne kennen, können wir dies tun, indem wir sein Magnetfeld erhöhen Berechnung, was es wird sein bei Neutron Sterne. Magnetisch aufstellen wird steigen in 1012 mal und wird ein kolossaler Wert von 108-109 Tesla sein. Nun, da wird der Magnetpol nicht benötigt liegen auf der Rotationsachse (der geographische Pol der Erde fällt auch nicht mit dem magnetischen zusammen) jetwird einen Kegel beschreiben. Wir werden den Pulsar in dem Moment sehen, in dem er direkt auf ihn „schaut". Erde. BEI folgende sofortig er "wandte sich ab" a dann Kreislauf wiederholt wieder.

Anschließend Neben Radiopulsare war entdeckt Röntgen Pulsare, a Auch Quellen mächtig fließen Gammastrahlung (MPG-Quellen) Mit Spielzeug gleich die meisten strenge Frequenz. Röntgenpulsare sind Bestandteile enger Doppelsternsysteme Systeme. Substanz Nachbarsterne überläuft auf der seine auftauchen unter Aktion Kräfte Schwerkraft (dieses Phänomen nennt man Akkretion), von der das Abgehen Photonen. Jedoch strahlen in Röntgen Angebot kann und Single Neutron Sterne. In jüngerer Zeit, in den 90er Jahren des letzten Jahrhunderts, sieben Funkstille Neutron Sterne Mit extrem groß Attitüde Röntgen fließen zu optisch. Zuerst vermutet was in alle schuldig Mechanismus Akkretionen: obwohl bei einsam Neutron Sterne Nein Bruder, Sie ist kann sein greifen interstellar Gas, in Dadurch wird seine Oberfläche auf eine Million Grad erhitzt und beginnt einzustrahlen Röntgen Angebot. Jedoch an die Zeile Gründe dafür Dies Hypothese nicht Bestätigt. Neutron Sterne geboren sehr heiß (Temperatur Oberflächen ist etwa eine Milliarde Grad) und dann allmählich abkühlen, aber auch nach Hunderttausenden von Jahren Nach der Geburt kann ihre Temperatur eine Million Grad überschreiten. Daher wahrscheinlicher Gesamt, wir sehen Sieben jung und heiß Neutron Sterne. Alle sie gelegen verhältnismäßig nahe aus Erde (um 120 Parsec), aus was kann Schlussfolgern, was Das Sonnensystem durchquert derzeit eine Region der jüngsten Sternentstehung. (So Riemen genannt Gould).

Am Ende seines Lebens streift der Stern also seine Gashülle ab, und sein Kern beginnt damit schnell schrumpfen. Wenn seine Masse weniger als 1,4 Sonnenmassen beträgt, ist die Gravitations der Kollaps wird im Stadium des Weißen Zwergs aufhören. Wenn die Masse des Kerns im Bereich von 1,4–3,0 liegtSonnenmasse, wird es zu einem Neutronenstern kollabieren. Wenn der Kern noch massiver ist (mehr drei Massen Sonne), entstehen Versagen in Unbekannt - mysteriös ein Objekt berechtigt
"Schwarz Loch". kritisch Wert ein 1.4 Massen Sonne erhalten Anruf Grenze Chandrasekara, an Name indisch theoretische Physik, berechnet Dies Parameter.

Unter Schwarz Loch sollte verstehe Region Freizeit, völlig abgeschlossen zum extern Beobachter. Von unter Schwere Abdeckungen, für immer und ewig zerschmetterter Stern zugeschlagen, kein Signal kann raus, darunter einschließlich und Strahl Sveta. Weg Innerhalb Schwarz Löcher - Straße in eines das Ende: irgendein Thema, in seinen unfassbaren Abgrund gestürzt, verschwindet spurlos. Also das Schwarze Loch - ein sehr treffender Begriff, der das Wesen dieses unverständlichen Objekts widerspiegelt. Ewig Ruhe hell Quanten auf der Unterseite Schwere Gräber erklärt verhältnismäßig einfach. Je massiver der Körper ist, desto mehr Energie muss aufgewendet werden, um sich von ihm zu lösen. Oberflächen. Um die Fesseln der Schwerkraft zu brechen (die Erdumlaufbahn verlassen), Platz Schiff muss sich entwickeln Geschwindigkeit 11.2 Kilometer in gib mir eine Sekunde. Dies Größe wird die zweite kosmische Geschwindigkeit oder Fluchtgeschwindigkeit genannt. Auf der Sonnenoberflächees wird 700 Kilometer pro Sekunde sein, aber die Fluchtgeschwindigkeit für ein Schwarzes Loch ist es Geschwindigkeit Licht also verlassen Sie drinnen kann nichts.

Es mag dem ungeübten Leser seltsam erscheinen, der gar nicht so verrückt ist schwer ein Objekt (Über drei Solar- Massen) für immer und ewig stoppt hell Strahlen. Warum rein eine solche Fall fest Sterne leicht strahlen hell? Jedoch ein Geschäft hier nicht so sehr in der Masse als solcher, sondern in dem Volumen, in dem diese Masse platziert ist. Wenn wir werden Kompresse Erde, sorgfältig halten Sie Komplett Gewicht, dann gesehen möchten, was zweite Platz Geschwindigkeit ständig wachsend, obwohl Gewicht Planeten nicht verändert sich. Wann RadiusDie Erde wird auf 9 mm abnehmen und die Dichte ihrer Materie wird auf 1027 g / cm3 (um 13 Größenordnungen) zunehmen mehr Dichte atomar Kerne), Geschwindigkeit Weg rennen auf der Sie Oberflächen gleich co die Lichtgeschwindigkeit. Danach kann die Presse sicher zur Seite gestellt werden. Laut dem General Theorien Relativität, Erde Mit Dies Moment wird beginnen unwiderstehlich Zusammenbruch auf sich allein, Wiedersehen auf der Sie Platz nicht gebildet mikroskopisch Schwarz Loch.

Der Begriff „Schwarzes Loch" wurde 1969 von dem amerikanischen Physiker John Wheeler geprägt. Jahr, obwohl Leistung um ausschließlich fest Körper nicht emittieren an Dies Ursache des Lichts, entstand viel früher - am Ende des 18. Jahrhunderts. 1783 die Cambridge Lehrer und Amateurastronom John Michel empfohlen was in Natur muss existieren kompakt und schwer paradiesisch Karosserie, auf der Oberflächen die Geschwindigkeit Flucht wird die Lichtgeschwindigkeit überschreiten. Der Zahlenwert des Radius, bei dem die Lichtgeschwindigkeit sich mit der zweiten kosmischen Geschwindigkeit ausgleicht, lässt sich leicht für jeden Körper berechnen, wenn sein Gewicht ist bekannt. Dieser Wert wird allgemein als Gravitationsradius (rg) bezeichnet, und es leicht nach der Formel berechnet $rg = 2GM/c^2$, wo g ist die Gravitationskonstante, und - die Lichtgeschwindigkeit. Im Fall der Erde, wie oben erwähnt, Gravitation Radius wird 9 sein mm, für die Sonne werden es 3 Kilometer sein, und sehr massive Körper (in der Größenordnung von mehreren Milliarde Massen Sonne) Wille haben Gravitation Radius, Vorgesetzter Maße Solar- Systeme. Ähnlich nett Super massiv Schwarz Löcher, wie Erwägen Astrophysiker, eintreffen Kerne Spiralgalaxien.

Ein Schwarzes Loch ist ein seltsames Objekt. Wenn Sie in ihr dunkles Inneres schauen, wird es nicht gefunden werden selbst die kleinsten Anzeichen von Materie, aber nur völlige Leere bis ins Zentrum, wo sitzt So genannt Singularität - dimensionslos Punkt Mit endlos groß Dichte, in die fokussiert alle Gewicht Schwarz Löcher. Auf der Dies Tatsache indirekt die obige Formel zeigt auch: wenn das Schwarze Loch gleichmäßig gefüllt wäre Substanz, dann wäre das Volumen proportional zur Masse und nicht zum Radius. Allerdings besonders sensible Menschen, die vermeiden Unendlichkeit auf jeden ihre Hypostasen, can zählen den Kern eines Schwarzen Lochs durch eine Art Raumquant mit einem Durchmesser von 10^{-33} cm (sog. Planck-Länge). Dann die Dichte der unvorstellbar gepressten Materie wird sein Drück dich aus äußerst groß, aber schließlich Finale Nummer - 10^{-93} g/cm^3 (Planck Dichte), deshalb Angelegenheit, geschluckt Schwarz Loch nicht schrumpft auf einen Punkt mit Nulldimension, nimmt aber ein so winziges Volumen ein (in der Größenordnung von 10^{-99} cm^3), was bei der Gesprächslautstärke irgendwie umständlich ist. Über all diese schwierigen Dinge Detail erzählt in "perinatal" Kapitel, gewidmet Geburt unser Universum ("Umfassend Inflation", "UND dunkel kam" "Imaginär Zeit Stefan Hawking").

Wenn um ein Schwarzes Loch in einem Abstand von seinem Gravitationsradius etwas gebaut wird bedingte Sphäre, die die Singularität von allen Seiten bedeckt, erhalten wir eine physische Grenze Dies toll Objekt, genannt Horizont Veranstaltungen, oder Kugel Schwarzschild, an Name berühmt Deutsch Astrophysik. Alle, was gelegen unter Horizont Veranstaltungen, grundsätzlich nicht verfügbar, zum in Rahmen Allgemeines Theorien Relativitätstheorie, die Zeit ist eng mit dem Raum verbunden und hängt direkt davon ab Stärke Schwere. Wichtig betonen, was Horizont Veranstaltungen auf keinen Fall nicht ist realdie Oberfläche eines geschrumpften Objekts, sondern ist eine bedingte Grenze für immer unsere einfache und verständliche Welt von den Abfällen eines schwarzen Lochs zu trennen, wo alles verletzt wird berühmt körperlich Rechtsvorschriften.

Da der Lauf der Zeit von der Schwerkraft abhängt (je massiver der Körper, desto langsamer fließt Zeit auf der seine Oberflächen Mit Punkte Vision Fernbedienung Beobachter), an messen Nähert man sich dem Ereignishorizont, verlangsamt sich die Uhr kontinuierlich bis zu den Zeigern nicht einfrieren in Komplett Unbeweglichkeit. Auf der Horizont Veranstaltungen Zeit stoppt überhaupt, aber nur aus der Sicht eines externen Beobachters. Wie die Physiker sagen, kann jeder Kleines Zeitintervall am Ereignishorizont entspricht einem beliebig langen Zeitspanne an einem Punkt im Unendlichen. Wenn sich das Schwarze Loch nicht dreht, der Radius Ereignishorizont ist genau gleich seinem Gravitationsradius, aber für Rotation Schwarz Löcher er weniger Gravitation Radius. Vielleicht, Kosten mehr einmal erinnern, was

Horizont Veranstaltungen - das ist seine nett halbdurchlässig Membran, die gibt zu ziehen um Material Tel nur in der einzige Richtung - zu Center Schwarz Löcher, wo regieren Unbekannt uns Rechtsvorschriften Quantum Schwere. Wenn ein wir lass uns klettern unter Horizont, zu Anfragen wie sieht aus Einzigartigkeit, Rückkehr der Rücken wird nicht mehr möglich sein. Darüber hinaus zu erzählen, was genau wir dort gesehen haben, gibt es auch nicht es wird sich herausstellen zum nein körperlich Signal nicht wird in der Lage sein geh raus von unter unsichtbar aber ziemlich real Abdeckungen. Obwohl Information - Konzept perfekt, aber Sie ist sicherlich impliziert die Anwesenheit eines materiellen Trägers, und er wird für immer begraben sein unter dem Horizont. Die Singularität mit all ihren Mysterien ist nach außen sicher verborgen und hartnäckig nicht hineingegeben Waffen. Gott ist nicht aushält nackt Einzigartigkeit, scherzen Physik.

Fast jedes Buch über Kosmologie gibt ein Beispiel für Reisende, in der Nähe eines Schwarzen Lochs gefangen. Auch wir werden nicht originell sein und weitermachen entlang der ausgetretenen Pfade. Stellen wir uns also vor, dass im Orbit um ein Schwarzes Loch kreist das Raumfahrzeug, von dem das Abstiegsmodul mit dem Astronauten an Bord getrennt wird. Der mutige Entdecker machte sich auf den Weg, um den Ereignishorizont zu durchdringen über erforschen Innereien Schwarz Löcher. Was werden sehen seine Satelliten, verblieben auf der Tafel Schiff, und was er wird sehen mich selbst? Die Besatzung des Raumfahrzeugs überrascht, das zu finden Wenn es sich dem Ereignishorizont nähert, sinkt die Geschwindigkeit des Moduls auf fast Null. Mit jedem in einer Sekunde bewegt es sich langsamer und langsamer, kaum kriechend, wie eine schläfrige Fliege, nah schwebt über dem Horizont, kann ihn aber in keiner Weise überschreiten. Die Besatzung des Raumfahrzeugs Sie werden also nie sehen, wie das Modul unter den Horizont taucht, denn dafür brauchen unendlich ausgeben Zeit.

Vermuten was Astronaut jede Minute sendet Signal ihr Satelliten an Bord des Schiffes bleiben. Zunächst folgen die Signale regelmäßig aufeinander, aber mit etwas Moment Intervalle zwischen Sie Anfang unwiderstehlich größer werden. Modul wie geklebt hängt dicht am Horizont, und die Signale kommen immer weniger. Und plötzlich wie ein abgeschnittenes Messer - völlige Stille. Die Gefährten unseres tapferen Pioniers dürfen live Vor tief graue Haare aber So und nicht wird hören nächste Signal. Zu seine registrieren, Sie musste möchten Warten Kuss Ewigkeit. ABER zwischen Themen Astronaut in Wiedereintritt Modul geht weiter richtig, jeder Minute senden Signal pro Signal...

Jetzt Lass uns gehen auf der Tafel Modul und Mal schauen auf der Ereignis Augen Astronaut. Mühelos überschreitet er den Ereignishorizont und stürzt sich ins Unbekannte. das Innere eines Schwarzen Lochs. Zwar wird er nicht lange triumphieren müssen, denn die Gezeiten Kräfte werden seinen Körper zuerst wie Spaghetti dehnen und dann in kleine Fadennudeln zerbröseln. Wesen Gezeiten Wirkung ist in Volumen, was Gravitation Stärke Mit anders Intensität beeinträchtigen auf der diametral Gegenteil Punkte erweitert Objekt. Auf der Erde wir Dies nicht Notiz Weil zwei Meter Unterschied an Höhe zwischen der Krone und den Fersen ist zu klein für die relativ schwache Gravitation auftauchen könnte. Eine andere Sache ist ein Schwarzes Loch mit seiner monströsen Schwerkraft. zwei Meter tiefer Horizont Veranstaltungen - kolossal Distanz, deshalb Mensch Karosserie wird sein unweigerlich in Stücke gerissen. Allerdings ist ein so ausgeprägter Gezeiteneffekt zu beobachten nur für kleine Schwarze Löcher. Wenn unser Astronaut unter den Ereignishorizont taucht supermassives Schwarzes Loch (in der Größenordnung von Millionen und Milliarden Sonnenmassen) mit sich es wird absolut nichts passieren. Er wird in der Lage sein, das geöffnete voll zu genießen Vor ihn Schauspiel und ihr besitzen Augen werden sehen endlich berüchtigt Einzigartigkeit, nur hier erzählen um Dies Extravaganzen wird sein niemand. Sein unter Ereignishorizont, es gibt keine Möglichkeit, ein Signal nach außen zu senden. das Schicksal unserer Reisender traurig: Innerhalb Schwarz Löcher alle Straßen führen in Rom, dann Ich meine Sie Center, deshalb frühzeitig oder spät Gezeiten Stärke erwachsen werden Also, was zu ihm Pech.

verdauen ähnlich Dinge nicht einfach. Robust Bedeutung beginnt sofort Protest, Wenn Rede kommt herein um eine solche Objekte, wie Schwarz Löcher. Aber was eine solche robust

Bedeutung? Intelligenz Clever Affe, die wuchs in terrestrisch biologisch Nische. Zu Leider ist die reale Welt, die Welt der monströsen Temperaturen und unvorstellbaren Drücke, nicht so Es hat Kreuzungen Mit unser Weltgewandt Erfahrung. Jedoch, der Verstorbene inländisch Astrophysik UND. AUS. Schklowski in seine Zeit gelang es kommen mit gut Analogie erlauben mehr oder weniger visuell vorstellen unvorstellbar.

...

interessant Analogie kann verbringen zwischen Überleitung aus Leben zu des Todes zum alle Individuell und Vorbeigehen irgendein Objekt durch Schwarzschild Radius Innerhalb etwas Schwarz Löcher. Wie dazu wie Mit Punkte Vision *extern* Beobachter letztes Ding Veranstaltung *noch nie nicht wird passieren* Mit Punkte Vision Individuell oder vielmehr sein Ich, sein eigener Tod ist unvorstellbar und in diesem Sinne auch nie wird passieren. Es sei darauf hingewiesen, dass in dieser Analogie die Begriffe „intern" und „extern" als möchten verändern sich setzt. Wenn ein in "astronomisch" Fall Welt Mit seine Raum-Zeit-Verhältnisse werden von *außen bestimmt* umgebende Schwarze Löcher Schwarzschild-Kugeln, dann in "psychobiologisch" real Bewusstsein Individuell ist *drinnen* ihn untrennbar mit seinem "Ich" verbunden. Der Autor würde sich freuen, wenn Berufsphilosophen diese entwickelt Analogie ‹...›

...

Vielleicht sein, das ist geklärt möchten etwas Vor jetzt seit ungelöst Probleme die Beziehung zwischen dem Individuum und der Umwelt, von der es ein Teil ist. In der Zwischenzeit wie nicht abrufen Poesie Selvinsky, geschrieben Jahre dreißig der Rücken, in die entwickelt enge idee:

> *Denken wie das ist gut...*
> *Wir leben nur! Nirgendwo und nie wir*
> *werden unsere eigene Leiche nicht*
> *sehen. Wir wir sterben nur zum*
> *Andere*
> *aber zum mich selbst wir sterben nicht Dürfen.*

Kommen wir zurück zu unseren Raumfahrern. Also die Crew an Bord des Schiffes sieht ein Modul an ein schwarzes Loch genäht, weil die Zeit am Ereignishorizont vergeht, mit Punkte Vision entfernt Beobachter, verlangsamt endlos (kann erzählen, was Zeitgestoppt). Die Zeit erstreckte sich wie eine perfekte Gummischnur aus einem Schulbuch Physik, und nicht in Kräfte Überlauf aus eines Momente zu zum anderen. Zeit mehr nicht existiert, bleibt nur eine unendlich lange Sekunde. Wie der Dichter sagte: „Und halbschlafende Hände sind zu faul, / drehen und wälzen sich auf dem Ziffernblatt, / und der Tag dauert länger als ein Jahrhundert, / und nicht endet Umarmung." Eins mit einem Wort, perfekt aussehen nicht auf der was.

Aber der Passagier des Moduls, wenn er aus dem Fenster schaut, wird im Gegenteil extrem sehen interessant. AUS Leichtigkeit durchrutschen unter Horizont Veranstaltungen und unbedingt Dies nicht Als er es bemerkt, wird er beginnen, schnell in die Tiefen des Schwarzen Lochs einzutauchen. Kantischer Stern Himmel Oben der Kopf wird schaudern, bis um wird werden buchstäblich in Schaffell, a Passagier es scheint was er ging unter auf der Unterseite riesig Gut. Ungeheuerlich Schwere verdreht den Raum immer enger, und die Zeit außerhalb des Schwarzen Lochs beginnt nach und nach Beschleunigen Sie Ihren Lauf. Und jetzt fliegt es schon im Galopp, und Jahre, Jahrhunderte und Jahrtausende rasen vorbei wie in Kaleidoskop. Der Abstieg in den Mahlstrom geht weiter, ein schreckliches Nadelloch ins Nichts alle näher und näher und Zeit ist geworden tobt Wirbel.

In Bruchteilen von Sekunden auf seiner Uhr sieht der Reisende die ferne Zukunft Universum. Er werden sehen wie brennt nieder Erde in Chromosphäre geschwollen Sonne, wie nicht Es war

5 Milliarden Jahre, in denen die Sonne selbst ihre Gashülle abstreift und sich in verwandelt ein weißer Zwerg, während Sterne verblassen und sterben. Die gesamte Geschichte des Universums wird in ein Verschwinden passen ein kleiner Augenblick, und der Zeitpfeil, der bis vor kurzem in die Ewigkeit hinausging, wird zu einer Spitze zusammenschrumpfen. Alle anstehenden Veranstaltungen Ende mal wird gleich passieren und plötzlich.

Die Kuriositäten von Schwarzen Löchern hören hier jedoch nicht auf. Zeit in einem schwarzen Loch kann sein rausschmeißen eine solche Knie, was nur festhalten. Zum Beispiel, räumlich und vorübergehend Koordinaten kann Rückgeld setzt. Wenn ein möchten Passagier Modul, Mit Punkte Blick auf die Besatzung des Raumfahrzeugs, das es durch ein Wunder geschafft hat, unter den Horizont einzudringen Ereignisse (z. B. wartet die Besatzung auf dieses Ereignis auf unbestimmte Zeit), dann auf das Externe Beobachter (in diesem Fall ist dies die Besatzung des Schiffes), würde der Passagier des Moduls nicht mehr einziehen Raum, sondern in der Zeit. Astronaut in einem nicht rotierenden Schwarzen Loch werde nicht sehen nur Ein weiterer das Weltall ursächlich nicht verbunden Mit unser aber und seine besitzen Zukunft.

Wenn sich das Schwarze Loch dreht (es ist sehr schwierig, sich ein Punktobjekt mit Null vorzustellen Abmessungen, welche die Spinnen um besitzen Achsen), Sie ist erwirbt mehr mehr ungewöhnlich Eigenschaften. BEI Dies Fall Radius Horizont Veranstaltungen wird weniger Gravitation Radius, und Kugel Schwarzschild stellt sich heraus Innerhalb So genannt Ergosphäre, die repräsentiert dich selbst Wirbel Gravitation aufstellen. Alle Karosserie, Sie gefangen, zum Scheitern verurteilt auf der unerbittlich Verkehr. Wenn ein Astronaut tauchen unter Horizont Veranstaltungen rotierend Schwarz Löcher, er wird in der Lage sein sehen nicht eines a viele Andere Universen, die ursächlich nichts mit unserem zu tun haben. Außerdem haben viele Physiker nicht ohne Grund Es wird angenommen, dass sich am Grund dieses pechschwarzen Strudels ein Korridor öffnet, der zu ihm führt das sogenannte weiße Loch - ein schwarzes Loch, das von innen nach außen gekehrt ist. Eingezogene Substanz unter dem Ereignishorizont von einem unersätlichen Schwarzen Loch, das sofort in eine Parallele ausgestoßen wird Universum. UND. D. Novikov, Supervisor Center theoretisch Astrophysiker bei Die Universität Kopenhagen schreibt: „Alles, was in ein Schwarzes Loch fällt, landet auch darin Ein weiterer Universum... mehr Vor wird absorbiert schwarzes Loch."

Eine solche Wurmlöcher (Wurmlöcher auf Englisch), verbinden zwischen dich selbst isolierte Welten, die kausal nicht miteinander in Beziehung stehen, einigten sich die Wissenschaftler darauf Maulwurfshügel Höhlen. Wenn ein vergleichen Schwarz Loch Mit Hölle, Mit letzte in Kreisen Dantes Hölle, dann kann der Ausgang mit Eden oder zumindest mit dem Fegefeuer verglichen werden. Jedoch Potenzial Reisender, rutschte an Maulwurf Bau in Ein weiterer das Weltall nicht wird in der Lage sein Teilen Eindrücke um gesehen, weil die Tunnel, führend in Weiß Loch - Straße Mit einseitig Bewegung. Zurückkehren der Rücken zu ihm nicht ermöglichen Rechtsvorschriften Physik.

Notwendig Markieren, was alle ohne Ausnahmen Schwarz Löcher nicht zu unterscheiden wie Zwillingsbrüder (oder -schwestern). Sie haben alle das gleiche Gesicht. Unabhängig von den Ausgangsbedingungen ihre Entstehung, Vielfalt verblasst spurlos, und der Output ist immer ein Automat Kalaschnikow. Jedes Schwarze Loch wird durch nur drei Parameter charakterisiert - Masse, Drehimpuls (Spin) und elektrische Ladung und alles, was dazugehört verliert Individuell Eigenschaften.

Wenn ein mehr 20–30 Jahre dazu der Rücken Schwarz Löcher wurden in Erwägung gezogen anmutig theoretisch Spekulation a in Sie real Existenz Es war zulässig Zweifel, dann heute 99% Astrophysiker davon überzeugt, dass schwarze Löcher bereits entdeckt, obwohl der Nobel Prämie für Ihre Entdeckung ist noch niemandem zugesprochen worden. Schwarze Löcher lassen sich am einfachsten aus nächster Nähe beobachten Binärsysteme bestehend aus einem normalen optischen Stern und einer unsichtbaren Komponente, auf dessen Oberfläche die Materie des Nachbarsterns fließt. Zur gleichen Zeit um das Schwarze Loch gebildet So genannt Akkretionär Scheibe, ähnlich auf der Spinnen Whirlpool. Die Materie fällt in einer sich verengenden Spirale in das Schwarze Loch und die Geschwindigkeit ihrer Bewegung in innere Teile der Akkretionsscheibe erreichen enorme Werte nahe der Geschwindigkeit Sveta. Gas Aufwärmen Vor Hunderte Million Grad, und Schwarz Loch beginnt kraftvoll im Röntgenbereich emittieren. Die Hauptenergiefreisetzung erfolgt lange vorher Gehen, wie Substanz verschwinden unter Horizont Veranstaltungen, deshalb Röntgen Strahlung vielleicht von einem externen Beobachter registriert. Durch eine Reihe von Parametern es macht sich bemerkbar unterscheidet sich von Röntgenjets (Auswürfen) von Neutronensternen, hier ist es also recht verfügbar Differential Diagnose. Zu gegenwärtig Zeit entdeckt Über zwanzig Röntgen Objekte in massearm doppelt Systeme, die betrachtet Kandidaten für Schwarze Löcher. Wenn wir dieser Liste supermassereiche Schwarze Löcher hinzufügen in Kerne Galaxien, dann Sie Nummer drei überschreiten Hunderte.

Alle Schwarzen Löcher können in drei Typen eingeteilt werden: 1) Schwarze Löcher mit einer Masse von 3 bis 50 Solar- Massen, vertreten dich selbst Produkt Evolution fest Sterne; 2) supermassereiche schwarze Löcher in den Kernen von Galaxien mit 106–109 Sonnenmassen; 3) also sogenannte primordiale Schwarze Löcher, die in den frühen Stadien des Lebens des Universums entstanden sind. Seine Aussehen auf der hell sie gezwungen lokal Verformungen Metriken Freizeit in Erste Momente nach Groß Explosion, lang Vor Gehen, wie beleuchtet Erste Sterne. Weil schwarz Löcher schrittweise verdampfen (Mechanismus Sie Quantenverdampfung wurde von Stephen Hawking vorhergesagt), könnte bis heute überleben primär Schwarz Löcher nur mit Gewicht mehr 1012kg.

BEI Fazit Dies Kapitel - klein zitieren aus Bücher "Astronomie: Jahrhundert XXI".

...

Also dank der Weltraumforschung und der Inbetriebnahme großer terrestrischer Teleskope Neu Generationen offen Hunderte fest und äußerst kompakt Objekte, beobachtet Eigenschaften die sehr ähnlich auf der Eigenschaften Schwarz Löcher, von Einsteins allgemeiner Relativitätstheorie vorhergesagt. Man kann hoffen, dass ‹…› in der nächste Jahrzehnte wird sein endlich bewährt Existenz Schwarz Löcher in Universum. es wird führen zu Durchbruch in Verständnis Natur Freizeit und Entitäten Schwere.

Etwas um gesund Sinn

Versuchen Sie, mich zu bekommen Das-FAQ-kann-nicht-sein!Schreiben Sie Ihren Namen auf Zu in Eile nicht vergessen!

Leonid Filatow

Ein Mensch, der zum ersten Mal mit dem Weltbild der Moderne in Berührung kam Physik, oder mit kosmologischen Modellen der Evolution unseres Universums, manchmal Erfahrungen echter intellektueller Schock. Es scheint ihm, dass Wissenschaftler absichtlich Sie häufen Absurdität auf Absurdität, als wollten sie sich gegenseitig übertrumpfen Dies Malerei nicht passt in gewohnheitsmäßig Darstellung um Wirklichkeit. Unwillkürlich fiel ein berühmt Aussage Nils Bora an um Ein weiterer kniffelig Hypothesen: Diese Idee ist sicherlich verrückt, aber die ganze Frage ist, ob sie verrückt genug ist, zu sein WAHR. Zwischen Themen Bor überhaupt nicht fühlte täuschen a Gesamt nur gesucht betonen das unbestritten Tatsache, was zeitgenössisch Physik herauskommen auf der eine solche Ebenen Verständnis Wirklichkeit, die vollständig beraubt Sichtweite und nicht haben Analogien in täglich Weltgewandt Erfahrung.

Flüchtige Schatten verbergen sich hinter der Fassade des Alltags und entziehen sich allen und allen.Definitionen. Wenn wir sagen, dass dieses Objekt grün ist, ist dieses rot und das dass man blau ist, versteht jeder intuitiv, worum es geht. Allerdings in Wirklichkeit nein blau keine Farbe, ja nur streng sicher Wellenlänge elektromagnetisch

Strahlung. Eine Biene oder Libelle nimmt Blau ganz anders wahr, weil ihre das facettenauge ist anders angeordnet und kann im ultravioletten bereich sehen. Sie Blau und unser Blau ist Erde und Himmel. Die blaue Farbe der Libelle wird sicherlich viel satter sein Schattierungen und Halbtöne, obwohl Länge Wellen relevant Seite? ∨ Spektrum in beide Fälle bleiben genau die gleichen. Das subjektive Bild der Welt ist es sehr oft nicht hat nichts mit der falschen Seite von Dingen zu tun, die dem Gewöhnlichen grundsätzlich unzugänglich sind Wahrnehmung, die von Überlegungen des gesunden Menschenverstandes geleitet wird. Die Sinnesorgane sind es nicht ein goldener Schlüssel und kein magischer Dietrich, sondern nur ein praktisches Werkzeug, das hilft Arten, sich an ihre Umgebung anzupassen. Die moderne Physik geht noch weiter Laub aus Sichtweite, Betriebs Kategorien, die kann sein angemessen beschrieben nur auf der Sprache strikt Mathematik. Mehr überhaupt in letzter Zeit Atom gemalt in bilden Miniatur Solar- Systeme: positiv berechnet Kern in Center in Rollen eine winzige Leuchte und negativ geladene flinke Elektronen, die sich wie drehen Planeten um Kerne. Heute wir wir wissen was Dies idyllisch Bild nicht Es hat Mit nichts mit der Realität zu tun. Erstens können Elektronen nicht beliebig lokalisiert werden Umlaufbahnen um Ader, a gezwungen besetzen schwer Fest Ebenen, die werden durch die dem einen oder anderen Elektron zur Verfügung stehende Energie bestimmt. Dies ist zum Teil ähnelt einer Leiter: Sie können beliebig oft von Stufe zu Stufe springen, aber hängen zwischen ihnen - Entschuldigung, bewegen Sie sich hinüber! Zweitens sind Elektronen überhaupt nicht wie Festkörper Planetenkugeln, obwohl wir sagen, dass sich das Elektron um den Kern dreht. Eigentlich auch nicht um was Bewegung in gewohnheitsmäßig Verständnis Dies die Wörter hier nicht kann sein sein und Reden: das Elektron dreht sich nicht wie aufgezogen, sondern befindet sich in einem bestimmten Zustand, die beschrieben Komplex Welle Funktion. Sonstiges Wörter wir wir haben Rechts sich unterhalten nur nur um *Wahrscheinlichkeiten* bleibe Elektron in Spielzeug oder anders Punkt.

Und nicht Beeil dich ausrufen, was Dies nicht kann sein sein. Es passiert irgendetwas und wenn So Der sogenannte gesunde Menschenverstand gibt offen nach und weigert sich, die Spreu vom Weizen zu trennen mehr nicht Gelegenheit, zu wegwerfen in Papierkorb rätselhaft wissenschaftlich Konstruktion.

Man kann sich an eine Episode aus der Geschichte der Gebrüder Strugatsky "Die Schnecke am Hang" erinnern Pepper (eine der Hauptfiguren) versucht erfolglos, einen Termin mit dem Direktor eines bestimmten zu bekommen das mysteriöse Department of Affairs des nicht weniger mysteriösen Waldes. Kim, Peppers Chef, seiner tröstet und sagt, dass alles mit der Zeit klappen wird, und wenn Pepper in seinem Herzen schreit, dass dies der Fall ist lächerliche Geheimhaltung steckt ihm schon im Halse und er will wenigstens so wenig wissen wie Direktor sieht aus, dann erhält eine erschöpfende Antworten.

...

– Die? niedrig Wachstum, rötlich ‹...›

– ABER Tuzik Er spricht, was er mager und trägt lang Haar, Weil was bei ihn Nein eines Ohr.

– es die mehr Tuzik?

– Fahrer, habe ich dir gesagt. Kim

Galle lachte.

– Wo Chauffeur Tuzik kann sein alle das ist kennt? Hör mal zu, Pfeffer, es ist verboten gleich sein Also leichtgläubig.

– Tuzik Er spricht, was war bei ihn Chauffeur und mehrere einmal seine gesehen.

– Brunnen und was? lügnerisch, wahrscheinlich. ich war bei ihn Sekretär a nicht gesehen seine weder einmal.

– Dem?

– Direktoren. ich Für eine lange Zeit war bei ihn Sekretär Wiedersehen nicht verteidigt Dissertationen.

– Und weder einmal seine nicht gesehen?

– Brunnen natürlich! Du vorstellen was Das ist wahr einfach?

– Warte ab, wo gleich Sie du weißt, was er rötlich und So Des Weiteren? Kim schüttelte den Kopf.

– Pfeffer", sagte er liebevoll. - Schatz. Niemand hat jemals ein Wasserstoffatom gesehen, aber Jeder weiß, dass es eine Elektronenhülle mit bestimmten Eigenschaften und einen Kern hat, bestehend in das einfachste Fall von einem Proton.

In viel Wissen steckt viel Traurigkeit, sagten unsere weisen Vorfahren. Warum verschwenden appellieren zu Klang Bedeutung? Wenn ein etwas theoretisch Aussage völlig und vollständig mit experimentellen Daten übereinstimmt, sollte es als wahr anerkannt und nicht behandelt werden leere Scholastik. Ein starkes und zuverlässiges Modell wurde gebaut, und solange es funktioniert, warum du mehr? Wenn es nicht mehr funktioniert, wird ein anderes seinen Platz einnehmen. Wissenschaft ist keine Religion, sie fasziniert nicht die sakramentale Frage „Was ist Wahrheit". Die Wissenschaft bietet keine endgültigen Lösungen, aber baut Modelle. Aber bei Dies nicht sollte vergessen, was irgendein Modell vage und unvollkommen; Sie ist weder in wer Fall nicht Wirklichkeit, a nur Sie Impressum, und BorowskajaModell Atom gar nicht ähnlich echtes Atom.

Und wenn Popularisierer aus der Physik über den Dualismus der inhärenten Eigenschaften sprechen gegenüber der gesamten Bevölkerung der Mikrowelt muss man immer bedenken, dass dies nichts weiter als eine Redewendung ist. Es ist verboten erzählen, zu sie stark habe einen Fehler gemacht gegen Wahrheit, weil die Elektron benimmt sich wirklich wie ein echter Zauberer, im Handumdrehen verändert sich das Aussehen: dann wird sich in eine Welle verwandeln, sonst zeigt es seine korpuskulären Eigenschaften aus dem Herzen. Eigentlich Es ist alles unsere Schuld erstickende Stereotypen, die am meisten haben indirekte Beziehung. Das Elektron ist weder eine Welle noch ein Teilchen, da die Rückseite von Sachen los nicht unter Person; Elektron - nur Elektron, zwei Gesichter Janus, sich so zu verhalten, wie er es tun sollte. In einigen Fällen wirkt es als Partikel und in Andere - wie Welle, bleiben bei Dies unverständlich Ding in dich selbst Mit Fest Masse, Negativ aufladen und halb ganz drehen.

Albert Einsteins Relativitätstheorie (sowohl spezielle als auch allgemeine). widerspricht unser täglich Erfahrung. Wenn ein Sie, Leser, fähig visuell stell dir einen gekrümmten dreidimensionalen raum vor, dann ehre und lobe dir doch am meisten Die Leute sind definitiv nicht bereit für solche Kunststücke. Inzwischen nähert sich die Krümmung des Raumes massive Himmelskörper - eine unbestreitbare Tatsache, die mehr als einmal nachgewiesen wurde experimentell. Und das Gesetz Geschwindigkeitsaddition im Besonderen Theorien Relativität? Wenn ein Treiber "Penny"-Fahrten co Geschwindigkeit 60 Kilometer in Stunde, a Radfahrer - co Tempo 30, und beide bewegen sich in die gleiche Richtung, dann sogar ein Schüler der Initiale Schulen kann sie leicht berechnen relative Geschwindigkeit Freund.

Stellen Sie sich nun ein Raumschiff vor, das einem Lichtstrahl mit nachfliegt Geschwindigkeit von 250.000 Kilometern pro Sekunde. Ich möchte Sie daran erinnern, nur für den Fall, dass die Lichtgeschwindigkeit hereinkommt leerer Raum entspricht 300.000 Kilometern pro Sekunde. Frage: Wie groß ist die Lichtgeschwindigkeit? Strahl Weg rennen aus Schiff? Menschlich co Mittel Ausbildung kann sein denken was seine für dumm gehalten werden, weil die Antwort, so scheint es, naheliegt - 50.000 Kilometer gib mir eine Sekunde. Es war jedoch nicht da! Indem wir die Geschwindigkeit eines Lichtstrahls messen, erhalten wir, egal wie seltsam, die gleichen 300.000 Kilometer pro Sekunde. Außerdem der vorgenannte Raum Das Schiff darf der Lichtschranke nahe kommen, wird aber mit Lichtgeschwindigkeit gemessen Sein Vorstand wird immer noch kein Jota ändern und wird immer noch 300.000 betragen Kilometer in gib mir eine Sekunde.

Ein Geschäft in Volumen, was Geschwindigkeit Sveta in Leere - Größe absolut, das ist eines aus fundamentale Konstanten. Noch auffälliger ist, dass sich diese Geschwindigkeit durch einen strengen auszeichnet Konstanz. Aus alltäglicher Erfahrung wissen wir, dass jeder Körper, der sich durch Trägheit bewegt, Einmal verlangsamt, kann es die Anfangsgeschwindigkeit nicht mehr erreichen. Sagen wir Gewehr Patrone, Durchbruch mitten durch Zoll Tafel, wird fliegen Langsamer. ABER hier hell führt mich selbst komplett anders. Wenn Sie ein Glasprisma in den Weg eines Lichtstrahls stellen, die Geschwindigkeit Licht wird abnehmen, weil es im Glas weniger ist als in der Leere. Allerdings kostet es nur ein Lichtstrahl brechen wie seine Geschwindigkeit steigt wieder schlagartig an 300 tausend Kilometer in gib mir eine Sekunde. BEI Leere hell stets vertrieben von Mit eines und Spielzeug gleich

Geschwindigkeit, und beeinflussen auf der Sie grundsätzlich unmöglich.

Andererseits können sich alle Körper mit Ruhemasse ungleich Null nur bewegen bei Geschwindigkeiten kleiner als Lichtgeschwindigkeit. Und je schneller sich ein solcher Körper bewegt, desto mehr steigt seine Gewicht und Themen Langsamer gehen etabliert auf der Deutsch Uhr. Theoretisch ist es möglich, ein Elementarteilchen, beispielsweise ein Proton, auf eine solche Geschwindigkeit zu beschleunigen, was seine Gewicht wird übersteigen Masse alle unser Galaxien. Akzeptieren ähnlich Aussage nicht einfach, aber in Wirklichkeit ist es so. Gewohnheitsvorstellungen über die Natur von Sachen sich herausstellen Pleite bei Geschwindigkeiten, Annäherung zu Geschwindigkeit Sveta.

Und man kann nicht fragen, warum die Natur so gehandelt hat und nicht anders, wie Frage lange weg nicht stets Korrekt. Glatt Mit Themen gleich Erfolg kann Fragen, warum Geschwindigkeit Sveta gleich 300 Tausende Kilometer in gib mir eine Sekunde, a nicht Ein weiterer Größe - größer oder kleiner. Man mag sich fragen, warum die Natur das brauchte Grenze Geschwindigkeit Verbreitung Signal etwas marginal Größe. Warum Materielle Körper können sich nicht beliebig schnell bewegen? Alles unbedingt leer Fragen, nicht haben Rechte auf der Existenz. Warum, warum… Sie können Wasser in einem Mörser zerstoßen, bis es blau wird. Bei Kopf und Kohl! So funktioniert die Welt und neu machen seine niemand mehr nicht gelungen was möchten weder gesprochen an Dies um orthodox Marxisten.

Der Energieerhaltungssatz wurde vor fast 300 Jahren formuliert, aber immer noch Bisher ist nichts über die Mechanismen bekannt, nach denen dieses Gesetz funktioniert. Alle Prozesse laufen damit Energie gespart wird. Ebenso absurd sind die Argumente darüber, was geschah, als die Welt noch nicht existierte. Es war. Zwischen übrigens, das ist verstanden mehr alt. Glückselig Augustinus in seine Zeit pflegte zu sagen, dass die Welt nicht in der Zeit erschaffen wurde, sondern zusammen mit der Zeit, also rede darüber die Existenz von irgendetwas vor dem Moment "Null" macht keinen Sinn. Was ist los sagen? Headed war ein Knall, und moderne Astrophysiker werden jeden seiner abonnieren Wort.

Leider gibt es Fragen, die nicht das Recht haben, gestellt zu werden. Während die Wissenschaft ins Stocken geriet in Windeln und fragte die Natur nach einfachen und bekannten Phänomenen, die Antworten klangen durchaus sinnvoll. Skala Mensch Ansprüche war in das Zeit vergleichbar Mit seine eigene Waage. Allerdings ändern sich die Naturgesetze bis zur Unkenntlichkeit, wenn die Kräfte Felder und Entfernungen liegen außerhalb unserer täglichen Erfahrung. Wir mussten fragen ob Materie ein Teilchen oder eine Welle ist, die Antwort stellte sich als so unerwartet heraus, dass Grund verweigert akzeptieren. Wir bestanden auf einer harten Alternative, aber von der Sache her Aus Sicht der Natur war die Frage in einer solchen Formulierung bedeutungslos. Sollte ein für allemal sein assimilieren was Universum erstellt nicht um ... Willen uns, wir nur Seite Produkt Sie Evolution, und deshalb müssen die Antworten, die uns die Natur gibt, nicht in die Art passen unser Herz planen. Fragen Sie auch notwendig Mit Geist.

Der amerikanische Science-Fiction-Autor Robert Sheckley hat eine wunderbare Geschichte genannt einfach und co Geschmack - "Treu Frage". Etwas mächtig galaktisch Rennen, vor langer Zeit versenkt in Nichtexistenz, gebaut einzigartig Einheit, wissen alle auf der hell. Er konnte jede Frage beantworten, wenn sie richtig gestellt war. Zu hören, wie Sie wissen, die Erde füllt sich, und Legionen von Enthusiasten surfen durch die kosmischen Weiten, ohne die Hoffnung zu verlieren Finde den legendären Angeklagten. Einige haben Erfolg, und diejenigen, die Glück haben, Eile, die Weisen zu fragen Autofrage zum Wichtigsten. Jemand fragt nach dem Purpur, jemand - über das Gesetz von achtzehn und jemand - über Leben und Tod, wie Stalins Pasternak, denn jedes Volk hat seine eigenen Vorstellungen über die Natur der Dinge. Allerdings alle Wanderer scheitern zwangsläufig. Leider ist die Antragsgegnerin an die richtige Platzierung gebunden Fragen a eine solche Fragen benötigen Wissen, die fragen nicht haben. Fragen erläuternd Frage stellt sich heraus fast unmöglich Aufgabe. Erdlinge zu nicht Glücklich.

...

Beklagte stellte sich vor Sie Weiß Bildschirm in Mauer. Auf der Sie Sicht, er war äußerst einfach.

⟨...⟩

— Höchst OK. Beklagte, - angesprochen Lingmann hoch schwach Stimme, - was eine solche Leben?
Stimme hallte in Sie Köpfe.
— Frage beraubt Bedeutung. Unter "Leben" Fragen impliziert PrivatgeländePhänomen, erklärbar nur im Bedingungen ganz.
— Teil was das Ganze ist Leben? - fragte Lingmann.
— Das Frage in real bilden nicht kann sein beschließen. Fragen alle mehrbetrachtet "Leben" subjektiv, co seine begrenzt Punkte Vision.
— Antworten gleich in besitzen Bedingungen - sagte Morran.
— Ich beantworte nur Fragen", sagte der Angeklagte traurig. Es ist
gekommen Schweigen.
— Erweitern ob Universum? - fragte Morran.
— Begriff "Verlängerung" nicht anwendbar zu gegeben Situationen. Fragen arbeitet FALSCH der Begriff des Universums.
— Du kann uns erzählen obwohl etwas?
— ich ich kann antworten für alle Rechts geliefert Frage, berühren Naturvon Sachen.

Einer Wort, unglücklich Sterngucker nicht hatte Glück. Sie sind beurteilt Ja gerudertSo und Also, aber Sinn aus Sie Bemühungen Es war ein wenig. letzter Versuch sah So:

...

— Was Es gibt Tod?
— ich nicht kann definieren Anthropomorphismus.
— Tod - Anthropomorphismus! - rief Morran, und Lingmann schnell umgedreht. - Brunnen endlich wir zugezogen von setzt.
— real ob Anthropomorphismus?
— Anthropomorphismus kann klassifizieren Experimental: wie ABER - FALSCHWahrheit oder hinein - Privatgelände Wahrheit - in Bedingungen private Situation.
— Was hier zutreffend?
— Und dann und Sonstiges.

Konkreteres haben sie nicht erreicht. Stundenlang haben sie den Angeklagten gequält, gequält mich selbst, aber richtig ausgewichen alle weiter und weiter.

...

Nesolono schlürfen Helden Segel setzen Heimat. Hier wie endet Geschichte:
Einer auf der Planet - nicht groß und nicht klein, a wie einmal geeignet Größe - gewartet Befragter. Er nicht kann sein Hilfe Themen wer kommt zu ihn zum eben Beklagte nicht allmächtig.
Universum? Leben? Tod? Purpurrot? Achtzehn? Privatgelände Wahrheit, Halbwahrheiten Krümel tolle frage.
Und murmelt Beklagte Fragen mich selbst dich selbst treu Fragen, die niemand nicht kann seinverstehe.
Und wie verstehe sie?
Zu Rechts Fragen Frage, brauchen kennt groß Teil Antwort.

Wenn wir es mit der Sünde in zwei Hälften geschafft haben, einige Muster des Mikrokosmos zu finden und selbst etwas experimentell überprüfen, bedeutet dies nicht, dass wir darauf Antworten bekommen all die verdammten Fragen. Die wahre Natur der Dinge ist immer noch nicht in die Hände gegeben, und nicht umsonst ist Leo Davidovich Landau zerriss und metall, als er den Druck der beliebten Broschüre „Was ist Relativitätstheorie?". „Sie klettert durch keine Tore", schimpfte er und drehte sich zu ihm um seine Mitverfasser Juri Borissowitsch Rumer - zwei Gauner versuchen überzeugen Einfaltspinsel, dass er das Problem für einen Groschen lösen wird." Landau war natürlich absolut dabei Rechte. Analogie und Metapher - Dinge die guten, aber und sie frühzeitig oder spät Anfang Unterhose. Bei alle Verlangen wir nicht dürfen visuell vorstellen Raum-Zeit-Schaum im Bereich von Planck-Längen oder aufs dünnste aufgerollt Röhren sind Extradimensionen, weil Homo sapiens einfach schlau ist ein Affe, der es geschafft hat, Sprache und konzeptionelles Denken zu beherrschen. Unsere Sinne sind hart gebunden zu Biotop unter Name "Planet Erde", wo uns erzogen und genährt auf der über 3 Milliarden Jahre. Sie können nicht über Ihren Kopf springen und damit den wirklichen Hintergrund Weltordnung, verblieben Geheimnis pro Familie Siegel, völlig und neben kann sein sein gezeigt nur mathematisch.

Welt Funktion an Universal- Rechtsvorschriften, genannt Rechtsvorschriften Natur, und Mathematik dient als Wegweiser zu nichtmenschlichen Bereichen der Welt. Intelligenz, gebildet in terrestrisch biologisch Nische, auf der alle Schritt geht vorbei Vor Paradoxien, die nicht gebissen, gerochen oder aufgenommen werden können. Für den, der reingefallen ist Schwarzes Loch, nimmt der Raum das Aussehen der Zeit an, da er nicht zurückkehren kann zurück, ebenso wie es unmöglich ist, sich entlang der Zeitachse rückwärts, also in die Vergangenheit, zu bewegen. Vorstellen visuell eine solche Bild nicht einfach, aber Mathe, wie ein Faden Ariadne, ermöglicht es Ihnen, in solche Ecken und Winkel des Universums einzudringen, wo der Weg für Normalsterbliche geordnet ist. Wahrheit, etwas Wissenschaftler Klage was verstehe in ähnlich Dinge Also gleich wohl, wie man salzig oder sauer schmeckt. Eigentlich sind sie ein wenig gerissen: in Wirklichkeit sie verstehe Gesamt nur Konformität Theorien und erfahren Ergebnisse.

Physik Mit Mathematik - das ist eng Weg Oben Abgründe, nicht zugänglich menschliche Vorstellungskraft. Der Mensch ist so beschaffen, dass er sich nach letzten Wahrheiten sehnt, aber in Wissenschaft erforderlich Zurückhaltung. Welt weigert sich Antwort auf der Fragen um seine ultimative Essenz, und wir sind verloren, wenn wir erfahren, dass das absolute Vakuum überhaupt nicht existiert leer, a Energie kann sein sein Negativ. Zwischen übrigens, exakt in Dies verwurzelt Spezifisch Unterschied zwischen Glauben und Wissen. Glaube alle weiß voraus, Sie hat, wie geschickt Sharpie, stets versteckt in Ärmel Trumpfkarte Karte. ABER die Wissenschaft deutlich bewusst seine Unvollkommenheit. Mathe kann viel aber weit weg nicht alle.

Leider hilft Mathematik nicht immer, denn es gibt keine Gewissheit, dass die Welt ist mathematischer Natur. Natürlich können Sie mit diesem cleveren Code manchmal zugreifen Antworten auf richtig gestellte Fragen, aber das bedeutet nicht, dass mathematisch Symbole offenbaren Wesen von Sachen. Natürlich sind wir nicht so naiv, das durchzustreichen mathematisch ein Ansatz in Prinzip wir nur betonen rein untergeordnet Rolle Mathematik wie kognitiv Waffen, Portion erreichen sicher Tore. Ö es besteht keine Identität zwischen Erkenntnisobjekt und Spracherkennungsinstrument. Stanislaw Lem So schrieb dazu:

...

Mathematik ist eher wie eine Leiter zum Klettern Berg, obwohl es gar nicht so aussieht wie dieser Berg. ‹...› Von einem Foto eines Berges, das Sie verwenden können dazugehörigen skalieren, seine Höhe bestimmen, Hangfall u So Des Weiteren. Treppe kann uns auch viel über den Berg erzählen, an den sie gelehnt war. Allerdings stellt sich die Frage wozu Kummer entspricht Sprossen Treppe, nicht Es hat Bedeutung. Schließlich sie Dienen zum Gehen, an die Spitze zu kommen. Ebenso ist es unmöglich zu fragen, ob dies Leiter "wahr". Es kann als Leistungsinstrument nur besser oder schlechter sein. Tore.

Goldene Worte. Tatsächlich geht es hier darum, dass unsere Modelle, auch wenn sie gut abschneiden, bemerkenswert gut mit der Erfahrung übereinstimmen und vorhersagbare Ergebnisse liefern, kann sich als blasser Schatten einer unfassbaren Realität erweisen. Und es ist noch besser Fall. Was, wenn sich eines Tages herausstellt, dass alle unsere Modelle mit Rätseln vollgestopft sind Mathematik, nicht haben glatt Konto nein Beziehungen zu die Welt von Sachen? Eine solche unangenehm Perspektive zu sollte haben in Geist auf der irgendein Ereignis. Und obwohl pragmatischer Aspekt des Wissenschaftlichen Theorien darunter werden nicht im Geringsten leiden, es wird noch anstehen Tiefe Seelen es ist Schande sei vorsichtig was Menschheit noch nie nicht bestimmt durchkommen zu Grundlagen des Lebens. Diese zutiefst philosophische Frage wurde durch das bereits Bekannte witzig aufgespielt uns Robert Sheckley.

In seinem brillanten Roman The Exchange of Minds ist ihm ein kleines Kapitel gewidmet genannt die verzerrte Welt - instabil und wunderlich von innen nach außen langweilig Wirklichkeit. lass uns lassen dich selbst ein paar Zitate.

...

...so danke Riemann-Hacke-Gleichungen wurde endlich mathematisch bewiesen theoretisch brauchen Twister-Mann räumlich Zonen logisch Verformungen. Dies Zone erhalten Titel verzerrt Mira, obwohl auf der selbst Tat nicht verzerrt und die Welt nicht ist.

Und Des Weiteren:

...

Ein gewisser Weiser fragte einmal: „Was wird passieren, wenn ich die Verzerrte Welt betrete, ohne es zu haben vorgefasste Meinungen? Es ist unmöglich, eine genaue Antwort auf diese Frage zu geben, aber wir glauben das Bis der Weise dort herauskommt, wird er vorgefasste Meinungen haben. Abwesenheit Überzeugungen nicht der zuverlässigste Schutz.

...

Einige betrachten die Entdeckung von absolut allem als die höchste Errungenschaft des Intellekts kann umgekrempelt und in sein eigenes Gegenteil verkehrt werden. Basierend Mit einer solchen Annahme können Sie viele amüsante Spiele spielen; aber wir rufen nicht an seine in Verzerrt Welt. Dort alle Dogmen gleichermaßen willkürlich einschließlich Dogma um Willkür Dogma.

...

Nicht Hoffnung überlisten Verzerrt Welt. Er mehr, weniger, länger und kürzer, wiewir. Er ist unbeweisbar. Er ISS einfach.

...

Was schon da ist, braucht keinen Beweis. Jeder Beweis ist ein Versuch von etwas. werden. Der Beweis gilt nur für sich selbst, er bezeugt nichts, Neben Verfügbarkeit von Beweismitteln a Schon gut nicht beweist.

...

Dass, was Es gibt, unglaublich, zum alle entfremdet, Das ist nicht nötig und droht Grund.

...

Vielleicht, diese Bemerkungen um Verzerrt Welt nicht haben nichts Allgemeines Mit verzerrt Frieden. Aber der Reisende gewarnt.

Natürlich scherzt der Onkel, aber wie Sie wissen, ist in jedem Witz immer ein Teil eines Witzes. Welt stellte sich als viel komplizierter heraus als unsere hausgemachten Vorstellungen darüber, und es gibt kein einziges Wort darüber. Minute sollte nicht vergessen werden. Natürlich ist das Letzte, was ich will, für Sie, den Leser, dachte, die Natur sei unerkennbar. Ich habe nur versucht zu betonen, was sein muss nüchtern auswerten ihr Fähigkeiten, a nicht lernen billig Kappen.

Ziegel Universum

Loben dazu wer Der Erste begann Anruf Katzen und KatzenMensch Namen
Wer gab Käfern die Namen Schleifer, Totengräber u Holzfäller,
Wer verzierte Teelöffel mit Buchstaben und Monogrammen, Wer Griechen geteilt auf der alt und Für nur Griechen.

Nikolaus Oleinikow

Antiquität Philosophen Gedanke was Stiftung Universum kompliziert aus vier Die Grundelemente sind Erde, Luft, Feuer und Wasser. Der große Aristoteles fügte hinzu Kombinationen der fünften Essenz - die sogenannte Quintessenz, aus derwesentlich Karosserie. Er Gedanke was Substanz kann Fraktion endlos, So noch nie und nicht erreicht haben Vor Spielzeug am kleinsten Körner, die schon nicht bietet sich an des Weiterenzermalmen. Hartnäckige Atomisten widersprachen der Koryphäe aller Wissenschaften und bestanden darauf Materie besteht aus Atomen - winzigen unteilbaren Teilchen, die konstant sind Bewegung (das Wort "Atom" in wörtlicher Übersetzung aus dem Griechischen bedeutet "unteilbar"). Dies Idee unterstützt eine solche hervorragend Denker Altertümer, wie Demokrit, Epikur und Leukippos, aber seit der Antike war die Wissenschaft durch und durch spekulativ und experimentierfreudig Wie der Weihrauchteufel hatten diese Übungen in Prahlerei wenig Sinn. Auch wenn Englisch Der Naturforscher John Dalton zeigte 1803, dass Chemikalien immer sind In gewissem Maße vereint, hält der jahrhundertealte Streit zwischen den beiden Schulen annicht wurde endlich gelöst Nutzen Atomisten.

Doch im vorletzten Jahrhundert zweifelte die überwiegende Mehrheit der Wissenschaftler nicht mehr darankorpuskulare Struktur der Materie. Bis Ende des 19. Jahrhunderts, als Joseph John Thomson von Das Trinity College in Cambridge entdeckte das Elektron, es wurde klar, dass das Atom einen Komplex hat intern Struktur und nicht ist elementar Backstein Universum. Aber was Elektronen und Protonen (das Neutron wurde erst 1932 von James Chadwick entdeckt) sich im Atom relativ zueinander befanden, war es überhaupt nicht klar. Sag Herr Kelvin Gedanke Atom kugelförmig Ausbildung, an alles Volumen dem gleichmäßig positive Ladung verteilt ist, und sich innerhalb der Kugel im statischen Gleichgewicht befinden negativ geladene Elektronen. Aber nur wenige Jahre später tat Rutherford dies nicht links von diesem Modell Stein an Stein.

Ein Erlebnis Englisch Physik war verhältnismäßig einfach. Er geschält der dünnste golden vereiteln bündeln Alpha-Teilchen, fliegend co Geschwindigkeit zwanzig tausend Kilometer in gib mir eine Sekunde. Alpha-Strahlung - das ist fest positiv berechnet Partikel, ausgesendet etwas Nuklide in Prozess radioaktiv Verfall. Rutherford besetzt Frage, wie viel stark abweichen Partikel, Vorbeigehen durch golden vereiteln. Bild hat sich herausgestellt sehr neugierig. Wie und sollte erwarten von, groß Teil Alpha-Teilchen durchbohrten die Folie ganz durch, praktisch nicht abweichend oder abweichend einem leichten Winkel von 2-3 Grad. Einige Partikel wurden jedoch viel deutlicher abgelenkt - 90 Grad oder mehr, und einige wenige prallten sogar überhaupt zurück, als flog es ab Wand geworfener Ball. Man hatte den Eindruck, dass die Atome der dünnste Film sein könnten ernst Hindernis auf der Weg schnell fliegend fest Alpha-Teilchen. es völlig unglaubwürdig: Man hätte genauso gut annehmen können, dass das Blatt Zeichenpapier in der Lage, eine Gewehrkugel zu stoppen.

Und dann plötzlich Rutherford dämmerte. Er nutzte das Beispiel, wie man so schön sagt, aus eine andere Oper - er stellte sich vor, wie sich ein Komet in der Nähe der Sonne verhält. Gefangen in einem mächtigen Gravitation aufstellen unser Koryphäen, Sie ist kann sein stark Rückgeld Flugbahn Flug, tun, zum Beispiel, Spule und ausscheiden aus Sonne in selbst unerwartet Richtung. AUS Auf der anderen Seite ist die gravitative Wechselwirkung zwischen den Objekten der Mikrowelt so wenig, was kaum sinnvoll zu berücksichtigen ist. Dann vielleicht im Inneren des Atoms arbeiten etwas Sonstiges Stärke, zum Beispiel elektromagnetisch? Alpha-Teilchen zwar positiv geladen, aber hier ist das Problem: Das Atom selbst ist elektrisch neutral! ABER was wenn intraatomar aufladen verteilt ungleichmäßig? Schließlich Komet zu interagiert nicht co alle Solar-System, a nur Mit Sie zentral Verknüpfung - Sonne. Und Rutherford vermutete, dass es konsequent ist, das Ergebnis des Experiments zu erklären nur ein Weg ist möglich. Ein Atom besteht aus einem positiv geladenen Element Kern und negativ geladene Elektronen, die wie Planeten um den Kern kreisen um Sonne. Und atomar Kern viele weniger Atom in Im Algemeinen (wie und Sonne viel kleiner als das Sonnensystem), obwohl fast die gesamte Masse des Atoms gerade konzentriert ist im Atomkern. Daher sind diese Alpha-Teilchen, die weit vom Kern entfernt sind, fast wurden davon beeinflusst, aber die vom Kern eingefangenen Teilchen wichen sehr stark ab. ABER da das Atom mit Ausnahme des Kerns praktisch leer ist, ist die Zahl der merklich abweichenden Partikel es war sehr unbedeutend.

Heute wissen wir, dass die durchschnittliche Größe eines Atoms 10^{-8} cm beträgt, und die Größe eines Atoms Kerne - 10^{-13} cm. Unterschied auf der fünf Aufträge dann Es gibt in 100 tausend einmal! Gebühren Proton und Elektronen haben entgegengesetztes Vorzeichen und sind absolut gleich, aber die Masse eines Protons übersteigt die Masse eines Elektrons um das 1836-fache. In einem elektrisch neutralen Atom die Anzahl der Protonen entspricht der Anzahl der Elektronen, aber die Protonen werden in einem verschwindend kleinen Volumen gesammelt (und dort es gibt auch Neutronen, die Elektronen um etwa die gleiche Menge übertreffen) während die Elektronen im ganzen Atom verteilt sind. Also das Positive aufladen und fast alle Gewicht Atom äußerst konzentriert a Negativ aufladen gesprüht, "verschmiert" hindurch Platz sehr klein "Solar Systeme."

Natürlich das Planetenmodell Atom, das 1911 von Rutherford vorgeschlagen wurde, ist es nicht ist bis heute unverändert geblieben. Die ersten ernsthaften Änderungen daran wurden von vorgenommen Nils Bor und Wolfgang Pauli, und Mit fließen Zeit Atom wurde alle weniger und weniger erinnern Solar- System. Im zweite halb der Vergangenheit Jahrhundert Es zeigte sich, was Nukleonen atomar Kerne (modern Physik denkt was Proton und Neutron - das ist zwei aufladen Zustände eines und Spielzeug gleich Partikel - Nukleon) überhaupt nicht Initial Ziegel des Universums, sondern sind wiederum aus speziellen subnuklearen Teilchen - Quarks - aufgebaut. Dies Begriff erfunden Murray Gell-Mann, Theoretiker aus kalifornisch technologisch

Institut, geliehen geäußert Wort bei James Joyce Autor abstrus Dinge "Aufwachen an Finnegan." BEI 1969 Jahr pro lernen Quarks er war geehrt Nobel Prämien.

Wie wir sehen können, ist vom Sonnensystem fast nichts mehr übrig. Und obwohl wir heute wunderbar bekannt was real Elektron überhaupt nicht ähnlich auf der Planet a wenn seine und kann Mit etwas vergleichen, dann schneller Mit etwas verschwommen Wolke, besitzen Komplex Eigenschaften, das ist gar nicht nicht erniedrigt Werte vorgeschlagen Rutherford Modelle. Nicht unterliegen Zweifel was mich selbst Englisch Wissenschaftler in Komplett messen Weg gegeben dich selbst Bericht in ungefähr besitzen Analogie, obwohl nicht hatte Konzepte weder um Prinzip Unsicherheit Heisenberg noch Themen mehr um Quarks Gell-Mann.

Dennoch geriet Rutherfords Modell sofort in ernsthafte Schwierigkeiten. Da das Elektron in ständiger Bewegung ist, stellt es im Wesentlichen dar eine sich bewegende elektrische Ladung, die kontinuierlich Energie verschwendet, weil ziehen um aufladen muss strahlen. Folglich, durch sehr ein kurzer Zeit erschöpft Elektron, mittelmäßig verschwendet Mine Gold Lager, muss an konvergierende Spirale, um auf den Kern zu kollabieren. Mit anderen Worten, das Rutherford-Atom ist letztendlich instabil, muss er in Sekundenbruchteilen sterben. Ausweg aus diesem unangenehmen Bestimmungen gefunden Großartig Däne Nils Bor, eines aus Schöpfer Quantum Mechanik.

Allerdings zunächst als sollte bewältigen die Struktur des Atoms. Im einfachsten Fall atomar Kern besteht aus der einzig wahre Proton. So vereinbart worden zum Beispiel, Atom Wasserstoff: positiv berechnet Proton in Center und Träger Negativ aufladen ein Elektron, das um ein Proton kreist. Im Allgemeinen ist das Wasserstoffatom elektrisch neutral ist, da Plus und Minus schließlich Null ergeben (denken Sie daran, dass, obwohl das Elektron und das Protonunterscheiden sich in der Masse um den Faktor 1836, ihre Ladungen sind gleich groß). Also die Struktur des Atoms einfacher Wasserstoff (Protium) lässt sich grafisch wie folgt darstellen:]H. Einheitunten links von chemisch Symbol Wasserstoff (H) steht für atomar Zimmer Element, was der Anzahl der Protonen im Kern entspricht (und da das Atom elektrisch neutral ist, Es gibt genau so viele Elektronen in Umlaufbahnen wie Protonen. Die Einheit oben links ist Massenzahl, die die Anzahl der Nukleonen im Kern widerspiegelt (d. h. Protonen plus Neutronen). BEI Fall gewöhnliche Wasserstoff, Protia, Neutronen in Ader Nein, deshalb atomar Zimmer undfest Zahl sind gleich zwischen dich selbst.

Wenn wir dem Kern von gewöhnlichem Wasserstoff ein Neutron hinzufügen, erhalten wir sein Isotop - Deuterium, oder schwer Wasserstoff. Dann seine Formel wird sein aussehen So: 1 1H. Atomar Zimmer ist immer noch gleich eins, weil sich die Anzahl der Protonen im Kern nicht geändert hat, aber die Masse Nummer ist gewachsen zweimal weil die zu Proton hinzugefügt nicht haben aufladen Neutron. Bei Wasserstoff Es gibt mehr eines Isotop - Tritium, Formel dem Anmelden nächste Weg: 3 1H. Es ist leicht zu sehen, dass der Tritiumkern 2 Neutronen und 1 Proton enthält (Massenzahl gleich drei), a hier atomar Zimmer wieder gleich nicht geändert So wie Proton alle mehr bleibtin stolzer Einsamkeit. Und Protium, Deuterium und Tritium sind chemisch völlig identisch und sind das gleiche Element - Wasserstoff, weil die chemischen Eigenschaften Elemente in Verbindung gebracht Mit Wertigkeit Elektronen a Sie Menge in alle drei Fälle unbedingt gleich (Anzahl Protonen ist gleich der Zahl Elektronen).

So, chemisch Elemente, haben gleich atomar Zimmer, aber verschiedenefest Zahlen, genannt Isotope. Oder mehr Einfacher: Isotope - das ist Kerne Atome, unterschiedlich in der Anzahl der Neutronen, enthalten aber die gleiche Anzahl an Protonen. Alle drei Hypostasen von Wasserstoff - Protium, Deuterium und Tritium - werden dieselbe Zelle besetzen Periodensystem der Elemente. Versuchen wir nun, das Gelernte anzuwenden trainieren. Wie bekannt natürlich Uranus besteht aus Mischungen drei Isotope - Uran-238, Uran-235 und Uran-234, und auf der Teilen Uran-238 Konto für mehr 99 %. Hier seine Formel:

238 92U. Atomar Zimmer Uran-238 ausgedrückt Nummer 92, Folglich, in seine Ader enthält 92 Protonen, aber die Gesamtzahl der Protonen und Neutronen beträgt 238. Zu wissen, Wie viele in Ader Uran-238 verfügbar Neutronen brauchen subtrahieren aus mehr

die kleinere Zahl: 238 minus 92 gleich 146. Es gibt also fast doppelt so viele Neutronen im Urankern, als Protonen. Dasselbe gilt für seine anderen beiden Isotope, nur die Anzahl Neutronen in ihren Kernen werden etwas weniger sein. Alle drei Isotope des natürlichen Urans besetzen dieselbe Zelle des Periodensystems der Elemente und enthalten 92 Protonen (ihre atomare Zimmer eines und das gleich). Eine solche überladen Neutronen Kerne sehr instabil und spontan zerfallen können. Dieses Phänomen wird radioaktiver Zerfall genannt und begleitet Generation schwer Strahlung (verschiedene Optionen radioaktiv wir werden den Zerfall nicht analysieren). Übrigens ist der Tritiumkern im Gegensatz zu Deuterium u gewöhnliche Wasserstoff, zu instabil Weil was hat einen Überschuss Neutronen.

Lass 'uns zurück gehen zu Atom Rutherford, welche die nicht Es hat Rechte auf der Existenz. Wie sparen Leben Elektron, welche die Abfälle Energie, Adressierung um atomar Kerne? Wie schon sagte Oben, Lösung Dies Probleme gefunden Nils Bor. Er postuliert was Elektron gelegen nicht auf der irgendein willkürlich Orbit, a nur auf dereine, die in einem wohldefinierten Abstand vom Kern liegt. Weiter gehts auf solche erlaubten Umlaufbahnen strahlen Elektronen nicht und verlieren daher keine Energie. Emission oder Absorption Energie los bei springen Elektron Mit Umlaufbahnen auf der Umlaufbahn, und die Tatsache, dass diese Energie quantisiert, also zerlegt wird auf der seine nett Portionen. Elektron sucht nehmen in Atom die meisten vorteilhaft in energetisch das Niveau, wo seine Energie minimal ist. Je näher die Umlaufbahn ist Kern, desto geringer ist die Energie des darauf befindlichen Elektrons. Wenn die Umlaufbahn dem Kern am nächsten ist bereits besetzt ist, hebt das Elektron auf eine höhere Umlaufbahn ab, dafür aber schon notwendig kaufen zusätzlich Energie, dann Es gibt absorbieren Quantum Sveta (elektromagnetisch Strahlung). emittieren Quantum elektromagnetisch Strahlung, Elektron kann sein eine Etage runter gehen unter.

Wichtig denken Sie daran, was alle diese Umlaufbahnen - wie Geliebte, So und entfernt - auf keinen Fall nicht willkürlich a gegenwärtig dich selbst schwer Fest Energie Ebenen. BEI berühmt Sinn System elektronisch Muscheln (oder Umlaufbahnen) kann mögen gewöhnliche Treppe. Um die Treppe hinaufzusteigen, müssen Sie also arbeiten ist, etwas Energie aufzuwenden. Der Abstieg nach unten ist unvergleichlich einfacher, hängt aber dazwischen Treppe ist immer noch unmöglich: Zu jedem einzelnen Zeitpunkt muss der Kletterer besetzen eine sehr spezifische Schritt. Die intraatomare Leiter wird auf die gleiche Weise fixiert schwer. Ein Elektron, das ein Quant elektromagnetischer Strahlung absorbiert hat (denken Sie daran, dass dies ist streng gemessen eine Portion Energie), erhält Wahrscheinlichkeit mach einen Schritt auf der nächste Schritt, zum seine Energie erhöht. messen Dies Energie wird sein Distanz zwischen Schritte. Je mehr Energie ein Elektron aufnimmt, desto höher kann es steigen. Das Elektron träumt jedoch immer davon, in den ersten Stock zurückzukehren, da dies am profitabelsten ist Position. Er kann sofort auf das Ausgangsniveau fallen und dann die Energie des elektromagnetisch Strahlung wird sein in Richtigkeit ist gleich der Eine die war ursprünglich absorbiert. ABER hier wenn er stecken bleiben mitten drin dann seine Strahlung wird sein geben Sonstiges Energie, a Folglich, und Länge Wellen. So, Energie, erworben oder verirrt Elektron, durch Entfernung bestimmt zwischen Schritte.

veröffentlicht aus Atom Energie kann sein sein Eingetragen. ABER weil die Jedes chemische Element hat sozusagen seine eigenen einzigartigen Schritte, Spektren die Strahlung verschiedener Substanzen wird sehr individuell sein. Mit anderen Worten, jeder chemisch Element Es hat mein Berufung Karte, was sehr auf der Hand Astrophysiker. Durch das Studium der Spektren entfernter Sterne ist es möglich, die zu identifizierenchemisch Elemente.

So, wir kam zu Fazit was Borowski Atom gar nicht nicht ähnlich auf der Atom Rutherford. Andererseits hat es aber auch einen sehr indirekten Bezug zum realen Atom, denn dass das Bohr-Atom (das Atom, das Bohr gebaut hat, wie das berühmte Lied parodiert berühmtes englisches Gedicht) ist nichts weiter als ein praktisches Modell zum Verständnis Wesen Prozesse, laufend in Welt elementar Partikel. Jedoch Vor wie gehen zu grundlegend Ziegel Universum (das ist, das vorgenannte elementar Partikel), notwendig obwohl möchten kurz bleibe auf der Prinzip Unsicherheit das ist das A und O der Quantentheorie. Wenn der bedeutende deutsche Physiker Max Planck schlug 1900 vor, dass keine elektromagnetische Strahlung (sichtbar hell, Röntgen Strahlen, a Auch Wellen irgendein Längen) nicht kann sein generiert werden Mit willkürlich Intensität, aber sicherlich muss dosiert werden in Portionen (Planck genannt diese Portionen Quanten), dann Ein weiterer berühmt Deutsch, Werner Heisenberg formuliert seine grundlegende Prinzip.

Nach der Heisenbergschen Unschärferelation ist es gleichzeitig unmöglich die Koordinaten des Teilchens und seine Geschwindigkeit genau messen. Verstehen Sie die Essenz von Heisenbergs Argumentation nicht schwierig. Wenn ein Sie möchte vorhersagen was Weg wird sich verändern Position und Geschwindigkeit Partikel, Sie muss in der Lage sein produzieren genau Messungen hier und jetzt. Unbedingt Es liegt auf der Hand, dass Sie dazu einen Lichtstrahl auf das Teilchen richten müssen, und je kürzer der ist Länge Wellen hell Strahl, Themen etwas präziser für dich erfolgreich Berechnung Koordinaten Partikel. Allerdings lässt sich Licht nach Plancks Hypothese nicht beliebig in kleinen Portionen dosieren, zum ihn verfügbar etwas unteilbar Fragment - eines Quantum. Klar, was Dies Quantum sicherlich wird dazu beitragen Störung in Flugbahn Partikel und unvorhersehbar wird sich verändern Sie Geschwindigkeit. Um eine größere Genauigkeit bei der Messung der Partikelkoordinate zu erreichen, werden Sie Verkürzen Sie die Wellenlänge, und dann wird die Energie des Quants automatisch zunehmen. (Wellenlänge gebunden Mit Energie Quantum der Rücken proportional Sucht: wie kürzer Länge Wellen, desto höher die Energie.) Daher wird die Geschwindigkeit sofort zunehmen. Stephen Hawking, eines aus Säulen zeitgenössisch theoretische Physik, schreibt darüber So:

...

Mit anderen Worten, je genauer Sie versuchen, die Position eines Teilchens zu messen, desto weniger genau Wille Messungen Sie Geschwindigkeit, und und umgekehrt. Heisenberg zeigte was Unsicherheit in Position Partikel, multipliziert auf der Unsicherheit in Sie Geschwindigkeit undzu seiner Masse, kann nicht kleiner als eine bestimmte Zahl sein, die jetzt als Konstante bezeichnet wird Planke. Diese Zahl hängt nicht davon ab, wie die Position oder Geschwindigkeit gemessen wird. Teilchen, noch von der Art dieser Teilchen, dh der Heisenbergschen Unschärferelation, ist grundlegend verpflichtend Eigentum unsere Welt.

Prinzip Unsicherheit Es hat weitreichend Konsequenzen, in Volumen einschließlich und philosophisch Charakter. Endlich bedeckte sich Kupfer Becken frech Traum Determinsten, die sich mit blauem Auge daran machten, die Zukunft des Universums vorherzusagen, falls vorhanden Sie Verfügung wird sein genau Koordinaten alle Bestandteile Sie Partikel. Es wurde Es ist klar, dass Subjekt und Objekt des Wissens nicht ohne einander und für immer existieren können gebunden mit einem Seil.

Einen Gegenstand zu berühren, ohne ihn im geringsten zu stören, wäre nur dem Herrn Gott möglich, aber wir werfen es gnadenlos auf den Mülleimer der Geschichte, denn es heißt: Man soll die Zahl nicht multiplizieren Entitäten über brauchen (Wilhelm Okcam, mittelalterlich Englisch Philosoph). Occams Ansatz (oder „Occams Rasiermesser") wurde in den 20er Jahren des letzten Jahrhunderts übernommen Nils Borom, Werner Heisenberg Erwin Schrödinger und aufstellen Dirac, in ergebend klassische Mechanik wich Quanten Theorien im Vordergrund die war das Prinzip Unsicherheit.

Die Quantenmechanik hat den Determinismus ein für alle Mal durchgestrichen, auf dem die alt Physik, und beigetragen in Wissenschaft unvermeidlich Element Unvorhersehbarkeit. Flügellos und eben Einzigartigkeit eingeräumt Platz für Wahrscheinlichkeit sich nähern.

Wissen Initial Optionen Systeme, wir schon nicht dürfen Garantie ziemlich ein bestimmtes Ergebnis, aber wir sprechen nur darüber, dass das System in einem oder sein wird Andernfalls fähig Mit etwas Wahrscheinlichkeit. es Es war Also ungewöhnlich und wunderbar!

Sogar das Ketzer und wie ein Revolutionär Albert Einstein, Es war einmal damit drin Herzen erklärten, dass Gott nicht würfelt. Die meisten Wissenschaftler jedoch sofort akzeptiert Quantum Mechanik weil die Sie ist gab schön Zustimmung Mit Experiment.

Aus Prinzip Unsicherheit die meisten Direkte Weg folgt So Welle-Teilchen-Dualismus genannt. Jedes Teilchen kann sich leicht umdrehen Welle, und und umgekehrt: Wesen von Sachen, wie weder seltsam, entkommt aus strikt Formulierungen. Nehmen wir an, elektromagnetische Strahlung breitet sich in Form von festen Abschnitten aus, oder Quanten, was ernsthaft gezeigt max Planck. Jedoch in Beachtung Mit Heisenbergs Unschärferelation Photonen (Quanten elektromagnetischer Strahlung) in dann gleich die meisten Zeit führen mich selbst wie Wellen, nicht haben sicher Bestimmungen in Raum, aber mit irgendeiner Wahrscheinlichkeitsverteilung "verschmiert". Licht ein gegeben Fall - auf keinen Fall nicht Ausnahme; exakt So gleich führen mich selbst alle Andere Partikel,die werden elementar genannt.

Physiker sind ein wenig schlau, wenn sie sagen, dass sich ein Elektron um einen Atomkern dreht, denn in Wirklichkeit über jede Bewegung im üblichen Sinne des Wortes hier nicht kann sein sein und Reden: Elektron nicht Spinnen wie Routine, aber gelegen in etwas sicher Zustand, die beschrieben Komplex Welle Funktion. Mit anderen Worten, wir haben das Recht, nur über die Wahrscheinlichkeit zu sprechen, dass ein Elektron bleibtin der eine oder andere Punkt.

Machen wir Schluss auf der Dies unser kurz Ausflug in Quantum Mechanik und Lass uns weitermachen zu Rücksichtnahme elementar Partikel wie diese.

Wenn ein Photon oder Elektron unbestreitbar elementar ist, kann dies nicht über die Füllung gesagt werdenatomar Kerne - Protonen und Neutronen weil die sie haben Komplex intern Struktur. Diese beiden Teilchen sind Quark-Tripletts, das heißt, sie sind aufgebaut aus mehr grundlegend Ziegel - Quark, diese die meisten Quark, pro Öffnung die Murray Gell-Mann wurde verliehen Nobel Prämien. Jedoch beide alle an bestellen.

Die Haupteigenschaften aller Elementarteilchen ohne Ausnahme sind Masse, aufladen und drehen. Die Masse eines Teilchens ist ein Bruchteil seiner Gesamtenergie, weil Masse es ist Gesamt nur Ein weiterer Sie die Form. Gewicht kann sein sein transformiert in Energie, und und umgekehrt; Beziehung zwischen diese zwei Parteien eines Medaillen leicht sehen in berühmt Albert Einsteins Formel $E = mc^2$, wobei E – Energie, m die Masse und c die Geschwindigkeit ist Sveta. Manche Teilchen haben Masse, andere nicht. Zum Beispiel sagen Physiker, dass die Ruhemasse Photon gleich Null. es Recht einfach meint was ruhen Photonen in Natur nicht existiert. Überreste hinzufügen, was Verteilung Partikel nach Gewicht nicht gehorcht nein verständlich Muster.

Elektrische Ladung - auch ein vertrautes Tier. Bei der Ladung ist die Situation genau die gleiche Dasselbe wie bei der Masse: Einige Teilchen tragen sie, andere nicht. Teilchen, die keine Ladung haben gelten als elektrisch neutral. Im Gegensatz zur Masse Es gibt zwei Arten von Gebühren positiv und Negativ; Gebühren alle elementar Partikel Vielfache aufladen Elektron, pro Ausnahme Quark, aufladen die Vielfaches von 1/3 aufladen Elektron.

Drehen elementar Partikel repräsentiert dich selbst etwas Innere Moment Sie Rotation und ist proportional zur Planckschen Konstante. Wenn das Teilchen nicht rotiert, dreht sich sein Spin Null. Aus Überlegungen Sichtweite kann einführen dich selbst Partikel in bilden kleinSpitzen oder Bälle, rotierend um seine Achsen, aber stets sollte denken Sie daran, was ähnlich Malerei rein bedingt und nicht Es hat Mit Wirklichkeit nichts Allgemeines. BEI Quantum Weltelementarteilchen haben keine fest definierte Rotationsachse. Teilchendrehung gibt uns eine Vorstellung davon, wie es aussieht, wenn es aus verschiedenen Blickwinkeln betrachtet wird. Stefan hausieren führt gutes Beispiel auf der dieses Konto.

...

Ein Teilchen mit Spin 0 ist wie ein Punkt: Es sieht von allen Seiten gleich aus. Partikelco der Rücken eines kann vergleichen co Pfeil: Mit anders Parteien Sie ist sieht aus anders und nimmt die gleiche Form erst nach einer vollen Umdrehung von 360° an. Ein Teilchen mit Spin 2 kann sein Vergleichen Sie mit einem Pfeil, der auf beiden Seiten zugespitzt ist: jede seiner Positionen wird danach wiederholt halbe Umdrehung (180°). Ebenso kehrt ein Teilchen mit höherem Spin zurück den Anfangszustand, wenn er um einen noch kleineren Teil einer vollen Umdrehung gedreht wird. Es ist alles ganz offensichtlich, aber überraschend anders - es gibt Partikel, die nach vollständig sind Drehungen nehmen nicht ihre frühere Form an: Sie müssen zweimal vollständig gedreht werden! Sie sagen, dass eine solche Partikel Spin haben 1/2.

Alle bekannten Elementarteilchen lassen sich je nach in zwei Gruppen einteilendie Größe des Spins, den sie tragen. Wenn der Spin als ganze Zahl (0, 1, 2 usw.) ausgedrückt wird, dann Solche Teilchen werden Bosonen genannt, und wenn sie halbzahlig sind (1/2, 3/2, 5/2 usw.) - Fermionen. Diese Titel gemacht aus Nachnamen zwei berühmt Theoretische Physiker Satyendra bose und Enrico Fermi. Alle Materie im Universum ist aus Fermionen aufgebaut – Teilchen mit einer halben Zahl Spin, und die zwischen den Materieteilchen wirkenden Kräfte werden durch Bosonen mit erzeugt ganze Zahl drehen. Drehen Elektron ist 1/2, deshalb er trifft in Gruppe Fermionen.

BEI Abhängigkeiten aus Sie Beziehungen zu stark Interaktion (um vier Typen grundlegend Interaktionen Rede bei uns voraus) Fermionen, in mein drehen, sind in zwei Familien aufgeteilt. Jene Fermionen, die an Prozessen mit teilnehmen stark Interaktion, genannt Quarks (Protonen und Neutronen bestehen aus Quarks), und alle anderen, die nicht an starken Wechselwirkungen teilnehmen, sind Leptonen. Elektron tritt ein in der Familie der Leptonen; zusätzlich werden dort fünf weitere Teilchen platziert - ein Elektron-Neutrino, Myon, Myon-Neutrino, Tau-Neutrino und Tau-Lepton. Es gibt auch sechs Quarks Sorten - i-Quark, d-Quark, c-Quark, s-Quark, t Quark und b Quark. So der Weg Ziegel Universum, Konstruktion Blöcke Angelegenheit, die wir überall, überallhin, allerorts Wir beobachten sind 12 grundlegend Partikel - 6 Quarks und 6 Leptonen.

Unter Bosonen, Sein Träger grundlegend Interaktionen und Photonen, die Kräfte erzeugen, die zwischen Materieteilchen wirken, sind am besten bekannt, 8 Sorten Gluonen, 3 nett schwer Vektor Bosonen (W+-Boson, W-Boson und Z0-Boson) und während mehr nicht offene Graviton.

Überreste hinzufügen, was in zeitgenössisch Theorien Felder Partikel Handlung wie kleinräumige Wellen der entsprechenden Felder. Zum Beispiel elektromagnetische Strahlung kann sowohl als Welle (z. B. bei Radiowellen) als auch als Teilchen (hart) wahrgenommen werden gamma Strahlen). Wenn ein Länge Wellen elektromagnetisch Strahlung viel übersteigt Abmessungen des Gerätes, dann wird es als kontinuierliche Welle, also als Wanderschwingung, aufgezeichnet elektrische und magnetische Felder. Ansonsten (bei kleiner Wellenlänge) das Gerät fängt Licht in Form einzelner Quanten ein - Photonen. Dann reden sie nicht mehr über die Wellenlänge, sondern um Energie Photon. Klassisch Beispiel Korpuskularwelle Dualismus.

Fermionen, aus die gebaut Substanz des Universums - auf keinen Fall nicht gleichgültig Extras auf der Dies Ferien Leben. Sie sind interagieren zwischen dich selbst a in Rollen Träger Interaktionen (oder Stärke, vorhandenen zwischen Partikel Substanzen) Handlung Bosonen. Zu schaffen alle vielfältig Phänomene, Natur es dauerte runden Konto vier Typ Interaktionen - elektromagnetisch, schwach stark (oder Nuklear) und Gravitation. Es gibt starke Gründe zu glauben, dass die ersten drei Arten Wechselwirkungen können unter bestimmten Bedingungen zu einer Kraft kombiniert werden, und getrennt sie existieren nur auf niedrigen Energieniveaus. Bisher wurde ein Modell gebaut elektroschwache Wechselwirkung (elektromagnetisch + schwach) und die Trägerteilchen davon Einheitliche Kraft experimentell entdeckt (drei Arten von schweren Vektorbosonen). Theorie, vereinigend drei Stärke in eines (elektroschwach Interaktion + stark), genannt große vereinheitlichte Theorie, aber das dafür erforderliche Energieniveau ist nicht verfügbar moderne Beschleuniger. Bei noch höheren Energien alle vier Naturgewalten. Solche Bedingungen existierten in einem sehr jungen Universum, als die Welt gerecht war rausgeflogen aus der Nichtexistenz.

Lassen Sie uns die vier Arten grundlegender Wechselwirkungen der Reihe nach analysieren. Elektrik u magnetisch Phänomene haben Allgemeines Ursprung und sind beschrieben in Rahmen elektromagnetisch Interaktionen, die So oder Andernfalls verbunden Mit Austausch oder Strahlung Photonen (Quanten elektromagnetisch Strahlung). Zuerst das ist zeigte bedeutenden englischen Physiker James Maxwell im Jahr 1873. Elektromagnetische Kräfte arbeiten nur zwischen berechnet Partikel (gleichnamig Gebühren abstoßen, unähnlich - anziehen). Radio, Fernsehen, Mobilfunk und vieles mehr und nützlich Dinge undenkbar ohne Phänomen Elektromagnetismus, weil die diese Stärke, basierend auf der Konfrontation zwei Polar- begann, fähig Verbreitung auf der erhebliche Distanzen. Darüber hinaus sind die Atome und Moleküle, aus denen Materie besteht zu gezwungen ihr Existenz elektromagnetisch Interaktion. Kräfte elektromagnetisch Attraktion halte zurück Elektronen Innerhalb Atome, zwingen Sie drehen um atomar Kerne. BEI Rollen Träger elektromagnetisch Kräfte spricht Ein masseloses Teilchen mit Spin 1 ist ein Photon (Physiker sagen, dass die Ruhemasse eines Photons gleich istNull).

Interaktion zwischen zwei berechnet Partikel (angezogen sie oder abstoßen, in gegeben Fall Rollen nicht Theaterstücke) repräsentiert dich selbst Ergebnis Austausch eine große Anzahl sogenannter virtueller Photonen. Im Gegensatz zu "echten" Teilchen, ihre virtuelle Schwestern sind grundsätzlich unbeobachtbar, sie können nicht registriert werden Hilfe Detektor. Lassen Sie uns erklären sagte auf der Beispiel. Vorstellen dich selbst etwas abgeschlossen ein Behälter mit nichts drin - keine Strahlung, egal. Mit anderen Worten, dort enthält nur Vakuum, absolute Leere. Aber um sicherzustellen, dass der Behälter wirklich leer ist, müssen wir sein Inneres beleuchten - einen Lichtstrahl dorthin schicken. Und da Licht bewegt sich mit endlicher Geschwindigkeit, der Messvorgang dauert einige Zeit. Mit absoluter Sicherheit sagen, dass der Container leer ist, können wir nur in diesem Moment, wenn der vom Behälter zurückkommende Lichtstrahl unseren Detektor erreicht. Zur selben Zeit, Wir haben keine Gewissheit, dass der Container die *ganze Zeit leer blieb Verfahren Messungen*. Nicht ausgeschlossen, was Energie Vakuum könnte zögern (schwanken) um Null, wodurch kurzlebige Geisterteilchen entstehen, die sterben bevor wir sie entdecken können. Sie tauchen aus der Leere auf und verstecken sich wieder darin Also schnell, was wir nicht dürfen entdecken Sie in Prinzip eben wenn wir haben die meisten perfekt Messung Ausrüstung. Eine solche Partikel erhalten Anruf virtuell.

Na sicher nicht alle Photonen sind virtuell. Quanten Sveta, die veröffentlicht in als Ergebnis des Übergangs eines Elektrons von Umlaufbahn zu Umlaufbahn, sind ziemlich real Photonen. Wenn ein echtes Photon mit einem Atom kollidiert, kann es ein Elektron ähnlich tun über etwas springen auf der mehr Fernbedienung aus Kerne Orbit. BEI Dies Fall Energie Photon wird sein absorbiert. Zusammenfassend also: Die elektromagnetische Kraft wirkt zwischen allen Teilchen, Lager elektrisch aufladen, a Sie Träger sind virtuell Photonen. ABER weil die Gewicht sich ausruhen Photon ist gleich Null, elektromagnetisch Interaktion kann sein übermittelt werden auf der groß Entfernungen.

Schwach Interaktion Antworten pro etwas Transformation in Welt elementar Partikel. Gut Beispiel Kräfte Dies Typ - So genannt Beta-Zerfall instabil Atomkerne, wodurch sich das intranukleare Neutron in ein Proton verwandelt, und von Kerne ausfliegen Elektron und Antineutrino. BEI schwach Interaktion sich beteiligen alle Partikel mit Spin 1/2 (d. h. alle Fermionen) und seine Träger sind schwere Vektoren Bosonen co der Rücken eines (W+-Boson, W-Boson und Z0-Boson). Weil die Vektor Bosonen - äußerst fest Partikel (sie schwerer Proton fast in 100 einmal), schwach

Wechselwirkung ist nur bei ultrakleinen Abständen in der Größenordnung von 10-16–10-17 cm wirksam. Wie Es wurde bereits gesagt, dass die schwache Wechselwirkung mit der elektromagnetischen kombiniert wurde. Es war erfolgt im Standard-Weinberg-Salam-Modell, das in ausführlich beschrieben ist Kapitel "Und die Dunkelheit kam". Die schwache Wechselwirkung ist am engsten verwandt mit thermonukleare Reaktionen, bei denen Wasserstoff im Sterninneren zu Helium wird, und Auch zu etwas Andere Prozesse, Begleitperson Evolution Sterne anders Typen.

Die starke (oder nukleare) Kraft hält Quarks innerhalb von Nukleonen und Protonen und Neutronen - innerhalb des Atomkerns, Überwindung der Kräfte der Coulomb-Abstoßung (Protonen haben namensgebend aufladen). Wie wir denken Sie daran existiert sechs Sorten (oder Aromen) Quarks - i-Quark, d-Quark, c-Quark, s-Quark, t Quark und b Quark. Sie Titel gebildet aus Englisch Wörter hoch - "hoch", Nieder - "Abstieg", Charme - "der Charm", seltsam - "seltsam", Wahrheit - "wahrhaftig" und schön - "schön". Offenbar Physiker müdeLatein und Griechisch, und sie beschlossen Name grundlegend Ziegel oben, niedriger,verzaubert seltsam wahrheitsgemäß und schön Partikel. Protonen und Neutronengegenwärtig dich selbst Quark Dreiergruppen, aber in Sie Verbindung sind inklusive nur Quarks zweiDüfte - und. Proton gebaut aus zwei u-Quarks und eines d-Quark, a Neutron - aus zweid-Quarks und eines u-Quark. ABER weil die d Quark ein wenig schwerer u-Quark, Neutron ein wenigschwerer Proton. Unterschied in Sie Gebühren (Proton berechnet positiv, a Neutron aufladen nichtEs hat) zu erklärt Merkmale intern Gebäude, So wie Quarks BärBruchteil elektrisch aufladen (2/3 und -1/3). So der Weg aus drei Quark, zwei aus diehaben aufladen ein Plus 2/3, a eines - Minus-1/3, es stellt sich heraus Proton Mit aufladen +1. ABER Neutronbesteht aus eines Quark mit Ladung 2/3 und zwei mit Gebühr minus 1/3, also als Ergebniskommt null raus. Aus Quarks Andere Typen (seltsam, verzaubert, b und t) zu kann bauenTeilchen, aber sie sind instabil und zerfallen schnell in Protonen und Neutronen.Außer Gehen, jeder Quark kann sein sein in drei verschiedene Zustände, die erhalten Anruf Farbe (rot, gelb und grün). Na sicher in Wirklichkeitnein Farben bei Quarks Nein, das ist einfach gemütlich allgemein anerkannt Bezeichnungen Sie Eigenschaften. Elementar Partikel bestehen aus Quarks anders Farben, aber stets in eine solche Kombinationen, zu in Ergebnis hat sich herausgestellt farblos Partikel. Zum Beispiel, Triplett "rot + grün + blau" entpuppt sich als Proton oder Neutron. Eng verwandt mit dem Vorhandensein von Farbe in Quarks das Phänomen des sogenannten Confinement von Quarks („Non-Ejection", „Retention" in der Übersetzung aus Englisch). Tatsache ist, dass Quarks nie isoliert vorkommen, sondern ineinander existieren nah dran Zusammenarbeit Freund Mit Freund, in bilden schon Bekannte uns Quark Dreiergruppen. Bisher konnte niemand ein einzelnes Quark nachweisen. Wenn der Quark wollte abseits stehen und live auf sich allein, er sofort hat gewonnen möchten Farbe, was verboten Bedingungen Aufgaben: Gefangenschaft verpflichtet Sie gehalten werden in farblos Kombinationen.Bei sehr hohen Energien schwächt sich die starke Wechselwirkung jedoch merklich ab, und dann Quarks beginnen sich fast wie freie Teilchen zu verhalten. So ein Quark-Gluon-Plasma existierte auf der frühzeitig Stufen unser Leben Universum.

Quarks gehaltenen in Dreiergruppen pro überprüfen Trägerpartikel stark Wechselwirkungen - Gluonen (vom englischen Kleber - "Kleber", "Kleber"), die sie zusammenhalten untereinander. Gluonen haben keine Masse und einen Spin von eins. Im Gegensatz zu allen Bei anderen Arten von Wechselwirkungen werden Kernkräfte nicht geschwächt, wenn sich Quarks voneinander entfernen aus Freund, a gegen, wachsen. Gluonen kann mögen fest Gummibänder verbinden Quarks miteinander. Solange sie nebeneinander liegen, hängen die elastischen Bänder frei und lassen dies zu Quarks fühlen sich relativ wohl. Aber sie sollten versuchen, sich zu entfernen voneinander, da sich die Gummibänder sofort dehnen und die schelmischen Menschen wieder in ihr Original zurückversetzen Position. Nuklear Stärke Wirksam nur auf der sehr klein Entfernungen bestellen 10-13– 10-15 Zentimeter.

Es bleibt uns, die vierte Art von Grundkräften zu betrachten - die Schwerkraft, die trägt Universal- Charakter und macht Karosserie Angezogen werden Freund zu Freund. Gravitation Interaktion - die meisten schwach aus alle: Stärke elektromagnetisch

Abstoßung übersteigt einengend Stärke Schwere um in 1043 mal. Jedoch die Schwäche Gravitation Interaktionen Mit überwältigt baden riesig Maße Himmelskörper, bestehend aus einer astronomischen Anzahl von Teilchen, also die Gravitationskräfte zwischen Planeten oder Sterne kann geben sehr groß Größe. Außer Gehen, wenn Elektromagnetische Kräfte wirken nur auf geladene Objekte, dann übt die Schwerkraft aus beeinflussen auf der alle ohne Ausnahmen Karosserie und Partikel unser Universum, besitzen Masse.

Träger Gravitation Interaktionen ist Wiedersehen mehr nicht offen Graviton-Teilchen, das eine Ruhemasse von Null und einen Spin von zwei haben sollte. Wie Elektromagnetismus, Gravitationswechselwirkung ist eine weitreichende Stärke (Photon zu masselos Partikel). Gebäude Quantum Theorien Schwere damit verbundenen Mit groß Schwierigkeiten deshalb Gravitation Stärke häufig als Manifestation der Raum-Zeit-Metrik angesehen. Sagen wir das innerhalb des Generals Theorien Relativität Schwere ist äquivalent zu Krümmung Freizeit. Mehr über diese schwierig Dinge wir Lass uns reden später.

BEI Fazit Überreste erzählen, was bei jeder elementar Partikel Es gibt es ist Antiteilchen - seine nett Zwillingsteilchen, besitzen Spielzeug gleich Masse, aber aufladen Gegenteil Schild (wenn Partikel aufladen nicht Es hat, dann Sie Antipode Bären entgegengesetzter Spin). Wenn Teilchen und Antiteilchen kollidieren, ihre gegenseitige Zerstörung (Vernichtung) Mit hervorheben riesig Mengen Energie. Öfters Gesamt Finale Produkt Vernichtung sind Photonen und Pi-Mesonen. Ö Partikel und Antiteilchen wir zu mehr nicht sobald wir reden danach.

Echo Groß Explosion

Und Tomlinson blickte zurück und sah in die NachtSterne, gefoltert in der Hölle, Purpur Strahlen.
Und Tomlinson blickte nach vorn und durchschaute das DeliriumSterne, gefoltert in Hölle milchig weiß hell.

Rudyard Kipling

BEI Ende Erste Kapitel gesagt um Volumen, was Sterne nicht verteilt in Raum gleichmäßig, bilden aber mehr oder weniger kompakte Strukturen (Galaxien), die wiederum Teil von Clustern und Superclustern sind, die sich darüber erstrecken Zehn Millionen Lichtjahre. Unsere Galaxie (die Milchstraße) ist so eine hervorragend Inseln und hat um 200 Milliarde Sterne (aus 150 Vor 400 Milliarde an anders Schätzungen). Wenn ein Uhr auf der Sie Mit Rippen, Sie ist Es hat linsenförmige Form einer bikonvexen Linse, und im Plan sieht es von oben betrachtet aus wie eben Scheibe co gerinnen in Center und abgehend aus ihn Spiral- Ärmel. Die Galaxie hat eine ziemlich komplexe Struktur. Es ist üblich, den Kern oder die Ausbuchtung (von Englisch Ausbuchtung - "konvex, Schwellung"), Scheibe und Heiligenschein (galaktisch Krone). Kern ist eine kompakte sphärische Komponente, die das galaktische Zentrum umgibt, wo sich ein supermassereiches Schwarzes Loch mit einer Masse von zwei bis drei Millionen Sonnenmassen befindet. Die Dichte der Sternpopulation in der Nähe des Zentrums der Galaxie ist sehr hoch: wenn in der Nähe Sonne auf der 16 kubisch Parsek Konto für Gesamt eines Stern, dann in Center in eines Ein Kubikparsec enthält etwa 10.000 Sterne. Allerdings ist die Dichte der Sterne in der Ausbuchtung fällt schnell mit der Entfernung vom Zentrum: in einer Entfernung von mehreren tausend Lichtjahren, es ist fast nicht zu unterscheiden. Der Kern wird von alten Sternen mit geringer Häufigkeit dominiert schwer Elemente, a seine Gewicht ausgewertet in zwanzig Milliarde Solar- Gew.

Mehr als die Hälfte der Masse der Galaxie (etwa 60 Milliarden Sonnenmassen) fällt auf eben Scheibe, Innerhalb dem manchmal zuordnen dünn und dick Teil. Durchmesser galaktisch Scheibe (und Galaxien in gesamt) ist 100 tausend hell Jahre, oder dreißig

Kiloparsec (30 kpc), und seine Dicke variiert stark - von 300 bis 3 Tausend hell Jahre. BEI Bereiche Center er Verdünner a zu Peripherie deutlich erweitert. Scheibe enthält viele jung Sterne und dicht Wolken Gas und Staub - Brennpunkte aktiv Sternformationen, die bis zu 10 % seiner Masse ausmachen. Galaktische Scheibe ist falsch vorstellen als durchgehend homogen Struktur wie ein Rad oder Linsen, also wie es sich in Spiralarme auflöst, von denen es üblich ist, zwei (manchmal vier) groß und viele klein. Sonne gelegen in 26 Tausende hell Jahre (um acht kpc) aus Center Galaxien und begeht um ihn voll Umsatz pro 220 Millionen Jahren mit einer Geschwindigkeit von 250 Kilometern pro Sekunde durch die Leere fliegen. Wenn Sie zählen eine Umdrehung um das Zentrum in einem galaktischen Jahr, dann ist das Sonnensystem 20 Jahre alt galaktisch Jahre - exakt so viele wendet sich Sie ist hatte Zeit aufziehen Mit Moment seine Ausbildung.

Na sicher Sonne nicht allein in seine unerbittlich kreisen - alle Sterne Scheibekreisen um das galaktische Zentrum. Die Umlaufbahn der Sonne ist fast kreisförmig und liegt in Ebene der galaktischen Scheibe (vertikal nur 20 Lichtjahre entfernt), also Untersuchung des Kerns der Milchstraße verknüpft mit erhebliche Schwierigkeiten. Es ist eingezäunt von uns durch Scheibensterne, die näher am Kern sind, sowie mächtiger Gasstaub Wolken, die nicht fehlschlagen hell aus Strukturen galaktisch Center. Optisch nur der Schwanz der Galaxie ist für Beobachtungen zugänglich, und der interessanteste ist den Erdbewohnern verborgen dicht Gas-Staub Schleier. Hier wenn möchten uns irgendwie auf wundersame Weise gelang es steigen ObenEbene der Milchstraße, würden wir die mysteriöse Ausbuchtung in ihrer ganzen Pracht sehen. ZuLeider scheint eine solche Aussicht nicht einmal für unsere entfernten Nachkommen, denn die Sonne steht drin seine Umlaufbahn weicht fast nicht von der Ebene des galaktischen Äquators ab. BEIunsere Ära fliegt in Intervall zwischen Spiral- Ärmel Perseus und Schütze, langsam Annäherung an den Ärmel Perseus.

Außer eben Festplatte und zentral Schwellung in Bereiche Ader, Galaxis hat ein kugelförmiger Halo, der die galaktische Linse wie eine Wolke umhüllt. Astronomen haben schon lange gemerkt, dass manche Stars nicht gemächlich und gemächlich in einer Ebene schwimmen Scheibe, a herumhuschen in die meisten anders Richtungen, durchdringend seine durch. Baut auf Eindruck, was sie füllen das Ganze kugelförmig Volumen, wo geladen galaktisch Scheibe, die ein riesiges Ellipsoid bildet, das sich über Hunderttausende von Lichtjahren erstreckt. Heiligenschein bewohnen alt Sterne, die nahe 10 Milliarden Jahre aus nett, dann Es gibt sie zweimal älter als die Sonne. Der eine Teil der Stars lebt lieber in herrlicher Abgeschiedenheit, während der andere darin eingeschlossen ist Zusammensetzung der sogenannten Kugelsternhaufen, von denen es etwa 200 gibt. In jedem Sie enthalten 10.000 bis 3 Millionen Sterne, was nicht mehr als 1% aller Sterne ist Heiligenschein. Außer, abgesondert, ausgenommen Ball Cluster und einsam Sterne, in galaktisch Krone entdeckte Gaswolken und Zwerggalaxien, die in einer Entfernung von 150 leben pda aus der Milchstraße.

Obwohl die Gesamtmasse der Halo-Sterne eine Milliarde Sonnenmassen nicht zu überschreiten scheint, galaktisch Krone viel schwerer unser Galaxien. Auf der das ist angeben etwas Merkmale der Rotation der Milchstraße und die Art der Bewegung ihrer Satelliten. Soll, dass der größte Teil der Masse des Halo mit der sogenannten Dunklen Materie verbunden ist (oder versteckt Gewicht). Ö Problem versteckt Massen erzählt in Kapitel „Und Dunkelheit kam."

Unsere Galaxie gehört zu den Spiralgalaxien, die laut Klassifikation Der amerikanische Astronom Edwin Hubble, ist es üblich, zu bezeichnen Buchstabe S (aus Englisch das Wort Spirale, das kaum übersetzt werden muss). Alle Spiralgalaxien bestehen aus kugelförmig und eben Komponenten, dann Es gibt aus Kerne und Scheibe, und Scheibe Es hat ausgedrückt Spiral- Struktur. Wie Regel Haupt Spiral- Ärmel passiert zwei, aber kann sein zählen und mehr. BEI Abhängigkeiten aus Formen Spiral- Geäst und Es gibt mehrere Subtypen von Bulge-Größen innerhalb von S-Typ-Galaxien: Sa, Sb, Sc und Sd. BEI In dieser Reihe werden die Spiraläste immer zerlumpter und die Größe des Kerns nimmt ab. Spiral Ärmel zu kann sein orientiert anders: in etwas Fälle sie

Start direkt aus Ader, a in Andere festhalten endet dick hervorragend Pullover, Kreuzung zentral Teil Galaxien. Eine solche Jumper genannt Bar, und dann Galaxis trifft in Kategorie SB (Spiral + Bar). Galaxien Mit Bar in die gleichen vier Subtypen unterteilt. Es gibt ernsthafte Gründe, das zu glaubenunsere Milchstraße hat einen kleinen Balken, dessen Extrempunkte 3–4 sind pda aus Center, a an Struktur Spiral- Geäst und Größen Ausbuchtung nimmt dazwischenliegend Position zwischen Subtypen b und s.

Spiralgalaxien sind die meisten (über 50%), und unter allen anderen wird es akzeptiert Elliptische, linsenförmige und irreguläre Galaxien identifizieren. Elliptische Galaxien fast nicht enthalten interstellar Gas und nicht haben eben Scheibe. Durch Wesen Angelegenheiten, sie sind ein durchgehender Kern, dessen Form stark variiert - von einer fast perfekten Kugel zu einem Ellipsoid unterschiedlicher Abflachung. Hubble ordnete ihnen den Buchstaben E (elliptisch auf Englisch) zu und drückte den Grad der Abflachung auf Arabisch aus Zahlen. So der Weg Nebel E0 wird sein kugelförmig Galaxis, a E6 erwirbtSpindelform. Linsenförmige Galaxien werden mit dem lateinischen Buchstaben L (aus dem Englischen die Wörter linsenförmig - „bikonvex") und äußerlich elliptisch sehr ähnlich, da Über einer dünnen Sternscheibe herrscht ein beeindruckender Kern, in dem in der Regelkeine strukturellen Formationen sind zu sehen. Unregelmäßige Galaxien - das ist zerfetzte zerfetzte Wolken, die anderen Galaxientypen in ihrer Masse deutlich unterlegen sind. Mehr Gesamt sie ähnlich auf formlos Flecken, Innerhalb die kann manchmal entdecken instabil u kurze Spiralarme. Bei der Klassifizierung Hubble sie bezeichnet sind wie Ir oder Irr (irregulär - "falsch").

Neben der Formenvielfalt haben viele Galaxien eine sehr auffällige Aktivität. Sie explodieren und kollidieren, ziehen lange Gasstrahlen aus den Körpern ihrer Schwestern und stellare Substanz, oder umgekehrt wie Keimzellen in enger Umarmung verschmelzen unter einem Mikroskop. Einige von ihnen strahlen in den Funkbereich und werden aus ihrem herausgeschleudert aktiv Kerne mächtig Jets Länge in mehrere tausend hell Jahre. Ein Lehrbuchbeispiel ist die Radiogalaxie Cygnus A. In optischen Strahlen repräsentiert sie dich selbst ein Objekt 17 hervorragend Mengen in bilden zwei kaum bemerkenswert Flecken. Aber das ist Eindruck täuschend, Weil was in Wirklichkeit Sie Helligkeit in zehn einmal mehr, wiein unserer Galaxie. Dieses System erscheint nur deshalb schwach, weil es von uns entfernt ist. 600 Millionen Lichtjahre entfernt. Doch trotz einer so beeindruckenden Distanz bleibt der Flow Funkemission in Meter Angebot aus Schwan ABER ausschließlich Großartig und von Zeit zu Zeit übertrifft die solare Radioemission. Aber die Entfernung von der Erde zur Sonne ist nur acht hell Protokoll...

Die Wechselwirkung von Galaxien verändert sehr oft radikal ihre Struktur. Zum Beispiel, zwei Spiral- Galaxien kann verschmelzen zusammen, Anlass geben zu elliptisch a groß Galaxien, ohne Grimassen, leicht zu schlucken klein und damit steigend deine Größe. Unser Galaxy ist auch weit davon entfernt, vegetarisch zu sein. Astrophysiker glauben, dass es gebildet in Ergebnis Fusionen mehrere verhältnismäßig klein Galaxien, Ja und heute milchig Weg hält Ohr vostro, versuchen alle in Wahrheit und durch Unwahrheiten acht Zwerggalaxien in seiner unmittelbaren Umgebung anbringen. ABER durch 2–3 Milliarde Jahre zu ihm bestimmt fraternisieren Mit Galaxis Andromeda, die ist zweieinhalb Millionen Lichtjahre entfernt und fliegt in unsere Richtung co Geschwindigkeit von 120 Kilometern in gib mir eine Sekunde.

Über die Lokale Gruppe, die unsere Milchstraße zusammen mit der Andromeda-Galaxie umfasst, eine Galaxie im Triangulum und vier Dutzend kleinere Galaxien haben wir bereits geschrieben. Dies gravitativ gebundenes System mit einem Durchmesser von etwa 1 Mpc (Megaparsec, Millionen Parsec) ist wiederum Teil eines lokalen Superhaufens in der Konstellation Jungfrau, die 15 Mpc von uns entfernt ist. Mittlerweile befindet sich nur noch der Kern in der Jungfrau lokaler Supercluster, aber er selbst erstreckt sich nach konservativen Schätzungen über 30 Mpc (an Andere Daten - auf der 60), a seine Dicke ist nicht weniger zehn MPC. Lokal

Supercluster Es hat bilden Ellipsoid, a Nummer Galaxien, in Deutsch enthalten, ungefähr auf 20.000 geschätzt. In den letzten Jahren mehrere Dutzend Supercluster. Einige von ihnen sind auffällig in ihrer Größe, wie der Riese eine Kette von Galaxien, die sich vom Sternbild Perseus bis Pegasus und Fische um fast 400 Mpc erstreckt (mehr Milliarde hell Jahre). es schon nicht gewohnheitsmäßig Ellipsoid, a schneller Perlen, besaitet auf der Verzweigung ein Faden. BEI Hierarchie metagalaktisch Strukturen ähnlich Konglomerate ein Ehrenamt besetzen Erste Platz.

Was gesagt wurde nicht meint was These Friedmann um Isotropie und Homogenität Universum stellte sich heraus Pleite. Trotz auf der Saiten Galaxien, eine lange und über Zwischenbettung Groß Platz, in Bände Länge in Hunderte Megaparsec Platz beobachtbar Universum alle gleich nicht Es hat gewidmet Richtungen. Und nur bei Verringerung Skala erfolgreich Erfolg haben zellular Strukturen, wo dicht Grundstücke wechseln Mit riesig Hohlräume. Hören wir zu Spezialisten:

...

Die allgemeine Struktur ähnelt einer Wabe oder Seifenlauge, nur ist es mehr verschwommen, ohne ein bestimmtes klares Muster. Zellknoten werden durch Supercluster gebildet Galaxien, und es gibt fast keine Galaxien innerhalb der Zellen. Die Durchmesser solcher Zellen erreichen mehrere Dutzende Megaparsec. versuchen einführen dich selbst Struktur Universum in diese riesig Skala, wichtig denken Sie daran, was Sie ist nicht statisch: Universum dehnt sich aus, Sie Teile entfernen sich voneinander, sodass die Zellen wachsen, ebenso wie einzelne Superhaufen Galaxien.

Andere Wörter unser Welt ständig entwickelt sich. Beobachtungen bestimmt bezeugen was zellular Struktur alle Zeit deformiert: "Brücken" übertragen zwischen Supercluster, abnehmen und strecken, a Wände Zellen nach und nach schmelzen und sich langsam ausbreiten. Das Universum ist extrem instationär, es Alles ist Wachstum und Bildung, und über diese Dynamik, die vor fast 100 Jahren entdeckt wurde, kam es Zeit sich unterhalten. Aber zuerst - Ein paar Worte um Quasare.

Dieses Wort ist eine Transliteration des englischen Begriffs Quasar, der wiederum repräsentiert dich selbst Abkürzung Begriff quasi-stellar Radio Quelle, was übersetzt wie "sternförmige Funkquelle". Der erste Quasar wurde 1963 von dem Amerikaner entdeckt Radioastronom Niederländisch Ursprung Martin Schmidt. Etwas präziser Sprichwort entdeckt er war drei jahrelang Vor und aufgeführt war in 3m Cambridge Verzeichnis unter Nummer 3C 273 in Form eines schwachen Sterns der 13. Größe im Sternbild Jungfrau, und Schmidt ist der erste machte auf die erstaunlichen Eigenschaften seines Spektrums aufmerksam. Emissionslinien im Spektrum Die Sterne 3C 273 konnten zunächst nicht mit den bekannten chemischen Linien identifiziert werden Elemente. Am Ende erkannte Schmidt, dass dies keineswegs ein neues Element war, der modernen Physik unbekannt, aber die Linien der häufigsten chemischen Elemente, die Also stark versetzt zu rot Ende Spektrum, was haben sich geändert Vor Komplett Unkenntlichkeit. Nach einigem Brainstorming konnte Schmidt Wasserstoffleitungen identifizieren, ionisiert Magnesium und einige Andere Elemente.

Aber wenn die Rotverschiebung so groß ist, dann bedeutet das, dass das mysteriös ist Das Objekt bewegt sich mit einer fantastischen Geschwindigkeit von uns weg - mehr als 40.000 Kilometer pro Sekunde. In diesem Fall darf der Abstand zu ihm auf keinen Fall weniger als 620 Mpc betragen, also fast 2 Milliarde hell Jahre. (Durch rot Verschiebung definieren Grad Abgelegenheit astronomische Objekte; dies wird weiter unten besprochen.) Es sieht nicht aus wie die Galaxie 3C 273 war, aber einen einzelnen Stern in einer solchen Entfernung zu sehen, egal wie hell er scheint im Grunde unmöglich! Nachdem mehrere weitere ähnliche Objekte entdeckt wurden, Sie leuchteten hell im sichtbaren und Radiobereich elektromagnetischer Wellen und wurden Quasare genannt - sternengleich Quellen heftig Funkemission. BEI unser Tage bekannt schon

Über zwanzig tausend Quasare, viele aus die hell scheinen kaum ob nicht auf der alle Längen elektromagnetisch Wellen - vom Röntgen zum Radioband.

Ein weiteres charakteristisches Merkmal von Quasaren ist die Variabilität ihrer Helligkeit mit einer Periode von mehreren Monate was Er spricht um Notfall Kompaktheit diese Objekte. Wenn ein möchten sie waren riesige Sterneninseln wie Galaxien, ihre Brillanz ist keineswegs Fall konnte sich nicht periodisch ändern, weil die "Arbeit" von Milliarden von Sternen zu synchronisieren grundsätzlich unmöglich. Folglich, Quasare - das ist fest paradiesisch Karosserie, was zum Beispiel sind die Sterne. Die Synchronität der Veränderung weist auch darauf hin, dass sie der Durchmesser darf nicht größer als ein Lichtjahr sein. Sieht sehr seltsam aus Bild: Das Objekt ist hunderttausendfach kleiner als die Galaxie, und gleichzeitig leuchtet es so nett einhundert Galaxien. Und obwohl Sie Größen, an alle Wahrscheinlichkeit, deutlich zahlenmäßig unterlegen Durchmesser Solar- Systeme, an Platz Normen das ist alle gleich unerheblich wenig. Übrigens, im Radiobereich strahlen nicht mehr als 1 % der Quasare, und in den Spektren vieler von ihnen wie bereits Es wurde gesagt, dass es möglich ist, nicht nur Röntgenstrahlen, sondern auch harte Gammastrahlen nachzuweisen. Alle Quasare - sehr alt Ausbildung und gelegen äußerst weit weg, auf der Entfernungen von Hunderten von Millionen und sogar Milliarden von Lichtjahren und das Alter der baufälligsten ziemlich vergleichbar Mit das Alter Universum und erreicht 13 Milliarde Jahre.

Was gleich Quelle Also mächtig elektromagnetisch Strahlung, und auf der alle Wellenlängen auf einmal? Die meisten Experten sind sich einig, dass Quasare darstellen sind supermassereiche Schwarze Löcher, die unersättlich Materie aus ihrer Umgebung aufnehmen. Umgebung. Berechnet Partikel, gefangen Schwere Schwarz Löcher, beschleunigen sich Vor hohe Geschwindigkeiten, was zu intensiver elektromagnetischer Strahlung führt. Substanz fällt in einer sich verengenden Spirale auf die Oberfläche des Schwarzen Lochs und bildet eine Akkretion Scheibe, Innerhalb dem Geschwindigkeit Partikel, übertaktet aufstellen Schwere, Annäherung zu die Lichtgeschwindigkeit, und die Temperatur im zentralen Teil der Scheibe erreicht 100.000 Grad Celsius. Kelvin. Durch Richtung zu Peripherie Scheibe Temperatur Stürze, deshalb Quasar gleichzeitig strahlt in breiteste Angebot elektromagnetisch Wellen - aus Infrarotstrahlung und sichtbares Licht bis hin zu kurzwelligen Röntgenphotonen und hart Gammaquanten. Mächtig magnetisch aufstellen erfasst berechnet Partikel und verdreht sie zusätzlich und bildet Jets - eng gerichtete Strahlen, eine Art von Fontänen, die fast mit Lichtgeschwindigkeit aus den Polen schießen und sich über Hunderte erstrecken tausend hell Jahre. Interaktion Mit interstellar Gas Partikel Jets werden Quelle Radiowellen

Im Zeitalter der Quasare war der Prozess der Geburt von Galaxien in vollem Gange, so das Material es gab viel herum. Supermassereiche Schwarze Löcher haben sich damals perfekt ernährt, und deshalb leuchtete ausschließlich hell. Jedoch durch etwas Zeit Sie musste hochziehen Riemen und machen Sie eine Diät. Somit können Quasare als sicher angesehen werden Bühne in Leben Super massiv Schwarz Löcher: nicht ohne Grund Sie, wie Regel entdecken auf der Entfernungen in Tausende Megaparsec, bei die meisten Grenzen beobachtbar Universum. Nicht solltevergessen, was hell aus die meisten entfernt Quasare geflogen zu irdisch Beobachter viele Milliarden von Jahren, also sehen wir sie so, wie sie in ihrer frühen Jugend waren. Notwendig glauben, dass sie heute ihren Appetit längst gezügelt haben und friedlich darin leben Kerne Ruhe Galaxien. Aber ähnlich Rücksichtnahme Es hat und umkehren Macht, deshalb sollte Schau genauer hin Schau genauer hin zu unser nächste Umgebung - schließlich Das Universum ist bekanntlich isotrop und homogen. Sie schauen, und es gibt in der Nähe abgekühltQuasare-Geister, setzten sich auf Hungerrationen. Solche Objekte sind es übrigens tatsächlich existieren - denken Sie daran um Super massiv Schwarz Löcher in Kerne Galaxien.

Damit Sie, der Leser, es können vorstellen Vorrat an lebenswichtigen junge Kräfte Quasare, lass uns zitieren Professoren Moskau technische Physik Institut (MEPhI) AUS. G.Einreiben.

...

Übrigens, Energie, die Durchschnitt Quasar strahlt pro gib mir eine Sekunde, genügend möchten zum die Erde über Milliarden von Jahren mit Strom versorgt. Und ein Rekordhalter mit der Nummer S 50014 + 81, strahlt 60.000 Mal intensiveres Licht aus als unsere gesamte Milchstraße mit ihrem Hunderte Milliarde Sterne!

Lassen Sie uns diesen wichtigen Hinweis beenden und mit der Erörterung von Themen im Zusammenhang mit fortfahrenMit die Entwicklung des Universums.

Herr Isaak Newton, formuliert Gesetz Welt Schwere, geglaubt Universum homogen, endlos in Platz und unverändert in Zeit (stationär). Platz Deterministen repräsentiert dich selbst fabelhaft debuggt und Einwandfrei funktionierendes Uhrwerk, bei dem die Leuchtkörper gleichmäßig kreisen gehorcht strengen mathematischen Gesetzen. Das Modell des stationären Universums schien einfach, logisch, in sich konsistent und daher bis zum Anfang erfolgreich überlebt XX Jahrhundert. Der Raum, in dem sich die Welten abspielten, war euklidisch gedacht, d.h. eben. Wir werden im Folgenden eine separate Diskussion über geometrische Knöchel führen Kapitel, hier werde ich Sie, den Leser, daran erinnern, was flacher Raum ist. Im Weltraum Euklid, durch einen Punkt, der außerhalb einer Linie liegt, kann eine und nur eine Linie gezogen werden, parallel zu dem gegebenen (dem berühmten fünften Postulat), und die Summe der Winkel des Dreiecks ist 180 Grad. es die meisten üblich Platz, Mit die uns Konto für kollidieren Täglich. In Bezug auf das Alter des Universums gab es keine Einigkeit unter den Genossen: Einige glaubten Welt erstellt in unverständlich demiurgisch Handlung, a Sonstiges Gedanke was er existiert bis in alle Ewigkeit. Einer Wort, erleuchtet Öffentlichkeit auf der drehen Jahrhunderte lebte in grenzenlos stationär Universum, vorhandenen unbegrenzt Für eine lange Zeit.

Unendlich ist jedoch beängstigend. Die Vernunft weicht solchen Kategorien, weil sie sind nicht nur unsichtbar, sondern sündigen auch mit zahlreichen Ungereimtheiten. Na sicher, Sie können immer eine passende Metapher formen, und dann scheint sich alles zu fügen. War, sagen wir eine solche schön östlich Gleichnis: "Weit weit weg auf der Kante Sveta steigt an ein riesiger Diamantberg, der seine Spitze bis in den Himmel reicht. Einmal in tausend Jahren Auf der Spitze dieses Berges sitzt ein kleiner Vogel, um seinen Schnabel zu schärfen. Wenn der Vogel entwöhnt ist Berg bis zum Fuß, ein Augenblick der Ewigkeit wird vergehen. Wer argumentiert, sagte anmutig und mit Geschmack, aber tatsächlich ist es nur eine Illusion des Verstehens. Früher oder später ist klar Der Vogel wird den Fuß des Berges erreichen, obwohl er viel Zeit und Mühe aufwenden muss. Die Unfassbarkeit der Ewigkeit ist also nicht verschwunden, sie ist einfach ins Unvorstellbare gerücktweit

Gleichnisse sind Gleichnisse, aber das Modell des stationären Universums, unendlich in Zeit und Raum, gibt es viel gravierendere Mängel. Wenn die Dinge nur begrenzt wären psychologische Inakzeptanz der Kategorie des Unendlichen, so eine Kleinigkeit kann Es wäre schön, die Augen zu schließen. Das Problem ist, dass das Postulat eines Universums existiert unbegrenzt Für eine lange Zeit, treffen auf der unlösbar Widerspruch. Ewigkeit kann wie eine geometrische gerade Linie, die sich in beide Richtungen erstreckt - sowohl in die Vergangenheit als auch in Zukunft. Mit anderen Worten, es hat weder Anfang noch Ende. Aber in diesem Fall jede willkürlich gewählter Zeitpunkt (zB heute) Das Universum *existiert bereits* unendlich lang. Folglich sollten alle Prozesse, die darin stattfinden, längst zurückliegen vollständig und das Universum muss in einem Zustand eines absoluten Gleichgewichts bleiben. Astronomische Beobachtungen bezeugen jedoch unwiderlegbar, dass die Welt ständig ist entwickelt sich und entwickelt sich schnell. Wenn wir durch ein Teleskop schauen wir blicken in die ferne vergangenheit des universums und sehen das vor 10 milliarden jahren war nicht mehr so wie heute. Bitte sagen Sie mir, woher die Evolution kommt, wenn wir sie haben pro der Rücken unberechenbar Menge Jahre? Wir schon nicht sprechen um Volumen, was Ewigkeit an Definition nicht kann sein sein erschöpft - auf der dann Sie ist und Ewigkeit. Dann wie gleich Sie ist gelang es kriechen Vor unser Tage?

Mit der Unendlichkeit im Weltraum ist die Situation nicht besser. 1823 der Deutsche Astronom Henry Olbers veröffentlicht Arbeit Mit Kritik Modelle endlos stationäres Universum. Er argumentierte wie folgt. Wir formulieren zunächst drei Voraussetzungen: 1) die Ausdehnung des Universums ist unendlich; 2) die Anzahl der Sterne ist auch unendlich, und sie sind gleichmäßig im Raum verteilt; 3) alle Sterne haben im Durchschnitt das gleiche Helligkeit. Brunnen was gleich, ziemlich angemessen Hintergrund. ABER jetzt Mal schauen, was bei uns erfolgreich. Geistig Platzierung Solar- System in Center, Olbers geteilt alle den Raum dahinter in eine Reihe konzentrischer Schichten oder Kugeln. Das Universum ist geworden ähneln einer Zwiebel. Lassen Sie Schicht B dreimal weiter liegen als Schicht A. Dann wird das Volumen von Schicht B sein 9 mal größer als das Volumen der Schicht A ($Z^2 = 9$), da die Volumina der Schichten proportional zunehmen das Quadrat des Abstands jeder Schicht von der Mitte. Wenn die Sterne über alles gleichmäßig „verschmiert" sind Schichten (Prämisse 2), dann Schicht BEI, Deren Volumen in 9 einmal mehr Volumen Schicht ABER, wird sein enthalten in neun einmal mehr Sterne. AUS Ein weiterer Hand, Helligkeit Individuell Sterne abnehmend proportional zum Quadrat der Entfernung, woraus folgt, dass die Helligkeit jedes Sterns in Schicht B unter der Bedingung ihrer gleichen Leuchtkraft (Prämisse 3) ist $(1/3)^2 = 1/9$ der Helligkeit eines Individuums Schicht A Sterne. Aber es gibt genau 9 mal mehr Sterne in Schicht B! Mit anderen Worten, die Leuchtkraft der Schichten A und B wird völlig identisch sein, und das Sonnensystem wird von diesen empfangen Schichten gleich Lichtmenge.

Dasselbe Bild gilt für alle anderen Schichten und seit ihrer Anzahl unendlich (Prämisse 1), dann muss das Firmament auch nachts in einem unerträglichen Glanz erstrahlen. Himmel wird umkehren in eines kontinuierlich riesig Sonne, was in Wirklichkeit nicht beobachtet.

Olbers empfohlen was hell, gehen zu uns aus entfernt Sterne, schwächt wegen Absorption in Staubwolken, die sich in seinem Weg befinden. Doch dieses Gegenargument ist auch unhaltbar, da sich die Wolken allmählich erwärmen müssen und schließlich beginnen leuchten so hell wie die Sterne selbst. Der einzige Weg, das Paradoxon aufzulösen Olbers (auch photometrisches Paradoxon genannt) besteht in der Annahme, dass die Zahl Sterne als Endwert ausgedrückt.

Andere Paradox, erhalten Titel Gravitation Paradox oder Paradox Seeliger, bezogen auf Gesetz Welt Newtons Gravitation.

Denken Sie daran, Leser, dass nach diesem Gesetz Körper voneinander angezogen werden Macht, direkt proportional Arbeit Sie Massen und der Rücken proportional Quadrat Entfernungen zwischen Sie. ABER weil die Sterne nicht verteilt streng gleichmäßig auf der Fest Entfernungen Freund aus Freund, dann schwingt Dichte unter hervorragend Bevölkerung wird unweigerlich dazu führen, dass sie sich früher oder später auf einem Haufen anhäufen. Zwischen übrigens, Dies Fazit Messe und zum ultimative stationär Universum. Wahrheit, mich selbst Newton Gedanke was Konzept endlos Universum erlaubt vermeiden Dies Paradox Weil was endlos Nummer Sterne, verteilt mehr oder weniger gleichmäßig, noch nie nicht Reiß dich zusammen in Punkt, So wie in endlos Platz Nein gewidmet Center. Konserviert eben seine Buchstabe zu Richard Bentley auf der Dies Thema.

Natürlich hat sich Sir Isaac geirrt, wie sein Landsmann Stephen Hawking gut schrieb Buchen "Eine kurze Geschichte der Zeit":

...

Diese Argumentation - Beispiel Gehen, wie leicht geraten in durcheinander, führend Gespräche um Unendlichkeit. In einem unendlichen Universum kann jeder Punkt als Zentrum betrachtet werden, da gemäß beide Seiten aus Sie Nummer Sterne endlos. Nur viel später verstanden was mehr der richtige Ansatz ist, ein endliches System zu nehmen, in dem alle Sterne aufeinander fallen, Strebe nach der Mitte und sieh, was sich ändert, wenn du immer mehr Sterne hinzufügst, verteilt etwa gleichmäßig außen betrachtet Bereiche. Durch Gesetz

Newton, zusätzliche Sterne haben im Durchschnitt keinen Einfluss auf die ursprünglichen, dh Sterne fallen mit der gleichen Geschwindigkeit in die Mitte des ausgewählten Bereichs. Wie viele Sterne hätten wir Egal was passiert, sie werden immer zur Mitte tendieren. Heutzutage ist bekannt, dass die endlos statisch Modell Universum unmöglich wenn Gravitation Stärke stets bleiben übrig Kräfte gegenseitige Anziehung.

So der Weg stationär Modell endlos Universum hat sich herausgestellt funktionsunfähig, Weil was nicht entsprach aufmerksam Daten. Aber wenn Das Universum hat endliche Dimensionen, sofort stellt sich die sakramentale Frage: Was befindet sich hinter seinem Rand? Der große deutsche Physiker Albert hat einen Ausweg gefunden Einstein Wenn in 1915 Jahr veröffentlicht Theorie, die heute genannt Allgemeines Theorie Relativität (OTO). Er empfohlen was Bindemittel Verknüpfung zwischen Schwerkraft und Raumzeit sind Geometrie. Es war eine echte Revolution in Physik: in Rahmen Allgemeines Theorien Relativität Freizeit Gedanke nicht flach, wie es seit jeher galt, aber unter dem Einfluss der gebogen Massen und Energien. Dies ist anhand einer einfachen Analogie leicht zu verstehen. Materielle Körper biegen sich Freizeit, wie dazu wie gewichtig Ball verursacht Ablenkung gestreckt Filme oder Gummi Blech. Auf der eine solche verdrehte Oberflächen Ball Zimmer zwei eine kleinere Masse wird sich nicht mehr geradlinig und gleichmäßig bewegen können: Sie wird entweder hineinrollen Loch, gebildet schwer Ball (wird angezogen zu ihn), oder wird sich verändern Flugbahn seine Bewegung. Ähnlich Weg das ist der Fall ein Geschäft und Mit paradiesisch Körper: zum Beispiel, Die Umlaufbahn der Erde ist überhaupt nicht auf die Anziehungskraft der Sonne zurückzuführen, sondern durch die Merkmale der Raum-Zeit-Metrik. Der kürzeste Abstand zwischen zwei Punkte im gekrümmten Raum werden keine gerade Linie sein, sondern die sogenannte geodätische, mehr Gesamt relevant gerade Linien in üblich eben Platz Euklid. Daher wird die Gravitation in der allgemeinen Relativitätstheorie als Konsequenz betrachtet Krümmung Freizeit, a Angelegenheit nicht verschachtelt in leer Kasten, wo Zeit und Raum eigenständig leben, sondern mit ihnen eine untrennbare Einheit bilden. Wenn von Universum Mitnahme alle Angelegenheit Zeit und Raum zu nicht wird sein.

Jeder ist wahrscheinlich schon einmal auf eine geodätische Linie gestoßen. Wenn ein Verkehrsflugzeug macht langer Flug (zum Beispiel von Moskau nach Wladiwostok), fragt der Dispatcher die Piloten eine Strecke, die nicht gerade verläuft, sondern entlang eines großen Kreisbogens, der eben ist und wird eine geodätische Linie sein. So wurde ein Ausweg aus der logischen Sackgasse gefunden. Obwohl das Universum endlich ist, ist es gleichzeitig unendlich, so wie es keine gibt Grenzen auftauchen Kugeln. Na sicher visuell vorstellen das ist nicht einfach, aber kann Erholungsort zu zweidimensional Analogien. Wenn ein auf der Oberflächen Kugeln live hypothetisch Flache Kreaturen, die sich der dritten Dimension nicht bewusst sind, werden sie niemals entdecken die Kanten seine Universum, obwohl Sie ist Es hat ziemlich Finale Größen. Auftauchen Kugeln wird durch die Geometrie von Bernhard Riemann beschrieben, in der sich parallele Linien schneiden, und Die Summe der Winkel eines Dreiecks ist größer als 180 Grad. Die Raumkrümmung hängt vom Durchschnitt ab Dichte der Materie im Universum. Bei einem kritischen Wert der Dichte, der Krümmung wird positiv, und der Raum des Universums schließt sich und formt sich vierdimensionale Hypersphäre, deren Analogon in drei Dimensionen die Oberfläche der Kugel ist Oder ein Babyballon. Der berühmte englische Physiker James Jean schrieb: um Dies:

...

Universum, porträtiert Theorie Relativität Einstein ähnlich aufgebläht Seifenblase. Sie ist - nicht seine Innere, a Film. Auftauchen Blase ist zweidimensional, und die Blase des Universums hat vier Dimensionen: drei räumliche und eines - vorübergehend.

Ö Geometrie Frieden wir wir werden sich unterhalten mehr nicht einmal in nachfolgende Kapitel.

So, photometrisch Paradox erhalten schön Genehmigung. Universum Einstein endlich (obwohl nicht Es hat Grenzen), deshalb Paradox Olbers ENTFERNT mich selbst dich selbst. Jedoch, Trotz auf der Durchbruch wirklich Revolutionär Charakter in Verständnis Natur Platz und Zeit seine Modell blieb stationär, deshalb das Gravitationsparadoxon hing weiterhin wie ein Damoklesschwert über ihr. Was auch immer war Schwerkraft in ihrer Essenz - die Wechselwirkung von Gravitationskörpern oder die Manifestation einer Metrik Freizeit, Angelegenheit, Füllung endlich Volumen, muss zwangsläufig bis zu einem Punkt ziehen. Um seine Theorie zu retten, war Einstein gezwungen, in die Gleichungen einzuführen der sogenannte Lambda-Term, die kosmologische Konstante, die den Kräften Widerstand leistete Welt Schwere, effektiv "drücken" Angelegenheit. Dies rätselhaft Stärke nicht generiert irgendein Quelle, aber war eingebaut gefroren in Sie selber Struktur Freizeit. Durch Einstein Universal- Stärke Abstoßung in Richtigkeit gleicht die Anziehungskraft aller anderen Materie aus. Muss sagen, dieser Einstein konnte das Lambda nicht ausstehen, wohl wissend, dass es nichts als ein Gott aus dem Auto ist, Ad-hoc-Hypothese (für diesen Fall) und später die Einführung des Kosmologischen genannt ständig größten Fehler meines Lebens. Und zwar sehr bald von ihr musste sich weigern. Jedoch, Abschied Mit böse Lambda bestanden ziemlich schmerzlos.

Einsteins stationäres Modell hielt nicht lange. Petrograder Mathematiker ABER. ABER. Friedmann in 1922–1924 Jahre ernsthaft zeigte was Gleichungen Allgemeines Theorien Relativität ermöglichen an extrem am wenigsten mehrere nicht stationär Lösungen. Anschließend Es zeigte sich, was bewegungslos statisch Modell Einstein zwangsläufig wird instationär, das heißt, das Universum muss sich entweder ausdehnen oder zusammenziehen. Fairerweise sollte angemerkt werden, dass einige Jahre vor Friedman, 1917, Niederländisch Astronom billem de Sitter zu vorgeschlagen dynamisch Modell expandierendes Universum, aber er arbeitete zwar mit idealem leeren Raum Friedmann verdrehter Spieß real Modell, gefüllt Substanz. Um Ideen Sitter (sehr fruchtbar und weit voraus seine Zeit, die ich ich werde es erzählen ein bisschen später.

Friedman schlug vor, dass die Welt als Ganzes nicht nur homogen ist, sondern und ein isotropes Medium, das heißt eins in für die es keine ausgewiesenen Wegbeschreibungen gibt. es war eine sehr weitsichtige These, denn in der Realität ist dies der Fall Weg. Gruppen und Cluster Galaxien Ja wirklich schaffen empfindlich Inhomogenitäten, aber nur bei relativ geringen Abständen. Wenn wir sofort wechseln skalieren und markieren Sie das Volumen des beobachtbaren Teils des Universums (denken Sie daran: es wird allgemein als Metagalaxie) ein Würfel mit einer Seitenlänge in der Größenordnung von 300 - 1000 Mpc (Megaparsec), dann werden wir das sehen großen Maßstab Struktur Universum ist anders hoch Grad Homogenität und Isotropie. Theorie Friedmann sagt was Statik zwangsläufig ist ersetzt Dynamik, Darüber hinaus ist die Dynamik einer wohldefinierten Eigenschaft - Galaxien und Galaxienhaufen nicht haben Rechte sein in Frieden, aber muss streuen co Geschwindigkeit, direkt proportional Distanz zwischen Sie. BEI Dies ist von Bedeutung Unterschied Friedman-Modelle aus Sitter-Skript: in Berechnungen niederländisches astronomenuniversum erweitert exponentiell, das heißt Mit Beschleunigung.

Friedmans Entscheidung wurde zunächst mit Feindseligkeit akzeptiert (auch von Einstein selbst), aber toll Physiker schnell überarbeitet deine Sichtweise. Das lesen wir im Artikel Alberta Einstein, veröffentlicht in 1923 Jahr:

...

BEI früher Hinweis ich ausgesetzt Kritik genannt Oben Arbeit (Arbeit Friedmanngenannt "Ö Krümmung Leerzeichen." - *L. Sch)*. Jedoch mein Kritik, wie ich sichergestellt aus

Briefe Fridmann, gemeldet mir Zwerg Krutkow, basierend auf der Fehler in Berechnungen. Ich halte die Ergebnisse von Herrn Friedman für richtig und werfen ein neues Licht. Es zeigt sich, dass die Feldgleichungen neben statischen auch dynamische zulassen. (dann Es gibt Variablen verhältnismäßig Zeit) zentralsymmetrisch Lösungen zum Strukturen Platz.

Ein seltener Brief, aus dem bemerkenswert klar hervorgeht, wer xy ist. Physiker Nummer eins Es war ihm peinlich, seinen Fehler öffentlich zuzugeben, woraus folgt, dass er seinen nicht berücksichtigt hat berühmte Gleichungen als letzte Wahrheit wie der alttestamentliche Dekalog (zehn Gebote, erhalten Moses auf der Kummer Sinai aus Hände in Waffen aus Schöpfer Gesamt Sein).

Friedmans Lösung bedeutete, dass das Universum nicht nur räumlich begrenzt ist, sondern auch hatte einen Anfang in der Zeit. Der Anfang der Welt muss an einem besonderen Punkt liegen – einer Singularität (von Latein Einzahl - "Besondere, getrennt"), wo Krümmung Freizeit wird unendlich, und die Konzepte von Zeit und Raum verlieren jegliche Bedeutung. Materie, die in einen Punkt mit Nulldimension gequetscht wird, muss unendlich groß sein Dichte und Temperatur. Sich fragen, was vorher war, was vorausgegangen ist Einzigartigkeit, nicht Es hat nein Sinn, zum nein "Vor" Recht einfach nicht existierte. Die Ereignisse, die wir heute erleben, haben damit nichts zu tun fand vor dem Urknall statt, als das Universum plötzlich aus dem Nichts herausflatterte. Wie erfolgreich Leg es Es war einmal berühmt inländisch Kosmologe ICH. B. Zeldowitsch, "Es war Zeit, Wenn Zeit nicht Es war". Deshalb wir wir haben Komplett Rechts ausnutzen berühmt "Rasierer Ockham" (nicht sollte multiplizieren Nummer Entitäten über notwendig), um unpassende Fragen abzuschneiden. Bis zum Moment von "Null" (das heißt, dem Größeren Explosion) nicht Es war weder Zeit weder Platz. Teilweise das ist erinnert sich heidnisch Kosmogonie der Antike, wenn sich die reglose Ewigkeit in eine lebendige Geschichte verwandeltZeit.

nicht stationär Lösungen Friedmann empfehlen drei Möglichkeit Entwicklung Veranstaltungen. Die erste Option: Die Krümmung des Raums ist Null (die durchschnittliche Materiedichte im Universum in Genauigkeit ist gleich der kritischen Dichte), das heißt, dreidimensionaler euklidischer Raum, ein Analogon dem - Flugzeug, erweitert unbegrenzt. Zweite Möglichkeit: Platz Es hat positive Krümmung (die durchschnittliche Materiedichte übersteigt die kritische Dichte), deshalb Welt repräsentiert dich selbst Finale an Volumen, aber grenzenlos Hypersphäre, Aufblasen wie ein Kinderballon oder eine Seifenblase. Weil die die Dichte der Substanz höher als die kritische ist, wird die Expansion früher oder später aufhören und ersetzt werden Kompression (Erweiterung Substanzen Pause Stärke Schwere). Dritte Möglichkeit: Krümmung Raum ist negativ (die durchschnittliche Materiedichte ist kleiner als die kritische Dichte), daher dehnt sich die Welt wie in der ersten Variante unendlich aus, nur ihre Form nicht eben, a repräsentiert dich selbst Pseudosphäre oder Hyperboloid, analog die in zwei Messungen ist auftauchen Sättel. Eine solche Universum beschrieben Geometrie Lobachevsky, wo die Summe der Winkel eines Dreiecks weniger als 180 Grad beträgt, und durch einen liegenden Punkt außen gerade, kann verbringen Wie viele jede gerade, parallel gegeben.

Es ist sehr merkwürdig, dass die theoretischen Berechnungen von Friedman und Sitter auffielen die Zeit, als die beobachtende Astronomie nach und nach Beweise dafür sammelte, dass unsere Universum, Trotz Modelle Einstein auf keinen Fall nicht stationär, a ständig entwickelt sich. Alle begann Mit Gehen, was amerikanisch Astronom Westen Schlimmer auf der hindurch zehn Jahre (Anfang Mit 1912 des Jahres) geduldig fotografiert Spektren extragalaktische Nebel. Damals wusste niemand, dass sie in Wirklichkeit gegenwärtig dich selbst riesig hervorragend Inseln wie unser Galaxien und Lüge unvorstellbar weit von der Milchstraße entfernt. Slipher machte sich daran, ihren Strahl zu berechnen Geschwindigkeit, dann Es gibt Installieren, Annäherung sie zu unser Galaxis oder, und umgekehrt, werden entfernt aus Sie. BEI ihr Berechnungen er gelehnt auf der vor langer Zeit berühmt Wirkung

Doppler welche die, ich vermute für dich, Leser, Schild nicht So Gut, wie amerikanisch Astronom. Deswegen Ich werde ein wenig tun Rückzug.

österreichisch Physiker Christian Doppler geöffnet Wirkung, genannt anschließend seine Name, vor sehr langer Zeit - im Jahr 1842. Wahrscheinlich könnte es früher gefunden werden, aber So ist eine Person angeordnet - sehr oft schauen wir, aber wir sehen nicht. Psychologen sagen was alles Fehler Besonderheiten unser Wahrnehmung, die bevorzugt abstoßen aus bekannte Dinge und ignoriert offen gesagt alles Ungewöhnliche. Pro Bäume Mann nicht sieht der Wald. Wie möchten dort weder Es war, aber erzählen, was Claude Monet, eines aus Gründer Impressionismus, war Erste Künstler, wer drehte sich um Aufmerksamkeit auf der berühmt London Nebel. Generationen britisch eben nicht vermutlich was in Sie Britische Atmosphäre, übersättigt mit kleinsten Kohlepartikeln, nichts passiert ganz besonders. Doch dann erschien ein Fremder mit ungetrübtem Auge und schrieb sofort Bild "Brücke Waterloo (Wirkung Nebel)", die buchstäblich gepflügt hochmütig Inselbewohner.

AUS Wirkung Doppler ein Geschäft das ist der Fall in Richtigkeit So gleich. Wenn ein vorbei an Sie an Autobahn ein Auto rast mit eingeschalteter Sirene vorbei, dann ertönt bei Annäherung der Signalton immer höher, aber sobald sie dich einholt, fällt der Ton sofort um eine ganze Oktave ab und dann (an messen Entfernung) wird alle mehr Bass. Dass gleich die meisten kann beobachten auf der Bahnsteig: Das Pfeifen eines herannahenden Zuges klettert hartnäckig nach oben, aber wann es fliegt vorbei, der Ton des Horns springt von hoch nach tief. Die Essenz der Wirkung Lügen auf der auftauchen, zum Klang - das ist Wechsel Kompressionen und Verdünnung Luft, a der Abstand von einem Kompressionsbereich zum anderen ist nichts anderes als die Wellenlänge. Wie Je länger die Wellenlänge, desto tiefer der Ton, und je kürzer die Welle, desto höher der Ton. Wenn ein Quelle Klang (in gegeben Fall - Zug) ziehen um an Richtung zu für dich, dann auf der Einheitslänge macht eine größere Anzahl von Wellen aus - die Wellen-"Palisade" wird mehr nah dran. Wenn die Quelle entfernt wird, ist das Bild genau umgekehrt. - Länge Wellen beginnt größer werden. So der Weg Länge Wellen, ausgesendet Quelle, beruht nicht nur aus Eigenschaften Quelle, aber auch von seiner Geschwindigkeit.

Licht hat wie Schall auch eine Wellennatur und ist eine Schwingung (bzw Wellen) des elektromagnetischen Feldes. Intervall der vom menschlichen Auge wahrgenommenen Frequenzen (sichtbar Region Spektrum), Lügen zwischen rot hell Mit Länge Wellen 740 nm (Nanometer oder Milliardstel Meter) und violettes Licht mit einer Wellenlänge von 400 nm. Langwellige Infrarotstrahlung nehmen wir als sich ausbreitende Wärme wahr von erhitzten Körpern und extrem liegenden Funkwellen Rechts Teile elektromagnetisch Spektrum. Region kurz Wellen vorgestellt Ultraviolett-, Röntgen- und Gammastrahlung (mit abnehmender Wellenlänge). Somit sind sowohl Gammastrahlen als auch sichtbares Licht und Radiowellen in ihrem Physischen Natur durch elektromagnetische Strahlung und unterscheiden sich nur in der Länge Wellen oder die Frequenz von Schwingungen pro Sekunde. Je höher die Oszillationsfrequenz, desto kürzer die Länge Wellen, und umgekehrt.

Im optischen Bereich hat rotes Licht die längste Wellenlänge, gefolgt von Orange, Gelb, Grün, Blau, Indigo und Violett sind die kürzesten Wellenlängen in sichtbar Bereiche Spektrum. Wenn ein Quelle Sveta ziehen um an Richtung zu uns, dann Distanz zwischen Kämme nächste Freund pro Freund Wellen wird abnehmen a Frequenz Schwankungen nehmen entsprechend zu. Dadurch verschieben sich alle Linien zum violetten Ende. Spektrum um den gleichen Betrag. Wir können sagen, dass das Licht eines Sterns sich uns nähert ein wenig wird blau. Bei Entfernung Objekt aus Beobachter entsteht Gegenteil Bild: Der Abstand zwischen den Wellenbergen nimmt zu und die Frequenz der Schwingungen ab. Linien werden in den roten Teil des Spektrums verschoben, und das Licht des sich entfernenden Sterns wird rötlich Schatten. Im ersten Fall haben wir also eine violette Verschiebung und im zweiten - rot. der Wert Voreingenommenheit vergleichen Mit Position Linien in Spektrum bewegungslos Quelle.

Westen Schlimmer analysiert Spektren 40 Galaxien und kam zu Fazit was Die meisten von ihnen bewegen sich von uns weg und mit sehr hohen Geschwindigkeiten - in der Größenordnung von Hunderten und eben tausend Kilometer in gib mir eine Sekunde. Dies Tatsache seine sehr fasziniert weil die wo es wäre natürlicher, eine chaotische Ausbreitung in Richtung ihrer Geschwindigkeiten zu erkennen. Wenn du Wirf eine Münze 40 Mal, es ist sehr unwahrscheinlich, dass sie 35 Mal hintereinander Kopf nach oben landet. Solche Tricks verbietet die Wahrscheinlichkeitstheorie einfach. Und je mehr Dimensionen ausgegeben Slifer, Themen mehr seltsam Form angenommen Malerei, zum Größe rot Vorurteile nahmen von Zeit zu Zeit zu. Die Situation wurde durch die Tatsache verschlimmert, dass der amerikanische Astronom, as wir erinnern uns, hatte keine Ahnung von der extragalaktischen Natur seiner Objekte: er betrachtete sie Nebel, gelegen in unser Galaxis.

Als Mitte der 20er Jahre des letzten Jahrhunderts der Slifer-Nebel nachgewiesen werden konntein Wirklichkeit nicht was Sonstiges wie riesig hervorragend Inseln, lügnerisch lange weg pro Jenseits der Milchstraße wurde das Atmen leichter. Sobald das Objekt gefunden wurde sofort zwei ungewöhnlich Eigenschaften - abnormal Geschwindigkeit und untypisch Lage - kann zählen, was zwischen Sie existiert etwas Verbindung. Arbeit Slifera fortgesetzt Sonstiges Astronomen, und durch ein kurzer Zeit bei Sie in Hände schon war eine beeindruckende Liste extragalaktischer Nebel mit unterschiedlichen Rotanteilen versetzt. Zuerst Glück lächelte in 1929 Jahr unser alt Bekanntschaft Edwin Hubble, der eigentlich ein ausgebildeter Anwalt war und sich später für Astronomie interessierte. Miteinander vergleichen die Geschwindigkeit der Galaxien entdeckte eine einfache Muster: als Je weiter eine Galaxie entfernt ist, desto schneller entfernt sie sich von uns. Andere Wörter Geschwindigkeit Galaxien direkt proportional Sie Distanz aus irdisch Beobachter, was durch die Beziehung $v = Hr$ ausgedrückt wird, wobei v die Entfernungsgeschwindigkeit, r der Abstand ist von der Galaxie zur Erde, und H ist der Proportionalitätskoeffizient, der anschließend erhalten wird Titel Konstante Hubble an der Anfangsbuchstabe seines Nachnamens (Hubbel).

Ich muss sagen, dass Hubble sehr viel Glück hatte. Er leitete sein Gesetz aus der Beobachtung ab Galaxien, die nur 1–2 Millionen Parsec (Megaparsec oder Mpc) von uns entfernt sind wie heute bekannt ist, dass sein Gesetz auf solch vergleichsweise geringe Entfernungen wirkt, Sanft Sprichwort egal, weil die nah dran Galaxien "gebunden" Kräfte Schwere. Vorausgesetzt was am meisten hell Sterne Andere Galaxien (Supernovae und Neu) haben um das Gleiche Helligkeit, er verglichen Sie gemittelt absolut hervorragend Wert Mit sichtbar funkeln und in Ergebnis erhalten sehr groß Wert Koeffizient - etwa 400-500 Kilometer pro Sekunde pro Megaparsec. Außerdem damals Entfernungen Vor nächste Galaxien war berechnet sehr nicht genau: Wenn in Mitte letztes Jahrhundert überarbeitet die Skala der intergalaktischen Entfernungen, die nächsten Galaxien mussten doppelt so weit bewegt werden, und die am weitesten entfernten vergrößerten ihren „Abstand" um das 6–7-fache. Ist es dann ein Wunder, dass Hubble mit seinen Berechnungen fast eine Größenordnung falsch lag? Der aktuelle Wert seiner Konstante, berechnet auf der Grundlage moderner Methoden und mit Hilfe sehr empfindlich Ausrüstung wie orbital Sonde Wilkinson ist 71 Kilometer in gib mir eine Sekunde auf der Megaparsec.

Sollte haben in Geist was Galaxien bewegen sich chaotisch, in die meisten anders Richtungen, in Volumen einschließlich und über Strahl Vision. Klar, was eine solche besitzen Sie Geschwindigkeiten, die als eigentümlich bezeichnet werden, sollten nicht berücksichtigt werden. Gesetz Hubble funktioniert nur Mit radial Geschwindigkeiten, gemittelt an groß Nummer Galaxien, gelegen auf der das Gleiche Distanz aus uns. Exakt an Dies Grund er praktisch ungeeignet für nahe Galaxien, da ihre Radialgeschwindigkeiten relativ sind klein. Daher ist es notwendig, die Geschwindigkeit aufgrund des Hubble-Offsets zu trennen, aus Individuell (eigenartig) Strahl Geschwindigkeit, die kann sein sein sehr von Bedeutung. Zum Beispiel, lokal Gruppe fliegt wie Single ganz in Seite Cluster Centauri mit über 600 Kilometern pro Sekunde. Aber je weiter weg man bzw Sonstiges Galaxis, Themen mehr Sie Hubble radial Geschwindigkeit und Themen weniger Beitrag in Sie

Wert wird durch die individuelle Geschwindigkeit der Galaxie eingeführt. Also das zuverlässigste Gesetz Hubble durchgeführt auf der Entfernungen Über 200 MPC (200 Million Parsec), a zum Definitionen Entfernungen Vor nahe Galaxien besser Viel Spaß Cepheiden Skala.

Es schien möchten, am meisten genau Werte Entfernungen Gesetz Hubble muss geben zum die meisten entfernt Galaxien, aber das ist nicht überhaupt Also. Ein Geschäft in Volumen, was Größe rot Voreingenommenheit bei entfernt Objekte Also von Bedeutung was bei Berechnungen gibt Geschwindigkeit Entfernung schneller als die Lichtgeschwindigkeit. Daher bei der Berechnung der Geschwindigkeiten der am weitesten entfernten Objekte (zum Beispiel, Quasare) brauchen hereinbringen Änderungen vorgesehen Besondere Theorie Relativität, und dann Formel erwirbt mehr schwierig Aussicht (wir Sie Fahrt nicht wir werden). Konstante Hubble - grundlegend Konstante, und Bedeutung SieEine weitere Verfeinerung ist offensichtlich, da sie eng mit dem Alter zusammenhängt unser Universum. Wenn wir gedanklich die Bewegung der Galaxien zurück „scrollen", kommen wir zu uns bis zu einem Moment, in dem der Abstand zwischen ihnen vernachlässigbar war. Alle Materie wird schrumpfen Punkt, und das Universum wird aufhören, in seiner jetzigen Form zu existieren. In der Tat, Hubbles Forschung zusammen mit der Arbeit von Friedman, Sitter und anderen Theoretikern diente dazu Ausgangspunkt für die Erstellung des Urknall-Modells, nach dem unsere Welt aufgebaut ist es gab einen Anfang in der Zeit. Nach modernen Daten wird das Alter des Universums auf 13,7 geschätzt Milliarde Jahre.

Zwischen übrigens, aus Hubble Gesetz Stiele neugierig Rücksichtnahme Weltanschauung Charakter. Weil die Geschwindigkeit Sveta - maximal aus alle möglichen Geschwindigkeiten muss es Objekte geben, die möglichst weit von uns entfernt sind dass das von ihnen ausgesandte Licht niemals den irdischen Beobachter erreichen wird. Mit anderen Worten, bei astronomische Beobachtungen bei beliebig langen Wellen gibt es jenseits einer gewissen physikalischen Grenze die durchdringen in Prinzip ist unmöglich. Die unerbittlichen Gesetze der Natur skizzieren Der für unsere Geräte zugängliche Bereich ist daher eine idealerweise leere, aber unüberwindbare Grenze Es ist völlig sinnlos zu fragen, ob es irgendwelche Objekte oder deren gibtdort nein. Wir Sie alle gleich noch nie nicht wir werden sehen zum Horizont Veranstaltungen - sehr wichtig Konzept in Kosmologie - schneidet ab einheimisch "unser" aus verdammt Frieden reinrassig wo zuverlässiger Sowjetischer Eiserner Vorhang. "Dort, unter den Wolken - die Ewigkeit ", sagte der Held Saint-Exupery, der am Steuer eines heruntergekommenen Dingsbums über eine Schicht durchgehender Wolken fliegt, unter die aufgestapelt felsig Rippen Iberisch Berge

Mengen rot Verschiebung, gemessen bei entfernt Galaxien und Quasare, gab Geschwindigkeiten so hoch, dass es an der Zeit war, an der Gültigkeit des Hubble-Gesetzes zu zweifeln. BEI 1928 maß die Radialgeschwindigkeit der Galaxie NGC 7619 und erhielt ein Ergebnis der Bestellung 3800 Kilometer pro Sekunde, und Anfang der 60er Jahre des letzten Jahrhunderts wurden Objekte entdeckt, die das waren dessen Geschwindigkeit 40.000 Kilometer pro Sekunde erreichte, dh mehr als 1/8 der Geschwindigkeit Sveta. Mit dieser Geschwindigkeit entfernt sich der 1960 entdeckte Quasar ZS 273 von uns. Aber das ist war mehr Blumen, Weil was schon sehr demnächst, in 1965 gefunden Quasare Mit Größe z
= 3.5 (Wert z charakterisiert rot Voreingenommenheit spektral Linien). es war monströs, Fantastisch Wert, zum rot Voreingenommenheit Erste Quasare nicht über 0,36 und war immer kleiner als eins. Die Spektren solcher Quasare zeigen entfernt ultraviolett Linie, ausgezogen in sichtbar Teil Spektrum wegen riesig rot versetzt. Wenn ein möchten nicht Phänomen rot Verschiebung, sie möchten noch nie nicht wurden entdeckt weil die irdisch Atmosphäre völlig absorbiert ultraviolett Strahlen. Der niederländische Radioastronom Martin Schmidt, der in Kalifornien arbeitete und fandDies einzigartig Quasar, herausgefunden was seine Geschwindigkeit ist 81% Geschwindigkeit Sveta (ungefähr 243.000 Kilometer pro Sekunde). Im Laufe der Zeit ging die Anzahl solcher Objekte für Hunderte. Der bisher am weitesten entfernte Quasar wurde bei $z = 6,43$ gefunden, von dem aus Daraus folgt, dass die Geschwindigkeit seiner Entfernung der Lichtgeschwindigkeit sehr nahe kommt und 288 beträgt Tausende Kilometer in gib mir eine Sekunde. Distanz Vor Dies Quasar ist 13 Milliarde hell Jahren betrug das Alter des Universums zum Zeitpunkt der Lichtemission 880 Millionen Jahre (in unser Tage - nahe vierzehn Milliarde Jahre), a Sie die Größe in das Zeit nicht übertroffen 0,14 aus

modern. Aber was Weg riesig Objekte, vergleichbar an Masse Mit unser Eine Galaxie, die sich mit so fantastischen Geschwindigkeiten bewegen kann? Was Kraft gibt Sie Also unglaublich Beschleunigung? Zu Antwort auf der diese Fragen, notwendig herausfinden Mit körperlich die Natur der Rotverschiebung.

Nach Gehen wie Edwin Hubble formuliert Mine Gesetz, aus stationär Modelle Ich musste ein für alle Mal aufgeben. Es wurde deutlich, dass das Universum ein Komplex istdynamische Struktur, die sich ständig weiterentwickelt. Die Galaxien bewegen sich auseinander Kakerlaken, wenn Sie mitten in der Nacht das Licht in der Küche einschalten, und die Geschwindigkeit ihrer Entfernung steigt proportional zu der Entfernung, in der diese Galaxien von uns entfernt sind. Wenn überhaupt eine Galaxie ist doppelt so weit von uns entfernt wie eine andere, dann bewegt sie sich zweimal Schneller. Übrigens sollte bedacht werden, dass nicht die Sterne streuen, und nicht einmal einzelne Galaxien, sondern Galaxienhaufen. Nehmen wir an, die Galaxien, die Teil der Lokalen Gruppe sind, nicht in Eile, sich voneinander zu trennen. Darüber hinaus konvergieren viele von ihnen im Gegenteil, da zum Beispiel die Andromeda-Galaxie und unsere Milchstraße, die auf der gegenüberliegenden Seite fliegen Kurse mit einer Geschwindigkeit von 120 Kilometern pro Sekunde. Tatsache ist, dass die Expansion des Universums als Ganzes beeinflusst nicht (wenn wir sehr streng sprechen - praktisch nicht) die Bewegung Objekte, die durch Gravitationskräfte zu einem einzigen System verbunden sind. Die Ortsgruppe ist gerecht eine solche Gravitation stabiles System.Aber wenn die Geschwindigkeit des Rückzugs entfernter Galaxien direkt proportional zur Entfernung ist sie, und ein ähnliches Bild ist deprimierend eintönig, in welche Richtung man schaut, gibt es eine vernünftige frage: sind wir in diesem fall nicht das zentrum des universums? Wenn Solar System in diesem Sinne, ehrlich gesagt Pech (wie Sie wissen, vegetiert es im Hinterhof Milchstraße), dann ist vielleicht zumindest unsere Galaxie das Zentrum des Universums? Eine solche Schlussfolgerung würde sicherlich vielen die Seele wärmen, denn der Anthropozentrismus sitzt in unserem Lebern. Ach, müssen, zu ... haben Sie, Leser, enttäuschen: Erste Besonderheit global Die Expansion des Universums liegt genau darin, dass es kein eigenes Zentrum hat. Friedman verstand dies, als er sein Modell der angesehensten Öffentlichkeit anbot. Er ging weiter aus zwei offensichtlich Pakete: zuerst, Universum isotrop und homogen auf der große Entfernungen, und zweitens gilt die gleiche Aussage für alle anderen ihre Punkte. Mit anderen Worten, in welcher der Galaxien sich der Beobachter auch befindet, er wird überall sehen erstaunliches Bild des expandierenden Universums, und seine eigene Galaxie wird erscheinen zu ihm bewegungslos Center Frieden.

An einem Beispiel lässt sich das leicht erklären. Wenn Sie eine Gummischnur angebunden nehmen es mit Knoten und strecken Sie es, angenommen zwei- oder dreimal, dann den Abstand zwischen dem Paar benachbarte Knoten werden genau gleich oft erhöht. Wenn wir einen Knoten auswählen in Qualität Punkte Hinweis, dann Geschwindigkeit Entfernung Andere Knoten wird sein größer werden direkt proportional zu ihrer Entfernung. Sie können sich auch auf das zweidimensionale Modell beziehen. Lass uns nehmen einen Kinderballon und malen Sie Markierungen auf seine Oberfläche. Während sich der Ballon aufbläst Die Markierungen werden sich in verschiedene Richtungen ausbreiten, aber gleichzeitig wird keine von ihnen besetzen privilegiert zentral Bestimmungen, a Entfernungen zwischen Sie Anfang größer werden nach dem gleichen Proportionalgesetz. Also das erste Feature der Erweiterung liegt in der Tatsache, dass alle seine Themen (dh Galaxien) völlig gleich sind, und gewidmet Mitte, ab wen sie Streuung, abwesend.

Das zweite Feature der Erweiterung ist uns bereits bekannt. Nicht nur die Galaxien selbst (ganz zu schweigen von schon um Individuell Sterne oder Planeten), aber eben Sie Cluster gegenwärtig dich selbst stabile Systeme, die durch Gravitationskräfte gebunden sind, so dass die Expansion des Universums dies nicht tut beeinflusst. Beim Spannen der Gummischnur vergrößern sich aber die Abstände zwischen den Knoten überhaupt nicht, weil sie am Faden entlang gleiten. Es geht um elastische Eigenschaften Gummi, a sich Knoten weglaufen nirgends nicht denken.

Von hier folgt und dritte Besonderheit Erweiterungen Universum. Seine häufig als eine Rezession von Galaxien im Weltraum darstellen, was völlig falsch ist, denn in gegeben Fall fehlen Verkehr "etwas in etwas." dürfen erzählen, was das ist Schwellung

Raum selbst, obwohl eine solche Aussage nur eine Metapher wäre, weil Platz Universum dehnt sich nicht aus in etwas extern an gegenüber ihm Lautstärke. Um die Terminologie von Immanuel Kant zu verwenden, ist dies eine Erweiterung des Raums an sich, dann Es gibt in dich selbst selbst. Vorstellen visuell ähnlich unmöglich, zum zum Dies musste möchten zeichnen abgeschlossen auf der mich selbst Kugel in vierte räumlich Messung.

So der Weg aus epochal Entdeckungen Hubble und funktioniert Theoretische Physiker Daraus folgte, dass unser Universum aller Wahrscheinlichkeit nach ein endliches Volumen hat und darin geboren wurde irgendein Nullpunkt der Zeit. Oder, genauer gesagt, auf den Punkt "Null" ist passiert Geburt Dreiergruppen, zum Angelegenheit, Platz und Zeit nicht kann existieren ein Teil. Es bleibt noch herauszufinden, wie sich die Ereignisse an diesem besonderen singulären Punkt genau entwickelt haben. Erstmals machte sich der belgische Astronom Georges Edouard Lemaitre ernsthafte Gedanken über diese Frage, der 1927 vorschlug, dass Materie und Energie zum Nullpunkt der Zeit stehen Zukunft Universum repräsentiert dich selbst etwas superdicht gerinnen - seine nett
"kosmisch Ei". BEI Stärke Unbekannt Gründe dafür passiert katastrophal Explosion, verstreut Angelegenheit in alle Hand, und Fragmente Dies Welt Katastrophe wir werden immer noch in Form einer Rezession von Galaxien beobachtet. Lemaitres Modell des Universums war körperlich Analogie theoretisch Berechnungen Friedmann oder Sitter, aber bei Dies erwiesen sich als einfacher und verständlicher als die abstrakten Konstruktionen hochkarätiger Mathematiker. Deshalb Der englische Astrophysiker Arthur Stanley Eddington wurde ihr eifriger Propagandist und nach einiger Zeit wurde es von dem Amerikaner bereitwillig übernommen und gründlich weiterentwickelt Wissenschaftler Russisch Ursprung George Antonowitsch Gamov. AUS seine hell Waffen Das instationäre Modell des heißen Universums wurde als Urknalltheorie bezeichnet Nach der unvermeidlichen, aber notwendigen Retusche wird es bis heute rege genutzt. Gamow schlug sein Drehbuch 1948 zusammen mit den Kollegen Alfer und Bethe vor, von denen die Rede ist Georgy Antonovichs guter Sinn für Humor, seit den Namen Al-fer, Bethe und Gamow wunderbar erinnern Erste Briefe griechisch Alphabet. Manchmal Theorie Gamow genannt a, ICH, y-Theorie auf der was, offenbar er und gezählt.

Urteilen an Berechnungen Gamow, Temperatur und Dichte Innerhalb Platz Eier muss war übertreffen alle denkbar Grenzen, aber schon durch eines Minute nach Die Temperatur des Urknalls fiel auf 10^9–10^{10} Grad Kelvin, und Protonen und Neutronen, verblieben nach Vernichtung Mit Antiprotonen und Antineutronen (um Dies mehr wird weiter unten besprochen), begann sich zu Kernen von Deuterium, Tritium, Helium und Lithium zu verbinden. Dies Prozess erhalten Titel primär Nukleosynthese, und Gamow gelang es Show, was das heute beobachtete Verhältnis von Wasserstoff und Helium (etwa 75 bzw. 25 %) entstand in den ersten Sekunden nach dem Urknall. Nach seinen Berechnungen die Sterne für alle Zeiten die Existenz des Universums konnte nicht mehr als 1% Helium „produzieren", was überhaupt nicht so ist diese 24–25 %, um die eindeutig Sie sagen astronomisch Beobachtungen. So Damit erhielt die Theorie des heißen Universums ein weiteres zusätzliches Argument in sich Nutzen.

All dies ist sehr gut und sogar wunderbar, aber die Zeit ist gekommen, die Bösewichte an den Nagel zu reißen und schwer im Sinne von Mikhail Zhvanetsky zu fragen: und warum genau? Warum wusste nicht Trauer und Traurigkeit, wurde das kosmische Ei plötzlich instabil und explodierte? Ist das wirklich eine so sensible Ephemeride, die bei der kleinsten Berührung zu Staub zerfällt? Wenn ein Das Ei war immer noch eine stabile Struktur, die viele Milliarden Jahre lang bequem lebte, Dann sollte klar erklärt werden, welche unbekannten Kräfte das arme Ding dazu veranlassten, eine Reihe von zu tun plötzlich Metamorphose.

Fragen sind natürlich extrem schwierig, also schlugen theoretische Physiker in ihren Fragen vor Zeit schon ein paar Modelle, in die nicht Waschen, So skaten versucht ebnen endet Mit endet. Hier ist zum Beispiel das sogenannte hyperbolische Szenario: Das Universum war ursprünglich repräsentiert dich selbst Wolke äußerst spärlich Gas, welche die schrittweise kondensiert und aufgewärmt unter beeinflussen Schwere Kräfte. Wann Gas zusammengezogen in dicht gerinnen, zentrifugal Aktion hoch Temperatur und Druck Pleite Gravitationskontraktion und die Substanz des jungen Universums spritzte in alle Richtungen, wie wie ein heißer dampfstrahl strömt unter dem geläppten hervor Deckel Wasserkocher in Brand. Somit beginnt das Universum sein Leben in einem fast absoluten Vakuum, und dann, übersteigen Phase maximal Dichte, wieder kehrt zurück in Bedingung Leere. hyperbolisch Universum beschrieben Geometrie Riemann, a Sie Radius Krümmung schwankt über einen weiten Bereich - von einem Minimum in der Kompressionsperiode bis zu einem Maximum in der Periode Erweiterungen. Es beginnt mit Leerheit und endet mit Leerheit und dem Stadium des kosmischen Eies stellt sich heraus kurz dazwischenliegend Bühne auf der Hintergrund irreversibel Polar- Rückgeld. Minus- eine solche Modelle sich herausstellen irreversibel Zustände, beabstandet an anders endet Zeitleiste.

Hypothese pulsierend Universum beraubt diese Mängel. Sie ist praktisch Streichhölzer co zweite Entscheidung Gleichungen Friedmann (cm. Oben) und repräsentiert dich selbst ewig oszillierend Prozess zwischen Zustand Ultra hoch Dichte und Phase maximale Ausdehnung. Wenn die Kräfte der universellen Gravitation (vorausgesetzt, dass die durchschnittliche Dichte Angelegenheit Oben kritisch Dichte) Pause Erweiterung Galaxien, rot die Verschiebung wird zu lila wechseln und die Galaxien werden wieder in ihren Armen aufeinander zu eilen. Auch chemische Reaktionen ändern ihr Vorzeichen, und schwere Elemente beginnen zu zerfallen einfacher. Mit anderen Worten, wenn das Universum wieder zu einem Punkt zusammenschrumpft, wird es wieder ein Punkt sein bestehen aus einem Wasserstoff.

Basierend auf modernen Vorstellungen, das Universum nach seiner Geburt aus Singularität erlebte eine kurzfristige Phase ultraschneller Inflation - die sogenannte Inflationszeit (wird im nächsten Kapitel besprochen). Nach dem Ende der Inflation Sie ist bestanden in Modus proportional Hubble Erweiterungen, die Überleitung und von uns als Urknall wahrgenommen. An der Wende dieser zwei Epochen geheimnisvolles Feld mit Unterdruck, der eine nicht weniger mysteriöse Inflation antreibt, bestellte lange zu leben, und die freigesetzte Energie ließ eine kochende Brühe aus Elementarteilchen entstehen, die aufgewärmt neugeboren Universum vor Darüber hinaus Temperaturen.

Models sind zwar Models, aber trotzdem hätte ich gerne etwas Realeres, was kann mit der Hand gefühlt werden. Redshift regt zweifellos zum Nachdenken an, aber Es ist nur Geometrie und nicht sehr leicht zu verstehen. Aber wenn es möglich wäre eine materielle Spur vom heißen Anfang des Universums zu finden, dann wäre es ganz anders sich unterhalten. GA Gamov, der Autor der Urknalltheorie, in den späten 40er Jahren des letzten Jahrhunderts vorhergesagt was Universum muss sein gleichmäßig gefüllt Funkemission Millimeterbereich mit einer Temperatur von 25 bis 5 Grad Kelvin. Die Sache blieb klein - solche entdecken Strahlung.

BEI 1964 Jahr amerikanisch Physik Arno Penzias und Robert Wilson, Angestellte Labore Bella, erfahren die meisten empfindlich auf der das Moment Detektor Mikrowellenwellen (Mikrowellendetektor). Um fair zu sein, sollte man sagen, dass sie Sie suchten nicht nach einer unbekannten Funkemission, sondern waren damit beschäftigt, Geräte für die Arbeit zu debuggen an Programm Satellit Verbindungen. Zum testen war ausgewählt Welle Länge 7.35 Zentimeter, die von keiner der bekannten Quellen emittiert wurde. Antenne im Lieferumfang enthalten Verfügung Penzias und Wilson, war wunderbar und deshalb sie war äußerst überrascht Wenn entdeckt was Sie ist ständig behebt Außenseiter Funkgeräusche, aus die man nicht loswerden konnte. Dieses Rauschen war monoton und gleichmäßig und hing nicht an weder aus Richtungen Antennen, weder aus Zeit Tage, Folglich, seine Quelle muss befindet sich außerhalb der Erdatmosphäre. Außerdem hat es sich auch währenddessen nicht geändert des Jahres (a schließlich Erde fliegt an Orbit um Sonne), aus was sollte Schlussfolgern, was Quelle Strahlung gelegen nicht nur pro außen Solar- Systeme, aber und pro außerhalb der Galaxie, denn wenn sich die Erde bewegt, ändert der Detektor die Ausrichtung nach innen Platz. Ironischerweise zwei weitere Amerikaner, Robert Dicke und Jim Peebles, bereit Suche Hintergrund isotrop Strahlung Mit Temperatur unter zehn Grad

Kelvin ganz gezielt, aber Penzias und Wilson, die schnell begriffen, was geschah, gemeldet Über unser Ergebnisse Vor.

Stefan hausieren schreibt an Dies um:

...

Dicke und Kiesel bereit zu Suche eine solche Strahlung, Wenn Penzias und Wilson, wissen über die Arbeit von Dicke und Peebles, erkannten, dass sie es bereits gefunden hatten. Für dieses Experiment haben Penzias und Wilson wurde 1978 der Nobelpreis verliehen (was nicht ganz fair war, wenn erinnere dich an Schwanz und Peebles nicht Apropos schon um Gamow!).

Anschließend Mikrowelle Hintergrund Strahlung gelang es registrieren und auf der Andere Längen Wellen - aus 0,5 Millimeter Vor mehrere Dutzende Zentimeter. Ergebnis Langzeitbeobachtungen wurde darauf reduziert, dass es thermischer Natur ist und entspricht Strahlung unbedingt Schwarz Karosserie bei Temperatur 2.7 Grad Kelvin (genau zeitgenössisch Bedeutung - 2.725 ZU). Seine Spektrum nicht ähnlich auf der Spektrum Strahlung Sterne, Radiogalaxien und andere mögliche Quellen, und seine Intensität ist nahezu identisch bei der Beobachtung verschiedener Teile der Himmelskugel, das heißt, es ist isotrop und homogen, was ist erforderlich beweisen. Sowjetisch Astrophysiker UND. AUS. Schklowski vorgeschlagen Name mysteriöse Strahlung "Relikt", und seitdem ist der Begriff zwar weit verbreitet offiziell sein Name - Platz Mikrowellenhintergrund.

Was ist Reliktstrahlung und woher kommt sie? Bei etwa 14 Mrd Jahre der Rücken in Ergebnis monströs Explosion wurden geboren Platz, Zeit und Angelegenheit, Universum anfangs war Sieden Suppe aus Protonen, Elektronen, Photonen (hell Quants) und Neutrinos, die heftig interagiert untereinander. Alle Platz neugeboren Universum Es war gefüllt fest undurchsichtig Umgebung in bilden ionisiertes Hochtemperaturplasma. Wenn sich das Universum ausdehnt, steigt die Temperatur fiel, und als es auf 3000 Grad Kelvin fiel, die Bildung von stabile Atome. Es gab, wie Astrophysiker sagen, die Trennung von Strahlung und Materie, weil es praktisch nicht mit neutralen Atomen wechselwirkt. Das Universum ist geworden strahlungsdurchlässig und konnte sich frei ausbreiten. Manchmal dieser Moment wird die Epoche der letzten Streuung genannt. Die Strahlungstemperatur hielt an gehen in Fortschritt des Weiteren Erweiterungen Universum, aber seine Spektrum konserviert ohne Änderungen bis heute als Erinnerung an die heißen Tage unserer Welt. Hier sind die Reste ehemalige Luxus und Zukunft entdeckt Nobel Preisträger.

Nicht wird sein Übertreibung erzählen, was Öffnung Mikrowelle Hintergrund hatte grundlegend Bedeutung und an seine Bedeutung ziemlich vergleichbar Mit Entdeckung Expansion des Universums. Der letzte Nagel wurde in den Deckel des stationären Modells eingeschlagen. Im zweite halb XX Jahrhundert heiß Modell Groß Explosion gedreht in fest voll Theorie. Akademiemitglied ICH. B. Zeldowitsch So sagte um Dies in 1984 Jahr:

...

Theorie Groß Explosion in real Moment nicht Es hat irgendein bemerkenswert Mängel. Ich würde sogar sagen, dass es so sicher festgestellt und wahr ist, wie es wahr ist dass sich die Erde um die Sonne dreht. Beide Theorien standen im Mittelpunkt des Bildes. sein Universum Zeit und beide hatten viele Gegner wer behauptet Was gibt's Neues Ideen, verpfändet in Sie, absurd und widersprechen Klang Bedeutung. Aber ähnlich Reden nicht in fähig behindern Erfolg Neu Theorien.

Natürlich war der angesehene Akademiker ein wenig schlau, denn selbst auf der Sonne gibt es sie Flecken, und Theorie Groß Explosion in Dies Sinn auf keinen Fall nicht Ausnahme. Höchst demnächst

Es zeigte sich, was, Trotz auf der alle mein vorausschauend Macht, Sie ist zu nicht beraubt Mängel, aber darüber - in nächste Kapitel.

Umfassend Inflation

*In nadelförmigen Pestgläsern
Wir trinken den Wahn der
Gründe Wir berühren kleine
Haken, Wie leichtes Toten,
Mengen,
Und wo die Spillikins
aufeinanderprallten, Das Kind
schweigt - Groß Universum in
Wiege
Bei klein Ewigkeit Schlafen.*

Osip Mandelstam

Wörtlich übersetzt aus dem Lateinischen bedeutet das Wort „Inflation" „Schwellung". kaum benötigt erklären, was Überproduktion Papier von Geld oder Sonstiges Zahlung Mittel, was eine endlose Vervielfältigung mittels einer Druckpresse ermöglicht, führt direkt zu die oben genannte Schwellung zum leer Papier, Stehen Pfennige, sofort kommt in Widerspruch zur tatsächlichen Warenlieferung. Die Bürger unseres Landes sind jedoch vertraut Mit Inflation nicht Hörensagen: Mit die meisten Anfang 1990er Sie ist hängend Oben Kopf alle gesetzestreu Russisch wie Damokles Schwert, a monatlich Zusammenfassungen fröhlich Bericht so weit wie abnehmen seine Geldbörse pro Berichterstattung Zeitraum.

Astrophysiker wirtschaftlich Aufruhr besetzen wenig, aber zeitgenössisch Kosmologie Mit Bereitschaft nahm auf der Rüstung fest Begriff, nach dem Weg Rückkehr zu ihm ursprüngliche Bedeutung. Wenn Inflation in der Ökonomie nur eine schöne Metapher ist, dann in Kosmologie wird es als ein echter physikalischer Prozess verstanden - eine schnelle Inflation wieder aufgetaucht aus Singularitäten neugeboren Platz. es regulär und eine notwendige Phase in der Geschichte des sehr frühen Universums, grundlegend anders aus wer ersetzt seine trivial Erweiterungen, um die Detail gesagt in das vorherige Kapitel. Es stellt sich sofort die Frage: Warum mussten Physiker einführen? zusätzlich Einheit, wenn alt nett Theorie Groß Explosion, schien möchten, alle beobachteten Fakten gut erklärt? Immerhin auch die berühmten Engländer Wissenschaftler Fred Hallo, Ketzer aus Astrophysiker und Original Denker, fleißig Entwicklung Theorie eines stationären Universums, gab schließlich auf und akzeptierte das Konzept des Großen Explosion.

Tatsache ist, dass im Rahmen des traditionellen Modells mehrere Lösungen nicht gefunden werden konnten. sehr wichtig kosmologische Probleme. Vor Gesamt das ist So genannt Problem Horizont Partikel und Problem Ebenheit. Außer Gehen, Standard Modell nicht gab Antwort auf der Frage, was Es war Vor Groß Explosion, und nicht war in der Lage erklären Größen beobachtbares Universum (wenn die Urknalltheorie richtig ist, dann sollte das Universum viel kleiner sein). Diese lästigen Inkonsistenzen ragten wie Splitter aus dem Körper einer Norm heraus Theorien, und viele Kosmologen ignorierten sie offen und glaubten das mit der Passage Mit der Zeit werden sie sich selbst arrangieren. Die Ereignisse haben sich jedoch so gedreht, dass unbedeutend kleine Dinge erhöht grundsätzlich anders Szenario Ursprung unser Frieden. Etwas ähnlich in seine Zeit passiert Mit hervorragend Deutsch Physiker max Planck, der deswegen von der theoretischen Physik abgebracht werden sollte Die Wissenschaft ist fast abgeschlossen. Nur einzelne Flecken verdunkeln seine hellen Horizonte, Der Lehrer, den ihn das Leben gelehrt hat, sagte zu ihm, warum deine besten Jahre damit verschwenden blödes glossieren? Planck hörte, wie Sie wissen, nicht zu: Er schlug bald vor Quantenhypothese und leitete seine berühmte Konstante ab und legte damit den Grundstein für eine neue, nicht klassisch Physik.

Lassen Sie uns die Ungereimtheiten der Urknalltheorie der Reihe nach analysieren. Beginnen wir mit dem Horizontproblem Partikel. Astronomisch Beobachtungen Show was Universum ausschließlich homogen in groß Waage. Temperatur Relikt Strahlung, wie wir denken Sie daran durchschnittlich etwa 3 Grad Kelvin (2,725 K), mit Temperaturabweichungen aus Mitte Werte an verschiedene Richtungen unbedingt unbedeutend - sie nicht überschreiten eines Hunderttausendstel (10^{-5}). Entfernungen, verfügbar modern Teleskope, passen in einen Wert in der Größenordnung von 10 Milliarden Lichtjahren, und in diesen Räumen sind wir wir beobachten genau dasselbe – eine auffallende „Glätte" von Dichtekontrasten. Nach modernen Vorstellungen ist die wahre Größe des Universums um ein Vielfaches größer der beobachtbare Teil, der gewöhnlich als Metagalaxie bezeichnet wird. Seit Anbeginn der Welt fand statt um 13–14 Milliarde Jahre dazu der Rücken, hell aus entfernt Objekte elementar nicht gelang es Vor uns kommen Sie dorthin - zu ihm einfach nicht genügend Zeit. Sterne und Galaxis, gelegen pro Horizont Veranstaltungen (wenn eine solche dort verfügbar), grundsätzlich unzugänglich, weil die Lichtgeschwindigkeit die maximal mögliche aller Geschwindigkeiten ist. Aber Innerhalb Horizont alle Partikel ursächlich in Verbindung gebracht Freund Mit Freund, So wie sie vor langer Zeit schon gelang es Austausch zwischen dich selbst notwendig Information.

Der Haken ist, dass die Urknalltheorie nicht erklärt, wie dieser Austausch könnte stattfinden. Der Horizont wächst (und ist immer gewachsen) mit Lichtgeschwindigkeit, und Interaktion zwischen Partikel in Komplett Beachtung Mit Theorie Relativität zwangsläufig mit etwas niedrigeren Drehzahlen durchgeführt. Kosmologen schreiben: Horizont Partikel stets wird sein erweitern Schneller gegenseitig Entfernungen zwischen zwei Studie Partikel. Es stellt sich heraus, was Thermal- Gleichgewicht (a seine Existenz - unbestreitbare Tatsache) im Rahmen des Standardmodells keinesfalls erreicht werden könntepro abgelaufen 14 Milliarden Jahre.

Als das Universum 300.000 Jahre alt war, sank die Temperatur des Plasmas erheblich, und begann Ausbildung neutral Wasserstoff. Strahlung getrennt aus Substanzen und Photonen konnten sich frei in alle Richtungen ausbreiten. Dies Der Zeitpunkt wird gewöhnlich als Epoche der Rekombination oder als Epoche der letzten Streuung bezeichnet. Es ist klar, dass die Größe des Horizonts zu dieser fernen Zeit viel kleiner war als die aktuelle 10 Milliarde hell Jahre und war etwa eines Megaparsec (eines MPC). So Somit könnte zum Zeitpunkt der Rekombination das thermische Gleichgewicht entstehen auf eine Waage stellen nicht übersteigen 1 Mpc. Heute Handlung hat so eine Größe am Firmament eckig die Größe nahe 2 Grad, Folglich, wir berechtigt erwarten von bemerkenswert Zögern Temperatur der Reliktstrahlung, die das Universum füllt. Allerdings astronomisch Beobachtungen Show hoch Grad Isotropie auf der alle Ecke Waage: Temperatur Differential, wie wir denken Sie daran nicht übersteigt drei hunderttausendstel (3×10^{-5}).

Außer, abgesondert, ausgenommen Gesamt andere Dinge in Rahmen Standard kosmologische Modelle Überreste der Mechanismus des anfänglichen Stoßes ist unverständlich. Welche Kraft setzte die Welten in Bewegung? Vielleicht ist das Universum als Ergebnis der ungeheuren Macht der Kernkraft entstanden Explosion unbekannter Natur? Immerhin das kosmologische Standardmodell die durch die Arbeiten von GA Gamow und anderen Wissenschaftlern geschaffen wurde und die Theorie des Großen genannt wird Explosion. Aber bei nähere Prüfung sofort klar: Sprengmechanismen praktisch nichts geben. Bei einer Explosion (chemisch oder thermonuklear - kein Wert) Es hat) entstehen Unterschied Druck und heterogen Verteilung Substanzen: in eines mehr fliegt zur Seite, weniger zur anderen. Darüber hinaus muss es ein besonderes geben Punkt - Explosionszentrum.

BEI real gleich Universum nichts ähnlich nicht beobachtet: Sie ist auf der Seltenheit homogen ist, und ein ausgezeichneter Punkt, der mit dem Zentrum identifiziert werden könnte, ist es nicht gefunden. Schon genannt AUS. G. Rubin, Professor MEPHI, schreibt an Dies um:

...

Es ist dasselbe, als ob unsere Erde eine ideale Form einer Kugel ohne "Berge" hätte über 40 Meter hoch. Zum Vergleich: Der Durchmesser der Erde beträgt etwa 1,2 x 107 Meter. Schwierig Es war möchten dann glauben an ihr Unfall Ursprung.

Nicht weniger Ärger bei Standard kosmologische Modelle entsteht und Mit So das Flachheitsproblem genannt. Diese etwas ungeschickte Wendung bedeutet, dass wir Wir leben in einer fast flachen Welt, die durch die Geometrie von Euklid beschrieben wird, die alle studiert haben in Schule. Wie bekannt körperlich Platz kann sein sein verdrehte unter beeinflussen Schwere. Genau genommen gilt Einsteins allgemeine Relativitätstheorie Gravitation als eine Art Widerspiegelung der Raum-Zeit-Metrik. Stellen Sie sich visuell vor verdrehte dreidimensional Platz nicht einfach, aber das ist kann ohne Arbeit tun, Bezug nehmend auf die entsprechenden zweidimensionalen Analoga. Die Oberfläche einer Kugel repräsentiert dich selbst abgeschlossen zweidimensional Platz ultimative Bereich, die, Themen nicht weniger, nicht Es hat Grenzen. Hypothetisch Bewohner eine solche Frieden (das ist eben Kreaturen, dritte ihnen unbekannte Dimension) können sich immer wieder in jede gewünschte Richtung bewegen Kreuzung allein und diese gleich Punkte, aber nirgends nicht entdecken die Kanten seine Universum. Kugel Mit wachsend Radius wird sein nicht schlecht analog erweitern abgeschlossen dreidimensional Platz. Eine solche nicht-euklidische Fläche wird durch Riemann-Geometrie und die Summe beschrieben Ecken Dreieck auf der Sie mehr 180 Grad. nicht euklidisch Geometrie Lobatschewski wird auf der Oberfläche eines Hyperboloids oder einer Pseudosphäre realisiert - eine komplexe gekrümmte Struktur, erinnernd auftauchen Sättel. Eine solche Universen Wille offen, a Summe Ecken Dreieck in Sie wird sein weniger als 180 Grad. Endlich, verfügbar dazwischenliegend Möglichkeit
– nicht gekrümmte Ebene, die durch Euklids Geometrie beschrieben wird. Wie im Fall von Komplex Oberfläche von Lobatschewski, diese flache Welt wird offen und unendlich in der Fläche sein. Ebenso unsere dreidimensionale Platz, in die wir wir leben.

Der Raum des realen Universums in großen Entfernungen, vergleichbar mit dem Horizont Partikel ist, wie bereits erwähnt, nahezu flach. Das schließt natürlich Bereiche nicht aus lokale Krümmung, besonders in der Nähe großer Gravitationsmassen, aber in kosmologischen Auf einer Skala ist die Abweichung der Geometrie unserer Welt von der Geometrie von Euklid absolut vernachlässigbar. Geometrie Platz die meisten Direkte Weg gebunden Mit Größe, bezeichnet griechisch Buchstabe ?, die ist Attitüde Mitte Dichte Materie unserer Welt auf eine kritische Dichte. Wenn ein ? gleich eins ist, dann ist unser Universum perfekt eben Struktur. Wenn ein Y mehr Einheiten (Dichte unser Frieden Oben kritisch), dann Universum an erreichen etwas maximal Radius wird beginnen schrumpfen unter Aktion Schwere. BEI Dies Fall frühzeitig oder spät Groß Explosion wird durch den Big Crash (oder Big Crunch) ersetzt, und das Universum wird wieder zu einem Punkt und wird verschwinden in Singularitäten. Wenn ein ? weniger Einheiten (Dichte Universum unter kritisch), wird sich die Welt auf unbestimmte Zeit ausdehnen und die Dichte der Materie wird schrittweise Herbst.

Messungen der letzten Jahre haben gezeigt, dass dieser Wert sehr nahe kommt Einheit, obwohl es höchstwahrscheinlich nicht genau gleich ist (Messungen sind noch nicht vollständig zuverlässig). Hier kommt das berüchtigte Problem der Ebenheit ins Spiel. Wissen ungefähr Parameterwert ?, kann ohne groß Arbeit Berechnung, was müssen die Anfangsbedingungen des sehr frühen Universums sein, um zum heutigen zu führen beobachtete Werte. Und sofort offenbaren sich geformte Wunder. Zitieren wir M. BEI. Sazhina, Autor faszinierend Bücher "Modern Kosmologie in Beliebt Präsentation":

...

Nehmen wir den Parameter ungefähr gleich eins, sagen wir 0,5 oder 1,5. Mal sehen wie es in verschiedenen Epochen der Evolution des Universums sein sollte, die vor unserer Zeit waren Epoche. BEI Ära der Rekombination Unterschied Q aus Einheiten schon nicht muss überschreiten 0,001. Ein größerer Unterschied würde zu dem führen, was heute ist? wäre gleich 10 oder sagen wir 0,1, was leicht messbar. BEI Epoche Nukleosynthese Unterschied Y aus Einheiten nicht muss überschreiten 0,0000000000000001. BEI mehr frühe Ära Quark-Gluon Plasma Unterschied Q von der Einheit „versteckt" in 21 Dezimalstellen. Im Planck-Moment (das ist der Anfang unserer Welt, worüber wir später sprechen werden. – L. Sch.) dieser Unterschied wurde als Wert von 10^{-60} ausgedrückt. Wo kann nimm solche Initial Bedingungen?

Andere Wörter entwickelt Eindruck, was Initial Optionen war mit nie dagewesener Präzision eingepasst: Anders hätten wir das um keinen Preis geschafft möchten erhalten heute Mengen Indikator ?. Nicht zufällig etwas Astrophysiker Sie sagen um dünn auf der Baustelle Parameter Dichte. Was und sich unterhalten, Malerei unangenehm, dass man ernsthaft über den Schöpfer aller Dinge nachdenkt. Unterdessen tut strenge Wissenschaft das irgendwie nicht es ist angemessen, sich auf leere Argumente über einen höheren Geist einzulassen. Dies ist das Los der Philosophen und Theologen. Aber ob es eine gibt Wahrscheinlichkeit nicht hergeben Kosmologie an Geisel Theologen?

Ich bin in Eile Sie, Leser, sich beruhigen - eine solche Wahrscheinlichkeit uns in Komplett messen gibt inflationär Szenario Geburt Universum, um die schon Für eine lange Zeit es ist Zeit sich unterhalten mehr. Er leicht und wohl entfernt und Problem Horizont, und Problem Ebenheit und eine Reihe anderer Probleme, unter deren Gewicht das klassische Modell erschöpft war Groß Explosion.

Was ist also kosmologische Inflation und wie unterscheidet sie sich von der Standardinflation? Erweiterungen, die wir fortsetzen beobachten heute in bilden rot Voreingenommenheit in Spektren ferner Galaxien? Inflation ist eine Zeit katastrophal schneller Inflation Raum in der Anfangsphase des Lebens unseres Universums. Sagen Sie, es war ein Aufblähen schnell und flüchtig - um nichts zu sagen. Seine Dauer liegt innerhalb verschwindend klein Bedingungen: Inflation gestartet Wenn das Alter Universum war 10^{-43} Sekunden, und endete, als es 10^{-37} Sekunden erreichte. Zu Beginn der Inflation Das Universum war etwas mehr als 10^{-33} cm lang, was mit der Planck-Länge vergleichbar ist, und zu seiner Zeit Abschluss gleich war um 0,1 cm (in Andere inflationär Szenarien Dies Größe reicht von einem bis dreißig Zentimeter), das heißt, sein Durchmesser ist um mindestens gewachsen 10^{27} mal.

Leicht sehen, was Initial Verlängerung jung Universum passiert co Geschwindigkeit, wiederholt übersteigen Geschwindigkeit Sveta, weil die Planck Länge und Zeit sind miteinander verbunden: in 10^{-43} Sekunden hat Licht keine Zeit mehr, eine Strecke zurückzulegen, - wie 10^{-33} cm. Wirklich wir endlich widerlegt die meisten Einstein? Nicht wir werden sich beeilen, Leser. In Wirklichkeit nein Widersprüche hier nein und rein denken Sie daran, für die Theorie Relativitätstheorie begrenzt die Lichtgeschwindigkeit nur die Bewegung materieller Körper, aber sagt absolut nichts über die Expansionsrate des Raumes selbst aus. Wiedersehen Partikel Substanzen fortsetzen Bewegung co Geschwindigkeiten kleiner wie Geschwindigkeit Licht, der sie umgebende Raum darf beliebig schnell anschwellen: die Geschwindigkeit Seine Inflation ist nur durch die Menge an verfügbarer Energie begrenzt, die bereitgestellt wird genannt Inflation.

Zwischen übrigens, Einleitung der einzig wahre zusätzlich Parameter - exponentielle inflationäre Expansion - löst automatisch das verdammte Problem Horizont. BEI seine Zeit wir postuliert was Horizont stets wachsend Schneller, wie steigt Distanz zwischen zwei Punkte (oder zwei Partikel) in Platz. Jedoch demnächst nach Geburt Universum das ist Bedingung, offensichtlich, nicht wurde durchgeführt. Stellen Sie sich einen winzigen Jungen vor Universum in der Größenordnung der Planck-Länge - ein kleines bisschen mehr 10^{-33} cm. Innen Dies Domain mehr *Vor Anfang* Inflation gelang es niederlassen thermodynamisch Gleichgewicht und kausal Verbindung. Wann kommt Phase Inflation,

Der Weltraum beschleunigt sich rapide und schwillt buchstäblich sprunghaft an, was zur Folge hat Ein mikroskopisch kleiner, homogener Bereich nimmt fast augenblicklich ungeheuerlich an Größe zu. Das Domänenvolumen wächst viel schneller als die Horizontentfernung. Am Ende Inflation er ist um eines cm3, und Innerhalb Dies Bereiche Universum ist "glatt" ohne bemerkenswert Kontraste von Dichte, Temperatur und Druck. Des Weiteren Die Inflation weicht der Standardexpansion, und der Partikelhorizont setzt seine gemächliche Bewegung fort größer werden, erreichen zu unser Zeit Mengen bestellen 1028cm. Bei Dies alle Partikel, Sie haben es geschafft, den beobachtbaren Teil des Universums zu füllen, noch vor dem Beginn der Inflation zwischen dich selbst kausal Verbindung. Domain, überwuchert in Fortschritt Standard Erweiterungen, spart dann Bedingung, die gebildet in Zeit Inflation. Kosmologen Sie sagen,was alle zeitgenössisch Universum gelegen Innerhalb eines kausal Bereiche.

    Ähnlich gelöst und Problem Ebenheit. Heute Platz unser Das Universum ist praktisch flach, aber vor der Inflationsepoche war der Parameter ? könnte deutlich anders sein von der Einheit in jede Richtung. Was auch immer die Krümmung der Welt in der Nähe des Punktes ist "Null" ein Am Ende bekommen wir trotzdem ein fast flaches Modell, weil inflationär anschwillt glättet Dichtekontraste. Dies ist an einem einfachen Beispiel leicht zu sehen. Vermuten dass der Dichteparameter vor Beginn der Inflation deutlich größer als Eins war (? › 1). Dann wir wir erhalten die Topologie eines abgeschlossenen Raums, das heißt, das Universum ist äquivalent zu einer Oberfläche Kugeln. Bei Inflation Ball seine Radius wachsend, und wenn wählen auf der seine Oberflächen klein genug ist, ist seine Krümmung praktisch nicht von Null zu unterscheiden. Schlussendlich endet auftauchen Erde scheint uns unbedingt eben. Wenn ein gleich abrufen,das in einigen Inflationsmodellen (wir werden über verschiedene Inflationsszenarien sprechen ein wenig unter) Initial sehr klein Domain, vergleichbar Mit Planck Länge, aufgebläht Vor astronomisch Mengen 101000cm, dann beobachtbar Universum (oder Metagalaxie), Durchmesser die um gleich 1028 cm, wird sein bilden unbedeutend Teil des riesigen Megaverse. Es ist klar, dass in diesem Fall der mikroskopische Bereich nicht übersteigen Yu-1000 Stück riesig Ball, wird sein wahrgenommen wie perfekt eben. So der Weg Nein nein brauchen Postulat Besondere Initial Bedingungen, die in der Folge für eine Krümmung des Universums von nahezu Null sorgten. Parameter Dichte nehmen könnte alle Werte um den Punkt herum "Null", So wie umfassend Inflation zwangsläufig glättet alle Beulen und Wird besorgt Platz praktischeben.

    Lass 'uns zurück gehen zu Anfang Inflation, in Epoche sehr frühzeitig Universum, Wenn Sie das Alter war 10-43 Sekunden. Was den verstreuten Raum zu unvorstellbaren Geschwindigkeiten zwingt und erhöht seine Volumen auf der Aufträge Aufträge? Zu Antwort auf der Dies knifflig Frage, Wissenschaftler mussten ein zusätzliches Konzept des Inflationsfeldes einführen, was häufig der Fall ist auch als skalares Higgs-Feld und gefälschter oder falscher Vakuumzustand bezeichnet. Sie sollten davor keine Angst haben, denn um das Geheimnis der verborgenen Masse und der dunklen Energie zu erklären (über diese Phänomene sprechen vor uns) sowieso, auf die eine oder andere Weise, müssen Sie darauf zurückgreifen Neu Felder unbekannt moderne Wissenschaft. In der Wildnis hoch Physik wir nicht steigen, weil die angemessen herausfinden in diese Dinge ohne sehr Komplex mathematisch Gerät nicht scheint möglich. Notiz nur, was Das hypothetische Inflationsfeld wirkt sehr seltsam und sogar leicht beängstigend Eigenschaften.

    Wenden wir uns um zu visuell Beispiel, so dass in am Leben Bilder veranschaulichen Status. Stellen Sie sich einen schneebedeckten Berghang voller Unebenheiten vor lokale Höhenänderungen. Sie rollen den Schneeball auf und schicken ihn den Hang hinunter. Wenn ein Schnee genügend nass, Schneeball wird beginnen schnell Zunahme in Größen, Wiedersehen nicht verwandelt sich in einen riesigen Klumpen. Der Prozess entwickelt sich exponentiell - je größer der Durchmesser Schneeball, desto schneller wächst er. Unser hypothetischer Hang endet in einem Abgrund, und wann Der Schneeball erreicht den Rand der Klippe und fliegt dann in voller Übereinstimmung mit den Gesetzen der Physik vertikal Abstieg Mit wachsend Geschwindigkeit. Erwischt auf der Tag, er zu Scherben wird brechen und Teil kinetisch Energie schneebedeckt Koma wird verlassen auf der Wärme Umwelt Umgebung.

Jetzt Wir werden zurückkommen zu Inflation aufstellen Mit seine mysteriös Eigenschaften. Erstens ist dies ein skalares Feld, also ein Feld, das in keiner Weise im Raum orientiert ist Unterschied, sagen wir aus elektromagnetisch. BEI Deutsch fehlen Energie Linie, a seine Spannung überall, überallhin, allerorts ist dasselbe. AUS etwas Reservierungen seine kann mögen homogene Substanz wie zähflüssiger Streichhonig. Zweitens das Inflationsfeld charakterisiert äußerst stark Negativ Druck, die buchstäblich
"drücken" Substanz, Überwindung Stärke Schwere. BEI Standard heiß Modelle Beim Urknall nimmt die Materiedichte mit zunehmender Größe des Universums ab, was ziemlich natürlich, So wie Energie Dichte bestimmt Kasse Energie, geteilt durch Volumen. Aber das Inflationsfeld (dh ein falsches Vakuum) verhält sich paradoxerweise: seine Energie Dichte an messen Inflation Überreste dauerhaft, also die energie Manager Schwellung Platz, nicht nur nicht sinkt a im Gegenteil, es wächst exponentiell. Allerdings hält nichts ewig unter dem Mond - ein Zustand der Materie mit wachsender Unterdruck ist extrem instabil und muss daher zwangsläufig Rückgeld Modus Erweiterungen. Phase Inflation schnell kommen aus auf der Nein, und alle Die potenzielle Energie eines falschen Vakuums verwandelt sich in eine kochende Suppe von Neugeborenen elementar Partikel, aufgewärmt Vor höchste Temperaturen. Andere Wörter Mit Ende Epoche Inflation wurde geboren gewöhnliche Angelegenheit in bilden heiß Plasma.

Machen wir noch einen Spaziergang auf dem schneebedeckten Berghang und spielen wieder ein Spiel. Schneebälle. BEI Dies gemütlich Modelle analog Inflation Felder, Füllung alle Platz, es wird Schnee auf der Piste geben. Dank zufälliger Quantenfluktuationen, unsere das Feld kann in verschiedenen Bereichen eine Vielzahl von Werten annehmen. Schneeballbildung ist exakt eine solche Quantum Fluktuation. Wiedersehen Schneeball ruht, nichts nichts Auffälliges passiert, aber sobald er den Hang hinunterfährt, er sofort beginnt schnell größer werden. Inflation aufstellen, aufblasen neugeboren Fluktuation, neigt dazu, eine Position einzunehmen, in der seine Energie minimal ist. Genau dasgleich die meisten los und co schneebedeckt klumpig: verlieren Energie und ungeheuerlich geschwollen er erreicht endlich die Kanten Cliff und fällt runter in Abgrund, a alle angesammelt Sie Energie wird transformiert in kinetisch Energie verstreut Partikel. Wiedersehen Schnee com den Berghang hinauffährt, nimmt die Inflation ständig zu, aber Kosten zu ihm berühren Unterseite Schluchten, wie Energie Inflation Felder schrumpft Vor Minimum zum Herbst mehr nirgends. los Aufwärmen Universum, und wie einmal Dies Moment von uns wahrgenommen als Urknall.

Das Plateau, auf dem unser Schneeball rollt, ist keineswegs ein glatt polierter Tisch ohne Hündin und Anhängerkupplung, a auftauchen, haben wo mehr schwierig Hilfe. Lokal Höhenunterschiede in Form von verschiedenen Arten von Unebenheiten und unerwarteten Hindernissen sind unvermeidlich wahrnehmbare Störungen in der Flugbahn des Schneeballs. Außerdem solche Klumpen (lesen - Quantenfluktuationen) gibt es sehr viele am Hang: einige liegen näher an der Klippe, andere sind weiter davon entfernt. Und wenn einzelne Schneebälle relativ gelingen frei herunterrutschen geradeaus Abstieg, dann Sonstiges zum Scheitern verurteilt ausweichen und springen "an Täler und Hügel", lange Zeit in Gruben und tiefen Schlaglöchern stecken bleiben. Sie führen genau gleich mich selbst und real Quantum Schwankungen - Embryonen Zukunft Universen: allein aus Sie kurzfristige Inflation erleben (Inflation, wie wir uns erinnern, dauert an bis seit, Wiedersehen Schnee com ziehen um an Plateau), Sonstiges aufgebläht Vor jetzt seit, a dritte sofort Zusammenbruch, nicht Zeit haben wie sollte erwachsen werden. So der Weg in unser Anstelle von jeweils einem steht Ihnen ein ganzes Ensemble von Universen zur Verfügung co ihr einstellen einzigartig Eigenschaften.

Dies Szenario, erhalten Titel ewig, oder chaotisch, Inflation, war Mitte der 80er Jahre des letzten Jahrhunderts von einem herausragenden amerikanischen Astrophysiker vorgeschlagen Andrei Linde, unser ehemaliger Landsmann. Unter anderem das Modell der Ewigkeit Inflation wunderbar Themen was erlaubt beseitigen, abschütteln aus Flüche zeitgenössisch

Kosmologie - das anthropische Prinzip. Wir werden jedoch über das anthropische Prinzip in sprechen nächste Kapitel, hier gleich Hinweis nur, was grundlegend Konstanten (Gravitationskonstante, Elektronenmasse usw.) und die Naturgesetze, die regieren Verhalten unser Frieden, toll Weg ermöglichen Auftreten Komplex Strukturen allgemein und angemessen Leben in besondere. Wenn ein Sie Wert leicht zwicken (überhaupt ein kleines Bisschen, auf der unbedeutend Teilen Prozent), Universum wird transformiert radikal. Sagen wir bei Andernfalls Verhältnis Massen Proton und Elektron Ausbildung irgendein Komplex Strukturen wird werden grundsätzlich unmöglich. Zwischen Themen beobachtbar Verhältnis - nackt empirisch Tatsache, nicht ableitbar aus theoretisch Konstruktionen.Als ob jemand Weiser, Weitsichtiger und Umsichtiger wäre, der alle Pro et sorgfältig abgewogen hätte contra, die Werte der Naturkonstanten speziell so gewählt, dass unfreundlich Platz wurde "gastfreundlich" zum Person. ABER hier Idee um unzählige Vielzahl Universen, abweichend an ihr Parameter, automatisch entfernt Dies Problem.

Der Fairness halber stellen wir fest, dass die Hypothese eines inflationären Stadiums in der Geschichte des frühen Universum war Erste ausgedrückt inländisch Wissenschaftler E. B. Ährenleser und ABER. ABER. Starobinsky mehr in 60 - 70er Jahre der Vergangenheit Jahrhundert, aber blieb zu Unglücklicherweise von der wissenschaftlichen Gemeinschaft nicht beansprucht. Der Begriff „Inflation" wurde von dem Amerikaner geprägt Physiker Alan Guth im Jahr 1981, und er baute auch das erste auf Inflation basierende Modell eine Art Phasenübergang, der die Unterkühlung des jungen Universums verursachte. Nicht hier Ort, um das Gutian-Szenario im Detail zu analysieren, da schnell klar wurde, dass er funktioniert nicht, da es im Endeffekt ein sehr inhomogenes Universum gibt, was in Wirklichkeit istnicht sichtbar. Aber das Modell von AD Linde war frei von diesen Mängeln, als sofort hat eine beispiellose Popularität erlangt: wenn vor dem Inflationsszenario sehr oft ist mit Feindseligkeit akzeptiert, haben sich heute die meisten Physiker und Astronomen in seine Reihen gesellt Unterstützer. Aus schön, aber wackelig Hypothesen inflationär Anfang Universum gedreht in Vollblut wissenschaftlich Theorie, erlauben erfahren überprüfen. Kosmologie, ehemalige Vor jüngste Zeit Disziplin in von Bedeutung Grad spekulativ Stück für Stück wird streng Experimental- Wissenschaft.

Wie wir denken Sie daran Theorie Inflation postuliert Verfügbarkeit unbedeutend Änderungen in Materiedichte im frühen Universum. Da ist das Volumen der Neugeborenenwelt vergleichbar Maße elementar Partikel, angemessen vermuten was Quantum Schwankungen spielten damals eine sehr bedeutende Rolle. Unschärferelation von Werner Heisenberg besagt, dass wir nicht gleichzeitig den genauen Ort eines Teilchens und seinen Impuls berechnen können (Produkt aus Geschwindigkeit und Masse). Mit anderen Worten, die Energie und Position des Teilchens niemals nicht kann sein gemessen exakt und Dies Prinzip in Komplett messen anwenden zu Erste Momente Leben Universum (Ball Wicklung an Neigung, a nicht rollen geradeaus Abstieg). Gesamt Wirkung Quantum Schwankungen erzeugt sehr klein schwingt Dichte, die im Prozess der Inflation wachsen und zu Embryonen zukünftiger Galaxien und Sterne werden. Daraus folgt aber zwangsläufig, dass der kosmische Mikrowellenhintergrund die Erinnerung daran bewahren muss diese Ereignisse, eine Art "Abdruck" in Form von Temperaturschwankungen zwischen verschiedenen Punkte des Raumes. Lange war es nicht möglich, diese Temperaturspreizung zu messen – nein genügend Empfindlichkeit der Geräte. Der Durchbruch gelang dem Amerikaner 1992 Satellit SOVE (Kosmisch Hintergrund Forscher) und Russisch "Relikt-1" entdeckt Temperatur Schwankungen Hintergrund Strahlung. Sie Größe hat sich herausgestellt äußerst unbedeutend (Temperatur Relikt Strahlung ist um 2.7 Grad Kelvin a Abweichungen aus Mitte nicht übertroffen 0,00003 Grad Kelvin), deshalb überhaupt nicht wunderbar, was Vor ähnlich Messungen war konjugiert Mit beträchtlich Komplexitäten. So oder Andernfalls, aber inflationär Theorie erhalten zuverlässig Experimental- die Bestätigung.

Anfang dritte Millennium markiert Neu Erfolge. Nach Ein Jahr und ein Halbes Beobachtungen und Analyse Daten erhalten Mit Hilfe Platz

Observatorien Wmap, war vorgestellt viel mehr detailliert Karte Verteilung Temperatur der kosmischen Mikrowellen-Hintergrundstrahlung am ganzen Himmel. Englische Abkürzung MAP meint Mikrowelle Anisotropie Sonde, was kann Übersetzen wie "Mikrowelle anisotrop Sonde" (bzw Sonde), a Buchstabe W hinzugefügt in ehren Astrophysik Wilkinson welche die war Initiator Projekt, aber nicht überlebt Vor seine Enden. Außer Gehen, Teer - auf englisch "Karte". Der Wert von Wilkinsons Karte ist kaum zu überschätzen. Analyse der erhaltenen Daten und anschließend Computer Modellieren erlaubt neu erstellen BildGeburt und Entwicklung des Universums, um sein Alter und seine Zusammensetzung zu klären. Dies ist ein Meilensteinereignis passiert 13.7 Milliarde Jahre der Rücken (Plus oder minus 200 Million Jahre), was erlaubt Schluss mit der endlosen Debatte darüber, wann genau das Universum entstanden ist. Gelang es endlich herausfinden, was Platz Universum geometrisch eben, und exakt Berechnen Sie eine der fundamentalen Konstanten - die Hubble-Konstante, die die Geschwindigkeit widerspiegelt Expansion des Universums. Urteilen laut der Wilkinson-Sonde beträgt dieser Wert 71 Kilometer in gib mir eine Sekunde auf der eines Megaparsec Entfernungen (denken Sie daran was eines Parsek - 3.26 Lichtjahr). Mit anderen Worten, ein Bereich von einem Megaparsec (1 Million Parsec). jeder gib mir eine Sekunde wächst weiter 71 Kilometer.

Es wurde festgestellt, dass das Universum, nachdem es nach dem Urknall abgekühlt war, lange Zeit blieb dunkel und kalt. Zuerst Sterne, an geklärt Daten, gestartet Form annehmen durch
400 Million Jahre nach Groß Explosion, und Also frühzeitig Sie Aussehen extra einmal bezeugt in Vorteil der Existenz versteckt Massen (oder dunkel Angelegenheit), die ihr Gravitation aufstellen gesammelt verschmiert Angelegenheit in Klumpen. Kurz gesagt Sprichwort inflationär Modell zeigte mich selbst zuverlässig bearbeitbar Theorie Großartig konsistent Mit erfahren Daten. ABER deshalb Es hat Bedeutung Schau genauer hin zu Sie Schau genauer hin nach der Bühne Bühne Geschichte unserer Universum.

Durch modern Ideen, Universum wurde geboren in Ergebnis zufällig Quantum Schwankungen herausflitzen aus Singularitäten - dimensionslos Punkte, in die Krümmung Freizeit endlos. Dichte Substanzen in Dies Punkt zu erreicht endlos groß Mengen, a Platz und Zeit anwenden in Null. Mit anderen Worten, weder Raum, noch Zeit, noch Materie im üblichen Sinne in Singularitäten nicht existiert, a alle berühmt Rechtsvorschriften Pause Arbeit. Nicht Es hat es hat keinen Sinn zu fragen, was vorher war, denn vorher war nichts: die Singularität -das ist ultimative die Grenze, Rubikon, welche die es ist verboten gehen. gesucht möchten speziell zu betonen, dass das beschriebene Szenario der Geburt des Universums praktisch „aus dem Nichts" nicht ist leere Fantasien theoretischer Physiker aus heiterem Himmel; Es basiert auf strengen wissenschaftlichen Erkenntnissen Berechnungen.

Dem Ausdruck „Quantenfluktuationen" ist der Leser schon so oft begegnet er muss sich schon lange auf der zunge rumgesponnen haben: was ist das für ein tier und mit was Essen? Wie aus dieser zufälligen Kleinheit, ja aus dem Nichts heraus, kann riesig Frieden mit Planeten, Sterne und Galaxien?

Menschen, die weit von der Physik entfernt sind, neigen dazu zu glauben, dass Vakuum die völlige Abwesenheit von etwas ist. wie auch immer. Das folgt inzwischen zwangsläufig aus der Elementarteilchentheorie das physikalische vakuum ist keineswegs leerheit, sondern der minimalen energie von feldern und teilchen, nicht gleich Null. Es ist buchstäblich vollgestopft mit sogenannten virtuellen Partikeln, die werden paarweise wie aus dem Nichts geboren (zum Beispiel ein Elektron und sein Antipoden-Positron), aus dem Herzen tummeln sich wie Eintagsfliegen und gehen im Nu in einem Akt der Vernichtung zugrunde und verschwinden Erinnerung an sich selbst in Form eines Lichtquants - eines Photons. Ihre Lebensdauer ist so kurz, dass sie es nicht kann sein gemessen in Prinzip. Irgendein Messung Prozess begrenzt natürlich physikalische Grenze - die Lichtgeschwindigkeit und virtuelle Teilchen, die aus der Leere auftauchen, sind zerstört So schnell, was noch nie nicht kann untersucht werden direkt.

Übrigens, dass „leerer" Raum nicht ganz leer sein kann Mit Beweis folgt aus Rechtsvorschriften Quantum Mechanik. Wenn ein möchten Vakuum war unbedingt leer, würde dies bedeuten, dass alle Felder (elektromagnetisch, gravitativ usw.) darin enthalten sind Richtigkeit gleich Null. Jedoch Größe Felder und Geschwindigkeit seine Änderungen co Zeit sind analog zu Position und Geschwindigkeit des Teilchens und der Heisenbergschen Unschärferelation, wie bekannt verbietet die gleichzeitige Kenntnis beider Parameter: genauer gesagt der eine der diese Größen, desto weniger genau ist die zweite bekannt. Nicht zwei Erbsen pro Löffel - Sie müssen wählen etwas eines. Hören wir zu Stefan Hawking, berühmt Englischtheoretische Physik:

...

Folglich, in leer Platz aufstellen nicht kann sein haben dauerhaft Null Werte, So wie dann es hatte möchten und genau Bedeutung (Null), und genau Geschwindigkeit Änderungen (auch Null). Es muss eine gewisse Mindestunsicherheit vorhanden sein Feldstärke – Quantenfluktuationen. Diese Schwankungen können als Paare betrachtet werden Partikel Sveta oder Schwere, die in etwas Moment Zeit zusammen entstehen, divergieren, a nach wieder näher kommen und vernichten Freund Mit Freund.

...

Eine solche Partikel sind virtuell ‹...›, in Unterschied aus real virtuell Teilchen können mit einem echten Teilchendetektor nicht beobachtet werden. Aber indirekte Auswirkungen produziert virtuell Partikel, zum Beispiel klein Änderungen Energie Elektronenbahnen in Atomen gemessen werden, und die Ergebnisse stimmen bemerkenswert gut überein Mit theoretisch Vorhersagen. Prinzip Unsicherheit prognostiziert Auch Existenz ähnlich virtuell Dampf Partikel Sache, so wie Elektronen bzw Quarks. Aber in Dies Fall eines Mitglied Paare wird sein Partikel, a zweite - Antiteilchen (Antiteilchen Sveta und Schwere - das ist was gleich genau das und Partikel).

Jedoch sofort entsteht Frage. Gesetz Erhaltung Energie verbietet Sie aus dem Nichts zu erhalten, und wir, wenn wir die Geburt von Partikeln aus der Leere annehmen, scheint dieses Gesetz zu sein verletzt. Schatulle öffnet einfach. Zum Anfang Erwägen, wie führt mich selbst elektrisch aufladen bei Geburt Paare Elektron - Positron. Voll aufladen Überreste gleich Null, da Minus (Elektronenladung) durch Plus (Positronenladung) am Ende ergibt Null. Nur für eine sehr kurze Zeit wird die gesamte Nullladung in zwei Teile geteilt gleich Hälften - positiv und Negativ. Etwas ähnliches los und Mit Teilchenenergie: Das Elektron hat positive Energie und sein Antiteilchen (Positron) hat, in etwas Sinn, gleich Anzahl Negativ Energie. So Somit bleibt die Gesamtenergie im Moment der Geburt und danach immer noch Null gegenseitige Zerstörung virtuell Partikel.

Ähnliche Überlegungen gelten für das aus dem Nichts geborene Universum. Zum ersten Sicht stehen wir vor einem unlösbaren Paradoxon, weil der Teil den Beobachtungen zugänglich ist Das Universum enthält eine astronomische Anzahl von Teilchen, aus denen Materie aufgebaut ist. Woher kamen sie alle? Die Antwort ist einfach: Nach der Quantentheorie können Teilchen geboren werden aus Energie in bilden Dampf Partikel - Antiteilchen. Gut, aber wo genommen wird atemberaubend Menge Energie? Angelegenheit, Füllung Universum (Planeten, aus Teilchen zusammengesetzte Sterne und Galaxien) hat positive Energie, aber die Welt hat sie auch die Gravitation, deren Energie negativ ist, also die Gesamtenergie des Universums Null ist, ebenso wie seine elektrische Ladung (die Anzahl der Protonen und Elektronen ist gleich). Aberwas verfügbar in Geist Wenn Sie sagen um Negativ Energie Schwere?

Mehr einmal lass uns zitieren Falken.

...

Materie im Universum wird aus positiver Energie gebildet. Aber alle Angelegenheit selbst zieht sich unter dem Einfluss der Schwerkraft an. Zwei eng beieinander liegende Materiestücke haben weniger Energie als die gleichen zwei Stücke, die weit voneinander entfernt sind, weil dass man, um sie auseinander zu spreizen, Energie aufwenden muss, um die Gravitation zu überwinden Macht, sie zu vereinen. Folglich wird die Energie des Gravitationsfeldes in einigen Sinn ist negativ. Es kann gezeigt werden, dass im Fall eines Universums ungefähr homogen in Platz, Dies Negativ Gravitation Energie in Richtigkeit kompensiert positive Energie, die mit Materie verbunden ist. Daher ist die Gesamtenergie des Universums Null.

Sehr neugierig, was Menge positiv Energie kann sein doppelt parallel Verdoppelung Negativ weil die zweimal Null - alle gleich Null. Bei Standard Erweiterung Dies unmöglich, weil die an messen Zunahme Universum die Energiedichte sinkt. Aber im Zeitalter der Inflation, wie wir uns erinnern, die Energiedichte FALSCH Vakuum bleibt trotzdem konstant Größenzunahme Universum. Daher wann Verdoppelung Durchmesser unser Frieden zweimal erwachsen werden und positiv Energie Substanzen und Negativ Energie Schwere, a gesamt Energie Universum wird sein still Kleid Null. ABER weil die in Phase Inflation Maße Universum Zunahme exponentiell, auf der Aufträge Aufträge dann und Allgemeines Menge Energie, erforderlich zum Ausbildung Partikel, zu ungeheuerlich steigt. Hier für dich, Leser, und Antworten auf die Frage, wie auf so wundersame Weise all die Materie, die heute das Universum füllt, könnte in ein winziges Volumen passen, das mit der Planck-Länge vergleichbar ist. Sie ist nicht da dachte zu sagen: wenn das Inflationsfeld auf ein Minimum gesunken alles darin gespeichert Potenzial Energie Weg auf der Geburt elementar Partikel.

Lass 'uns zurück gehen zu Anfang begann, zu Erste Momente Leben unser Frieden, Wenn er bereitete sich gerade darauf vor, aus der kosmologischen Singularität herauszufliegen. Das muss man sagen Singularität - sehr unbequem Konzept, Weil wie ist reichlich vorhanden Palisade sehr unangenehm Unendlichkeit: endlos klein Volumen, endlos groß Dichte, Masse und Temperatur, die unendliche Krümmung der Raumzeit und so weiter in die gleiche Richtung. Physiker nicht zufällig nicht Liebe Unendlichkeit, Weil was überall, überallhin, allerorts, wo sie erscheinen, beginnt Pandämonium: Rechtsvorschriften sich weigern Arbeit, Formeln verlieren Bedeutung, a konsistente Beschreibungen gehen aus den Fugen. In diesem Fall können Sie es versuchen durchkommen überhaupt ohne Singularitäten, rausschmeißen Sie, So erzählen, auf der Müllhalde der Geschichte? Schließlich sich unterhalten geht um verschwindend klein räumlich-zeitlich Skala, wo klassisch Physik Newton - Einstein schon nicht funktioniert und wo ungeteilt regieren Gesetze der Quantenmechanik. Vielleicht Raum und Zeit, wie Ladung, Spin oder magnetisch der Moment zu haben etwas Grenze Teilbarkeit, dann Es gibt, Andere Wörter quantisiert? Rechts ob wir mach das Annahme?

Und warum eigentlich nicht? Es ist wahrscheinlich, dass es in der Natur einige gibt unteilbar Zelle Platz, seine nett Minimum Distanz, die nicht einer weiteren Zerkleinerung zugänglich. Wenn dies der Fall ist, dann kann es kein Körperkollabieren zu einem dimensionslosen Punkt. Sowohl der Stern als auch das Universum als Ganzes werden in diesem Fall bis zu einer bestimmten Grenze zusammenbrechen, bis sie an eine unüberwindbare Grenze stoßen, und dann In einem Schwarzen Loch wird es keine Singularität mit ihren mühsamen Unendlichkeiten geben, sondern eigenartig Quantum Platz, elementar Volumen Durchmesser 10^{-33} Zentimeter. Weil die überwinden das ist Distanz sollte eines streicheln (in Andernfalls Fall wir stellte sich heraus möchten in etwas Moment mitten drin unteilbar Segment, was unmöglich an Definition), dann muss es auch ein Zeitquantum geben - die Mindestdauer von irgendetwas Prozesse. Eine einfache Berechnung zeigt, dass es ungefähr 10^{-43} Sekunden sind, und beides Mengen, erhalten Titel Planck Länge und Plancks Zeit uns schon

Gut bekannt.

Planck-Größen basierend auf Naturkonstanten - die Konstante Planke, Geschwindigkeit Sveta und Schwere dauerhaft, - zwangsläufig führen uns zu mehr allein wichtig Indikator - maximal möglich Dichte Angelegenheit in Null Moment. Jetzt Sie ist schon nicht endlos obwohl und unvorstellbar Großartig - 1093g/cm3. Dies Größe übertrifft irgendein Vorstellung, zum Dichte atomar Kerne auf der Hintergrund diese astronomische Zahlen sieht fast aus wie ein absolutes Vakuum. Es genügt, das zu sagenzehn Sonnenmassen (und die Sonne ist ein mittelgroßer Stern mit einem Durchmesser von etwa 1,4 Millionen Kilometer) passen problemlos in ein Volumen, das mit dem eines Atomkerns vergleichbar ist Wasserstoff. Die Temperatur eines solchen superdichten Haufens geht auch über alles hinaus, was vorstellbar ist Grenzen und ist ungefähr 1032 Grad Kelvin.

Die Bedeutung der maximal möglichen Planck-Werte ist, dass nein andere Parameter (kleiner, wenn es um Länge und Zeitintervalle geht, und größere, wenn das Gespräch auf Dichte- und Temperaturindikatoren kommt) kann nicht existieren Prinzip. Zum Beispiel, lächerlich Fragen, was passiert durch 10-45 Sekunden nach Groß Explosion, weil die eine solche Momente Zeit einfach nicht Es war. Wir erreicht begann und stieß auf eine undurchdringliche Trennwand: Weiter geht es nicht, für das Übliche Konzepte von Raum und Zeit verlieren jegliche Bedeutung. Im Bereich Planck Mengen fehlen Folge Veranstaltungen, dort nichts nicht los und Weil Zeit nirgends fließen. Platz zu verliert Verbundenheit, Adressierung in Sieden Chaos blinkende und verblassende Blasen. Wir können dieses schlammige Gebräu nicht sehen, weil Die Skalen, die modernen Beschleunigern zur Verfügung stehen, liegen im Bereich von 10 bis 16 Zentimetern und mehr eine solche Entfernungen Freizeit geht weiter bleibe glatt. Zu persönlich erblicken Planck Skala, uns musste möchten Zunahme Empfindlichkeit Ausrüstung in 1017 mal. Und hier dann wir gesehen möchten Quantum Ozean, bleibend in fähig dauerhaft chaotisch kochend, etwas wie besorgt nautisch ein Element, das ständig Welle um Welle antreibt. Allerdings aus großer Höhe, individuell man sieht die wellen nicht - der ozean scheint eine ruhige wasseroberfläche zu sein. Und geht einfach runter niedriger wir wir können sehen Nachfolge schnell laufen schaumig Lamm.

Im Mikrokosmos, auf der Ebene der Planck-Werte, das Raum-Zeit-Kontinuum bricht unwiderruflich zusammen, und Raum und Zeit beginnen zu schäumen. In diesem ungewöhnlichen Welt gibt es keine Gewissheit, es gibt keine ausgewählten Richtungen oder Sequenzen Ereignisse, und deshalb nannte es der amerikanische Physiker JA Wheeler treffend Quanten, oder Raumzeit, Schaum. Raum und Zeit werden diskret, und Konzepte "Vor" oder "später" verlieren irgendein Bedeutung. Derschawinskaja Fluss mal zerbrach in einzelne Tropfen. Und erst wenn plötzlich etwas aus dem Nichts auftaucht (random Quantenfluktuation erlebt eine schnelle Inflation), die uns vertrauten werden geboren Raum und Zeit und mit ihnen ein neues Universum. Chaos gebar den Kosmos. So der Weg Geburt Universum identisch Geburt Freizeit.

Gerechtigkeit um ... Willen notwendig Markieren, was Quantum Charakter Raumzeit ist nicht die letzte Wahrheit, sondern nur eine Hypothese, auch wenn mehr oder weniger überzeugend. Zwischen Themen lange weg nicht alle Wissenschaftler zustimmen Mit eine solche eine Frage stellen. Viele Physiker bezweifeln ernsthaft, dass Raumzeit undDie Schwerkraft ist im Allgemeinen der Quantisierung zugänglich: Es ist wahrscheinlich, dass diese rein klassisch sind Objekte. Ein Geschäft in Volumen, was Geburt Universum aus Quantum Schwankungen (oder Freizeit Schaum) muss beschrieben werden Rechtsvorschriften nicht vorhandenen auf der heute Tag Wissenschaft - Quantum Theorien Schwere. Jedoch formulieren diese listige Gesetze, zumindest auch nur auf theoretischer Ebene, ist bisher niemandem gelungen. es eine Aufgabe grandios Schwierigkeiten, und überhaupt nicht zufällig führend Wissenschaftler stellen Sie auf derErste Platz unter zehn am schwierigsten Probleme zeitgenössisch Physik. M. BEI. Saschin schreibt:

...

Allgemein Theorie Relativität (OTO) - relativistisch Theorie Schwere - grundlegend verschieden von der Theorie des elektromagnetischen Feldes und den bekannten Feldern anderer Typen. GR verbindet die Raum-Zeit-Geometrie mit den Eigenschaften der Materie. Deshalb Konstruktion Quantum Schwere gleichwertig Konstruktion Quantum Geometrie Freizeit. Bei Dies entsteht viele rein theoretisch (schneller eben formal mathematisch) Schwierigkeiten.

Mit anderen Worten, es ist notwendig, den Quantenansatz irgendwie mit dem Allgemeinen zu verknüpfen Theorie Relativität bei Bezeichnung Phänomene Mikrowelt. Und zu nicht verwechseln Sie, Leser, endlich, Versuchen kurz ausgehen Wesen Probleme, nicht hinein gehen in mathematisch Feinheiten.

Quantum und klassisch Ansätze anders grundsätzlich. Bei Bezeichnung Bewegungen Partikel klassisch Physik arbeitet Vorstellung Sie Flugbahnen, dann wie Quantum ein Ansatz besteht darauf Gesamt nur auf der Wahrscheinlichkeiten Erkennung Partikel (in nach der Unschärferelation - je genauer die Teilchengeschwindigkeit berechnet wird, desto sein Standort ist weniger genau bekannt). In der klassischen Sprache sagen wir, dass ein Elektron bewegt, aber in der Quantensprache kann man das nicht sagen. Es ist richtiger zu sagen, dass das Elektron befindet sich in einem bestimmten Zustand, der durch eine bestimmte Wellenfunktion beschrieben wird Wahrscheinlichkeit bleibe Elektron in Volumen oder Andernfalls Platz. BEI Erste Fall Die gleichung Bewegungen ist Differential Gleichung und leicht entschieden ist a in zweite Erfordernis Differenzierbarkeit nicht durchgeführt. Mathematiker werde sagen was eine solche probabilistisch die Trajektorie ist nicht differenzierbar.

Ich erlaube mir noch ein Zitat aus dem Buch von MV Sazhin (wenn Sie, der Leser, nicht betroffen sindformell Berechnungen können Sie leicht zu übersehen dieser Absatz):

...

So, in Quantum Mechanik Flugbahn ist ersetzt Vorstellung Wahrscheinlichkeiten finden Partikel. BEI Theorien Felder Konzept Partikel ist ersetzt Vorstellung Mengen Felder. Es gekennzeichnet durch Amplitude, Phase und Frequenz. In der Quantenfeldtheorie werden Amplitude, Phase und die Frequenz eines beliebigen Feldes werden durch den Begriff der Wahrscheinlichkeit gleicher Größen ersetzt. In der allgemeinen Theorie Relativität Rolle Felder Theaterstücke Geometrie Freizeit. BEI Sie notwendig Arbeite mit der Wahrscheinlichkeit, irgendeine Geometrie zu haben. Aber in der Allgemeinen Relativitätstheorie muss die Geometrie sein differenzierbar, a in Quantum Schwere, wie wir gesehen auf der Beispiel Flugbahnen Partikel, dies im Allgemeinen sagen nicht So!

Es stellt sich heraus, gefunden flechten auf der Stein. Theorie Relativität und Quantum Mechanik hartnäckig nicht bereit, auf der Ebene der Planck-Werte mitzumachen. Und wenn überhaupt sie erfolgreich konsistent binden, dann fließen Zeit in Mikrowelt wird sein beschrieben werdeneigenartig Welle Funktion, bezeichnet Wahrscheinlichkeit Lecks etwasIntervall Zeit obwohl das ist Geräusche, Sanft Sprichwort mehrere ungewöhnlich. Jedoch, die Auflösung der Paradoxien der Quantengravitation ist vielleicht nicht mehr weit entfernt. Einer der neusten körperlich Theorien - So genannt Theorie Supersaiten - es scheint, Versprechen abheben unüberwindbare Widersprüche zwischen Quantenmechanik und allgemeiner Relativitätstheorie. Um dies sehr kuriose Theorie wir Lass uns reden in nächstes Kapitel.

Um die Geburt unserer Welt aus dem Nichts zu beschreiben, muss man sich inzwischen am meisten einbringen allgemeine Vorstellungen über die Quantenentwicklung des Universums als Ganzes. Gleichzeitig muss es geben mehrere Bedingungen. Zuerst, zu jung Küken Universum flatterte heraus aus ohne Energieaufwand leer ist, sollte seine Masse gleich Null sein. Etwas höher, das habe ich schon geschrieben positiv Energie Angelegenheit kompensiert Negativ Energie Schwere, aWeil Komplett Energie Universum (a meint, und Sie Gewicht) stellt sich heraus gleich Null. Rechtsvorschriften

Speicherungen werden in diesem Fall nicht verletzt. Dasselbe gilt für Elektrik aufladen. Endlich, Wahrscheinlichkeit Geburt Universum aus nichts berechnet wie unter dem Schrankendurchgang Alpha-Teilchen in Ergebnis Prozess Tunnelbau. Was hier verfügbar in Geist?

Wann Potenzial Energie Barriere viele Oben Energie Partikel, Sie ist, Es scheint, dass er es auf keinen Fall überwinden kann. Allerdings Quantenfluktuationen Vakuum machen überarbeiten Dies Fazit. Weil die in Beachtung Mit Prinzip Unsicherheit, Position und Energie eines Teilchens können nicht gleich genau bestimmt werden, wir gezwungen annehmen in Aufmerksamkeit Quantum Auswirkungen, zwangsläufig Beeinflussung auf der Sie Verhalten. Früher oder später wird die Energie des Teilchens zufällig sprunghaft ansteigen und relativ groß werden, wodurch die Potentialbarriere überwunden wird. Wie Phänomen Bewegungen Über Barrieren bekannt in Physik wie Prozess Tunnelbau. Etwas in der gleichen Richtung ist einmal mit unserem Universum passiert: obwohl es Komplett Energie gleich war Null, zufällig Quantum Schwankungen erlaubt Sie Tunnel in Existenz von nichts.

So, entstehenden aus Freizeit Schaum, neugeboren Universum für einige Zeit schwoll es mit Überlichtgeschwindigkeit an (die Relativitätstheorie, wie wir Denken Sie daran, es verbietet dies nicht, weil es die Bewegungsgeschwindigkeit materieller Körper begrenzt), aber Als die Energie des Inflationsfeldes auf ein Minimum sank, entstand Materie in der Form heißes Plasma. Inflation beendet, ersetzt durch die übliche Expansion, die wir beobachten bis heute.

Die Geburt des Universums aus Quantenschaum durch einen Übergangstunnel befürwortet Theorie ewig (oder chaotisch) Inflation Andreas Linda. Na sicher Begriff "ewig Inflation" kann nicht wörtlich interpretiert werden. Das inflationäre Stadium ist genau darin ewig in dem Maße, in dem, sagen wir, Elementarteilchen ewig sind, obwohl jedes von ihnen hineingeboren ist seine Amtszeit ist verloren. Unser Universum befand sich in einer inflationären Phase einer ziemlich endlichen (und sehr kurz) Zeit, aber Universum eines nur unser Universum nicht erschöpft. Es gibt sehr viele Universen, aus denen sie ständig hervorgehen Freizeit Schaum pro überprüfen Quantum Schwankungen. Dies Prozess zufällig chaotisch und nicht Es hat weder das Ende weder Anfang. Allein Universen Zusammenbruch, kaum Zeit haben geboren werden, andere wachsen, bleiben leer und tot, weil die Gesetze in ihnen solche sind verbieten die Entstehung komplexer Strukturen, andere werden zu einer Art Phantom, zum beraubt Zeit und Entwicklung, a vierte sind gefüllt Sterne, Galaxien und Planeten. Durch einen glücklichen Zufall leben wir in genau einem solchen Universum. Lass es uns versuchen erklären Mechanismus ewig Inflation an Spezifisch Beispiel.

Zur Planck-Zeit (10-43 Sekunden), noch vor Beginn der Inflation, physikalisch Prozesse gelang es Verbreitung maximal auf der Distanz Planck Länge (10-33 Zentimeter). Nur in einem so elementaren Volumen zu Beginn der Inflation könnte es sein thermodynamisches Gleichgewicht erreicht. Die tatsächliche Größe des Universums ist es jedoch nicht muss zwingend durch die Planck-Länge begrenzt sein; es ist wahrscheinlich, dass sie es waren viel größer und waren eine Ansammlung winziger Bereiche, von denen jeder hatte Größe ungefähr gleich 10-33 Zentimeter. Alle diese Bereiche waren voneinander isoliert. von einem Freund, weil das Lichtsignal einfach nicht genug Zeit hatte, um von einem durchzudringen Bereiche in Ein weiterer. Folglich, körperlich Bedingungen in anders Bereiche deutlich unterschiedlich, von Region zu Region chaotisch wechselnd. Energiedichte im Inneren elementar Zellen zu bedeutend abwechslungsreich.

Erinnern wir uns noch einmal an die zufällig verstreuten Schneebälle am Berghang: Manche lügen fast ganz am Anfang die Kanten Abgrund, a Sonstiges ENTFERNT aus Sie auf der von Bedeutung Distanz. BEI In den allermeisten Fällen rollt der Schneeball ungehindert und leicht herunter erreicht Punkte Minimum. BEI eine solche "florierend" Bereiche Inflation endet relativ schnell (wie wir uns erinnern, geht es so lange weiter, wie der Schneeball ist auf der Plateau) und ist ersetzt banal Verlängerung an Gesetz Friedmann - Hubble. Aber Malerei erschwert durch die Tatsache, dass einzelne Klumpen unter dem Einfluss von Zufall Quantum Schwankungen kann Bewegung und in direkt Gegenteil Seite, erreichen unvorstellbar Geschwindigkeiten, weil die Prozess Inflation entwickelt an Exponent. BEI eine solche Bereiche Inflation nicht wird niemals enden.

Um dies in irgendeiner Weise zu visualisieren, stellen Sie sich eine Gummiplatte vor bzw Plastikfolie, die wie ein Schachbrett in Zellen eingeteilt ist. Jeder von Felder, relevant in gegeben Fall elementar Planck Volumen, kann strecken wie wie auch immer stark oder, und umgekehrt, verlassen in Immunität. BEI Ergebnis wir wir bekommen verwirrt Konglomerat, bestehend aus Fragmente einheitlich das Ganze deformiert rein individuell. "Ruhig" Handlung, wo Inflation vor langer Zeit bestellt Für eine lange Zeit live, kann sein sein umgeben von unzählige Anzahl Regionen, gelegen in unbedingt anders Modi: in etwas Inflation sofort gleich erstickt a in Andere geht weiter bis jetzt seit.

Deshalb die Größe beobachtbar jetzt Universum (Metagalaktik), Komponente 1028 Zentimeter, was in etwa 10 Milliarden Lichtjahren entspricht, möglich ein unbedeutender Teil des Universums als Ganzes. Dort, jenseits des Ereignishorizonts, leben und leben andere Welten, die nichts mit unserem Universum zu tun haben. Und obwohl sie formell mit ihr verbunden sind unbestreitbar Tatsache Gemeinsamkeit Ursprung, Mit körperlich Punkte Vision sie sind „Dinge an sich", weil sie nichts mit unserem Universum zu tun haben. Szenario des ewigen stochastische (probabilistische) Inflation beschreibt alle möglichen Universen, die in berühmt Sinn existieren "irgendwo" im Weltraum.

ABER. ABER. Starobinsky, korrespondierendes Mitglied RAS und hauptsächlich wissenschaftlich Angestellter Institut theoretisch Physik Sie. L. D. Landauer, gegeben einfache Frage:

...

Welche praktische Bedeutung hat das alles? Wir können diese anderen Universen nicht sehen daher führt dies nicht zu neuen Beobachtungseffekten (oder wir haben es noch nicht gelernt finden - es sollte erkannt werden, dass das gesamte theoretische Bild der Metaverse noch nicht vorhanden ist aufgetreten). Aus ideologischer Sicht ist jedoch klar, dass alle heißen vorherigen Diskussionen über die „einmalige Geburt des Universums" waren naiv. Es wurde klar, dass unsere Das sichtbare Universum ist nur eine der möglichen Realisierungen von Universen, die konstant sindkommen in der Metaverse an verschiedenen Orten im Raum vor (und in gewissem Sinne sogar in verschiedene Zeiten - Zeit in anderen Universen muss im Allgemeinen nicht damit korrelieren Zeit ein unser Universum).

Kurz zusammenfassen sagte. Geburt klassisch Freizeit aus Quantenschaum war das Ergebnis einer zufälligen Quantenfluktuation und des Alters des Universums war dann um 10-43 Sekunden. Durchmesser Universum in diese Zeit war ein wenig mehr 10-33 cm, a Dichte Dies mikroskopisch gerinnen erreicht monströs Werte - 1093 g / cm2 (die sogenannte Planck-Dichte, die maximal mögliche in Natur). Temperatur zu war unter werden - nahe 1032 Grad Kelvin. BEI Fortschritt Inflation, Dauer die war mehrere Planck mal (10–43–10–37 Sekunden) variierte die Temperatur über einen sehr weiten Bereich und fiel schnell auf Null. Schnell Inflation geglättet Platz und tat seine praktisch homogen in alle Richtungen. Die Ära der Inflation ist im Grunde eine kalte Phase; Elementarteilchen mehr Nein, a Angelegenheit vorgestellt Skalar inflationär aufstellen.

Wann inflationär aufstellen erreicht Minimum Potenzial Energie, passiert die Geburt von Materie in Form von heißem Plasma aus Quarks, Gluonen, Elektronen und ihren Antiteilchen. Das Universum erwärmte sich wieder auf sehr hohe Temperaturen in der Größenordnung von 1026-1029 Grad Kelvin. Die exponentielle Inflation wurde durch die übliche gemächliche Expansion ersetzt an Gesetz Hubble, was wahrgenommen uns wie Groß Explosion. Frühzeitig Universum repräsentiert dich selbst seine nett heiß Quark Suppe: hoch Temperatur verhinderten ihre Vereinigung, und daher lebte jedes Quark ein unabhängiges Leben. Durch messen Herbst Temperatur sie gestartet Vereinen in Nukleonen, So wie Existenz Quarks in Form freier Teilchen bei relativ niedrigen Temperaturen ist unmöglich. Wann Das Universum kühlte auf etwa 10^{11}-10^{12} Grad Kelvin ab (sein damaliges Alter war 10^{-4} Sekunden), gibt es in der Natur keine freien Quarks mehr - sie sind alle zu Protonen vereint und Neutronen. Dies Prozess erhalten Anruf Baryosynthese, oder Quarkadron Phase Überleitung. Zu diesem Zeitpunkt hatte sich der Raum des jungen Universums in ein dichtes Durcheinander verwandelt Protonen, Neutronen, Elektronen, Neutrinos und Photonen sowie deren Antiteilchen. Allerdings hier was merkwürdig ist: wenn Teilchen und Antiteilchen am Ende der Inflation gleich waren, dann sie zwangsläufig muss war möchten gegenseitig sei zerstört in Prozess Vernichtung, und dann Baumaterial, das für die Entstehung von Sternen, Galaxien und uns notwendig ist, würde einfach nicht reichen. Mit anderen Worten, warum kam es zu einem Symmetriebruch? zwischen Teilchen und Antiteilchen?

So, Rechtsvorschriften Natur sind gleich zum Partikel und Antiteilchen, a Weil nicht schlecht möchten herausfinden, wie entstand baryonisch Überschuss. Auf der irgendein Ereignis Hinweis was Finale Antwort auf der Dies Frage Nein, verfügbar mehrere Versionen mehr oder weniger überzeugend, und jede von ihnen erfordert die Einbeziehung eines komplexen mathematischen Apparats. Deshalb beschränken uns auf eine vereinfachte Modell, die, aber, hilft verstehe Wesen Angelegenheiten.

Lassen Sie uns ein hypothetisches Feld einführen, das gleichermaßen mit Teilchen und wechselwirkt Antiteilchen, und bezeichnen es mit dem griechischen Buchstaben 0. Wir stellen es graphisch dar, in der Form Parabeln. Die Feldenergie ist an ihren Ästen maximal und im unteren Bereich minimal Punkt, lügnerisch auf der Achsen Abszisse. Zum Sichtweite kann einführen dich selbst Grube oder eine Art Gefäß, sagen wir, eine Schüssel oder ein Weinglas, das sich nach oben erweitert und einen abgerundeten Boden hat. Wir legen eine Kugel auf die Innenwand der Schale und nehmen an, dass ihre Energie umso größer ist, je größer sie ist Oben es befindet sich. Abrollen nach unten Schalen, der Ball verliert Energie.

Denken Sie jetzt daran, dass zum Zeitpunkt der Geburt unseres Universums die Energiedichte war sehr Großartig. BEI des Weiteren Sie ist alle Zeit fiel Streben zu Null, a Energie Felder bestanden in Energie geboren Partikel. BEI unser Modelle Antiteilchen muss sein ein wenig weniger. Aber wie Dies erreichen? Vermuten was Partikel geboren bei Das Feld bewegt sich auf der linken Seite der Parabel und die Antiteilchen auf der rechten Seite. Das Malen geht weiter völlig symmetrisch bleiben: Weder Teilchen noch ihre antipodischen Zwillinge haben gerade Konto keine Vorteile, weil die Quantenfluktuation - Embryo unser Universum
– kann mit gleicher Wahrscheinlichkeit sowohl am linken als auch am rechten Ast auftreten. Und nun Mal schauen, was passiert als nächstes.

Um Dies Gut und einfach erzählt AUS. G. Rubin:

...

Der Moment der Wahrheit kommt genau mit der Geburt unseres Universums. Wenn wir drin wohnen Universum, versehentlich auf dem linken Ast geboren, dann passierte Folgendes. Das Feld beginnt nach unten bewegen und Partikel spawnen. Dann es "überspringt" die Position des Minimums und steigt auf den rechten Ast der Parabel, aber ein Teil seiner Energie wurde bereits an Teilchen abgegeben, und es wird aufgehen unter elementar Werte. Deshalb, Wenn beginnt Verkehr der Rücken zu minimaler potentieller Energie erzeugt das Feld Antiteilchen in kleineren Mengen. Diese Fading Schwankungen fortsetzen genügend Für eine lange Zeit, und gesamt Menge Partikel, sicherlich, nicht wird sein übereinstimmen Mit Anzahl Antiteilchen - einfach Weil, was ihr Durch die Geburt auf dem linken Zweig des Potentials hat das Universum die Symmetrie der Theorie gebrochen. Das ist genau wonach wir gesucht haben! Übrigens, wenn das Universum zufällig auf dem richtigen Ast geboren wurde, dann wir würden von Antiteilchen dominiert werden. Wir würden aus Antiteilchen bestehen, aber natürlich würden wir anrufen möchten Sie "Partikel".

Und dunkel kam

Der Wind brachte uns Trost
Und im Azur fühlten wir uns
Assyrische Libellenflügel,
Büsten gekröpft Dunkelheit.

Osip Mandelstam

Vorherige Kapitel fast völlig war gewidmet ist entfernt vorbei an unser Universum. Es entsteht ein seltsames, absurdes und ein wenig beängstigendes Bild: eine riesige Welt, bewohnt unzählige viele Sterne und Galaxien, entstand buchstäblich aus nichts, praktisch aus Leere, aus etwas unbedeutend Quantum Schwankungen. Jedoch und in Der moderne Zustand des Universums ist auch voller Kuriositäten, und der erste Platz unter ihnen in Recht gehört zum Geheimnis der verborgenen Masse, die auch Dunkle Materie genannt wird, und dunkel Energie (nicht Verwirrt mit verborgene Masse).

Beobachtungen der letzten zwei Jahrzehnte haben gezeigt, dass der Bruchteil des Gewöhnlichen sichtbar ist Substanzen - Protonen, Neutronen Elektronen und Photonen - Konto für nicht mehr vier % Schwere Masse-Energie Universum (dann Es gibt Masse-Energie, Erstellen Gravitation aufstellen). Sich ausruhen 96% - das ist etwas rätselhaft Substanz, die nicht strahlt und nicht absorbiert Sveta, a Sie Gegenwart kann entdecken nur nur an erstellt Sie Gravitation aufstellen. Sie ist auf keinen Fall nicht interagiert Mit gewöhnliche egal, so ist der Beiname "dunkel" als nicht ganz gelungen anzuerkennen: mit gleichem Erfolg es könnte "transparent" oder "unsichtbar" genannt werden. Mit anderen Worten, majestätisch ein Reigen von Himmelskörpern, den akribische Astronomen seit Jahrhunderten studieren entpuppte sich als unbedeutender Oberflächenteil eines Eisbergs, der auf einem unsichtbaren dunklen Block ruht unbekannt was. Über die physische Natur dieses unkörperlichen, aber sehr gewichtigen Geistes zeitgenössisch die Wissenschaft nicht kann sein erzählen nichts sicher. Mehr Gehen, überhaupt in letzter Zeites stellte sich heraus, dass die dunkle unterseite unserer welt heterogen ist und ihrerseits in sich aufbricht zwei Komponenten, die sich in ihren Eigenschaften sehr unterscheiden: Dunkle Materie (sie ist auch verborgen Masse), die etwa 25 % der gesamten Masse-Energie ausmacht, und dunkle Energie (71 %). Jedoch über alles in Ordnung.

Die erste Glocke, die anzeigt, dass im dänischen Königreich nicht alles in Ordnung ist, klingelte 1933 Jahr, Wenn Amerikanischer Astronom schweizerischer Herkunft Fritz Zwicky konzipiert messen Komplett Masse Gruppen Galaxien an Sie Helligkeit. Er Ich habe es einfach gemacht: Ich habe die Anzahl der Sterne in jeder Galaxie gezählt und diese Zahl mit multipliziert Mitte Masse Sterne. Es schien möchten, zuverlässig und verifiziert Methode. Jedoch Ein weiterer ein Ansatz, Gegründet auf der Gesetz Welt Schwere und Auswertung Geschwindigkeiten Sterne, gab unvergleichlich viel Masse. Zwicky bemerkte äußerst merkwürdige Anomalien in Bewegung Individuell Galaxien Innerhalb Cluster. Irgendein zufällig vergriffen Galaxis so bewegt, als ob die Gesamtmasse des Clusters die Summe bei weitem übersteigen würde Massen seiner konstituierenden Galaxien. Denn dieses kräftige „Anhängsel" ist unsichtbar und kann es sein entdeckt nur durch die Natur der Gravitation Empörung, Zwicky vorgeschlagen zu nennen seine Dunkle Materie.

Damals reagierte die wissenschaftliche Gemeinschaft ziemlich auf Zwickys Vorschlag schleppend, und erst 40 Jahre später sprach man wieder von der verborgenen Masse. In den 70er Jahren des letzten Jahrhunderts Anomalien, ähnlich Themen welche Art entdeckt amerikanisch Astronom, war aufgedeckt in Spiralgalaxien. Wie Sie wissen, sind Spiralgalaxien im Gegensatz zu Galaxien einer anderen Typen (elliptisch und unregelmäßig) rotieren, aber diese Rotation hat nichts gemeinsam mit der Drehung eines Kinderkreisels oder Kreisels. Die Galaxie ist nicht fest Karosserie, a besteht aus Dutzende Milliarde Sterne, jeder aus die ziehen um Sie selber an dich selbst beschreiben abgeschlossen Kurve um galaktisch Center. Von hier folgt, was in nach den Gesetzen der Himmelsmechanik die Geschwindigkeit eines Sterns, wenn er sich vom Zentrum wegbewegt sollte fallen. Auf jeden Fall verhalten sich die Planeten des Sonnensystems genau so: weiter Planet hinkt hinterher von der Sonne, Themen unter Sie Umlaufgeschwindigkeit.

ABER hier Verkehr Sterne in Spiral- Galaxien an unverständlich Grund Dies unveränderlich Gesetz nicht gehorcht. Astronomisch Beobachtungen bezeugen um Volumen, was Geschwindigkeit alle Sterne, Anfang Mit etwas Entfernungen aus Center, wird ein konstanter Wert. Wie kann man diese unangenehme Situation lösen? Lege meine Hand auf mein Herz wir haben wenig Wahl. Eines von zwei Dingen: Entweder werden die Massen von Galaxien falsch geschätzt oder die Gesetze Newtons Prinzipien sind nicht universell und können unter bestimmten Bedingungen verletzt werden. Zweite Option sieht zu extravagant aus und wird von den meisten Wissenschaftlern jedoch nicht ernsthaft in Betracht gezogen getrennt Ketzer aus Physik ermöglichen eine solche Wahrscheinlichkeit. Sagen wir israelisch M.Milgrom verhältnismäßig in letzter Zeit vorgeschlagen Hypothese erhalten Titel geändert Newtonisch Sprecher (MOND). Entsprechend Dies Hypothese Verkehr Sterne, interstellare Gaswolken und andere Objekte in den äußeren Schichten von Spiralgalaxien gehorcht nicht dem Newtonschen Gesetz, sondern einem allgemeineren Gesetz, das die Newtonsche Mechanik einschließt wie Privatgelände Ereignis. Beschleunigt Verkehr Sterne erklärt Themen was auf der groß Entfernungen vom galaktischen Zentrum gilt Newtons übliches Gesetz nicht, weil Stärke Schwere erwirbt einen anderen Größe.

Tem nicht weniger mehrheitlich Spezialisten Punkt Vision Milgrom nicht Teilen. Die modifizierte Dynamik sündigt nicht nur mit vielen offenen Übertreibungen, sondern auch stimmt nicht gut mit den Daten der beobachtenden Astronomie überein (zum Beispiel kann sie nicht erklären Charakter Bewegungen Substanzen in Cluster Galaxien). Deshalb fast alle Astrophysiker neigen dazu, Anomalien in der Bewegung von Sternen durch das Vorhandensein von unsichtbarer (dunkler) Materie zu erklären, die wie eine riesige kugelförmige Wolke jede Galaxie umhüllt. Berechnungen zeigen, dass im Fall unserer Galaxie der Durchmesser eines solchen Halo mindestens 300 betragen muss tausend hell Jahre, dann Es gibt in drei Mal übertrifft Durchmesser der Milky Wege.

Aber was ist die physikalische Natur dieser ungewöhnlichen Substanz, die, wie wir uns erinnern, macht es 25 % aus - mehr als sechsmal mehr als gewöhnliche Materie, Licht aussenden? Erstens können Kandidaten für die Rolle von dunklen Massenträgern sein kompakte Körper, die sogenannten massiven astrophysikalischen kompakten Objekte im Halo Galaxien - Massive astrophysikalische kompakte Halo-Objekte (MACHO). Darunter dunkel Formationen betreffen Schwarz Löcher, braun Zwerge, alt Neutron Sterne, Wolken aus schwach wechselwirkenden Teilchen und möglicherweise Weißen Zwergen. Alle von ihnen sollten nicht leuchten, sonst wären sie längst entdeckt worden. Braune Zwerge sind etwas Durchschnitt zwischen Gas Riesenplaneten und klein hell Sterne. Gewicht eine solche Objekt nicht muss überschreiten zehn % Massen Sonne, Andernfalls Innerhalb ihn aufflammen thermonukleare Reaktionen, die führen zu Lichtemission. Schwarze Löcher u Neutron Sterne, behaupten auf der Rolle kompakt Objekte, zu muss bestimmte Voraussetzungen erfüllen. Erstere haben kein Recht, zu massiv zu sein, da die Strahlung der Materie, die auf sie fällt, sie sofort verraten wird, und Letztere müssen ein sehr respektables Alter haben, da nur alte Neutronensterne praktisch nicht strahlen und Weil unsichtbar.

Unter dem Einfluss der Gravitationskräfte wird dunkle Materie einfach ungleichmäßig verteilt Sprichwort überlaufen, wie gewöhnliche Angelegenheit, und Astronomen lernen Charakter Dies Verteilung verschiedene Methoden - an krumm Drehung Galaxien, Sie großräumige Struktur, Gravitationslinseneffekt und so weiter. Unter dem letzten das Auftreten falscher Bilder wird verstanden, da die Gravitationsfelder der Masse verborgen sind verzerren Flugbahn Bewegungen Sveta aus entfernt Quellen. Jedoch Beobachtungen Show was etwas nur kompakt Objekte deutlich nicht genug zum erfolgreich Berechtigungen Probleme dunkel Angelegenheit. Deshalb Physik, beteiligt an lernen elementar Partikel, glauben was Phänomen versteckt Massen gebunden in Erste drehen Mit So genannt WIMP - Schwach Interaktion fest Partikel (schwach interagieren fest Partikel). Diese hypothetisch Partikel Wiedersehen nicht entdeckt, und dann Umstand, was sie äußerst schwach interagieren Mit Substanz schafft groß Schwierigkeiten, ihre Existenz zu beweisen. Solche Teilchen werden manchmal als kalt bezeichnet, oder nicht relativistisch dunkel Angelegenheit, weil sie bewegen sich co Geschwindigkeiten, viele kleiner wie Geschwindigkeit Sveta. Jedoch Sie Langsamkeit Mit überwältigt baden sehr anständiges Gewicht, weil die Masse der schwach wechselwirkenden Teilchen das 1000-fache oder mehr beträgt übertrifft Masse Atom Wasserstoff.

Übrigens gibt es neben der Kälte im Universum auch heiße dunkle Materie in der Form Reliktneutrinos mit Ruhemasse ungleich Null, aber ihr Beitrag zur gesamten Gravitation Masse-Energie nicht übersteigt eineinhalb Prozent. Wie wir wir sehen Arbeit bei Astrophysiker Noch kein Ende, aber an der wirklichen Existenz von Dunkler Materie ist heute schon zu zweifeln nicht müssen, zu ... haben weil die exakt Sie ist trägt bei Hauptbeitrag in Masse Galaxien.

Aber mehr mehr mysteriös Eigenschaften hat dunkel Energie, auf der Teilen die macht 71% der gesamten Masse-Energie des Universums aus. Anders als die verborgene Masse ist es das nicht Massen unter dem Einfluss der Schwerkraft, sondern füllt alles streng gleichmäßig und gleichmäßig aus Platz Universum, wie Ideal fest Umgebung, und überall, überallhin, allerorts und stets Es hat konstante Dichte. Die Dunkle-Energie-Hypothese (die streng genommen mittlerweile zu einer vollständige Theorie) entstand 1998, als zwei internationale Teams von Astronomen kündigte die Entdeckung der beschleunigten Expansion des Universums an. Diese grundlegende Tatsache Bedeutung dem schwierig überschätzen, war Eingerichtet bei Beobachtungen pro entfernt Supernovae Sterne sicher Typ (Typ 1a). Eine solche Supernovae haben ausschließlich hoch Helligkeit, vergleichbar co Helligkeit ganz Galaxien, in die sie aufflackern und daher in intergalaktischen Entfernungen deutlich sichtbar sind. Außer Darüber hinaus ist ein einzigartiges Merkmal von Supernovae vom Typ 1a die Tatsache, dass ihre eigenen die Leuchtkraft bei maximaler Helligkeit hält sich in sehr engen Grenzen. Mit anderen Worten, Macht Strahlung Sterne Dies Typ praktisch identisch, und Weil Sie erhalten Anruf
"Standard Kerzen." Aus Schule Kurs Physik bekannt was fließen hell Strahlung sinkt der Rücken proportional Quadrat Entfernungen aus Quelle. So Weise, die Helligkeit einer Supernova auf der Erde zu messen, die in einer fernen Galaxie ausbrach, und zu vergleichen es mit der wirklichen Eigenleuchtkraft der Quelle (die ja bekannt ist) rechnen kann Distanz Vor Objekt. Besonders wichtig Ausbrüche Supernovae Typ 1a in sehr entfernt Galaxien, da kosmologische Effekte signifikant werden und man nicht nur kann definieren dauerhaft Hubble, aber und messen Parameter Dichte Universum, dann Es gibt Installieren Sie Geometrie.

Bisher gesammelte Beobachtungsdaten zu Supernovae vom Typ 1a, lassen Sie uns mit einer Wahrscheinlichkeit von 99% sagen, dass sich das Universum beschleunigt ausdehnt. Und Es ist sehr merkwürdig, dass sich der Modus der Standard-Hubble-Erweiterung gestern nicht geändert hat und nicht heute, aber mindestens vor mehreren Milliarden Jahren. Es ist schwierig, das genaue Datum zu nennen aber wenn glauben Archiv Fotografien hervorragend Himmel, die meisten Fernbedienung aus uns
"Standard Kerze" zündete auf der Distanz in zehn Milliarde hell Jahre aus Planeten Erde. Seine Leuchtkraft passt perfekt in die Parameter des Friedmann-Modells, was impliziert Schlussfolgern, was mehr zehn Milliarde Jahre dazu der Rücken Universum fortgesetzt erweitern klassisch - in Komplett Beachtung Mit Gesetz Hubble. Jedoch Charakter scheinen mehr Junge Supernovae lassen nicht zu, dass vor 7–8 Milliarden Jahren die Dunkelheit bezweifelt wird Energie durchgesetzt Oben Kräfte Schwere und Universum wurde erweitern Schneller.

Baut auf Eindruck, was Dynamik Universum regiert etwas
Feld "erweitern". Solange das Volumen des Universums relativ klein ist, ist die Schwerkraft wirksam Raumausdehnung entgegenwirken, aber früher oder später kommt der Moment wenn die Dichte der Materie einen bestimmten kritischen Wert unterschreitet und die Felddichte die sich mit der Zeit nicht verändert, beginnt den Raum immer energischer aufzublähen. Mehr Gehen, Tempo Erweiterungen stellt sich heraus in Richtigkeit eine solche was macht abrufen

das berüchtigte „Lambda", die kosmologische Konstante, die Einstein in die Gleichungen einführte allgemeine Relativitätstheorie im Jahr 1917. Einsteins Universum war statisch, und Er brauchte das Lambda-Mitglied, um die einschränkende Schwerkraft auszugleichen universelle kosmologische Abstoßung: Andernfalls muss alle Materie versammeln sich unweigerlich. Einstein selbst konnte sein "Lambda" nicht ertragen und in der Folge nannte die Einführung des Lambda-Mitglieds den "größten Fehler des Lebens". Allerdings nach in 1922–1924 Der Leningrader Mathematiker AA Fridman fand eine nichtstationäre Lösung Einsteins Gleichungen und der amerikanische Astronom Edwin Hubble entdeckte 1929 Rot Voreingenommenheit in Spektren entfernt Galaxien, wurde klar, was Universum Mit Moment seine Die Geburt entwickelt sich ständig weiter, und das unbequeme „Lambda" wurde sicher vergessen. Oblivion erstreckte sich über mehr als 40 Jahre und war erst um die Wende der 60er - 70er Jahre Vergangenheit Jahrhundert um kosmologische Konstante fing an zu reden wieder. Aus funktioniert inländisch Theoretische Physiker E. B. Ährenleser, ABER. ABER. Starobinsky, ICH. B. Zeldowitsch und etwas andere folgten, dass das Vakuum eine Energie ungleich Null haben kann. In diesem Fall die Hypothese kosmologische Konstante entspricht der Idee eines vollkommen homogenen Mediums, gleichmäßig Füllung alle das Weltall. Eigenschaften eine solche Umgebungen sehr ungewöhnlich: Sie Druck ausgedrückt Negativ Größe, a Dichte unverändert in Zeit und Platz. Und sobald der Druck negativ ist, dann bei konstanter Dichte schaffen Anti Schwerkraft Wirkung, Beschleunigung Verlängerung Universum. Daher ganz wahrscheinlich, was dunkel Energie Es gibt nicht was Sonstiges wie Manifestation Vakuum Felder Mit Negativ Druck.

Erinnert Sie das an etwas, Leser? Gehen Sie dann zurück zum Anfang des letzten Kapitels, in die Rede ging um kosmologische Inflation - Zeitraum ultraschnell Erweiterungen neugeboren Universum. Hypothetisch inflationär aufstellen, effektiv aufgeblasen Platz nahe Punkte "Null", hatte exakt eine solche gleich Eigenschaften - äußerst starker Unterdruck und eine konstante Dichte, die sich mit der Zeit nicht ändert. Daher haben wir das Recht anzunehmen, dass das Inflationsfeld nicht verschwunden ist, sondern weitergeht in unserem Universum präsent sein. Dann wird dunkle Energie genau so ein Feld sein, gelegen in Minimum seine Potenzial. Zwischen übrigens, von hier folgt wichtig Folge: Epoche Inflation qualitativ unbedingt ähnlich der Eine zu die unser Das Universum nähert sich heute. Zweifellos gibt es einen Unterschied zwischen ihnen, aber es ist rein quantitativer Charakter. Es ist klar, dass zu Beginn der Geschichte alle Bedeutungen aufgebläht wurden Krümmung der Raumzeit und effektive Energiedichte waren in einem kolossalen Mal mehr als heute, aber es gibt keine grundlegenden Unterschiede zwischen diesen beiden Epochen gesehen.

So konnte man bis 1998 mit Zuversicht von den drei Bestandteilen der Materie sprechen, gleichmäßig Füllung Platz Universum. Zuerst, das ist üblich Substanz - Protonen, Neutronen und Elektronen, die Sterne, Planeten und so wenig wie bilden wir Mit Sie. Zweitens, das ist mysteriös dunkel Angelegenheit (versteckt Gewicht), bestehend aus nicht relativistisch Partikel, nicht strahlend Sveta und praktisch nicht interagieren Mit gewöhnliche Substanz. Schließlich, drittens, ist dies die "Rest" -Strahlung - Reliktphotonen und Neutrinos, erhalten als Echo des heißen Beginns unserer Welt. Nicht entdeckt bisher fallen auch Gravitonen und einige andere ultrarelativistische Teilchen darunter Dies Kategorie. Diese drei Inkarnationen Universum zur Verfügung stellen weltweit Schwere, a hier vierte Komponente, auf der Teilen die Konto für zwei Drittel Komplett Dichte zeitgenössisch Universum, identifiziert überhaupt in letzter Zeit und schafft Phänomen Universal- Kosmologische Abstoßung. Das Schicksal der Welt wird also von einem gewissen Kontinuum mit gesteuert positive konstante Dichte und negativer Druck und absolut Ausdruck diese zwei Mengen gleich zwischen dich selbst.

In Bezug auf die physikalische Natur dieser mysteriösen Substanz sind wir derzeit Tag können wir fast nichts sagen. Wenn als eine Art kosmologische interpretiert dauerhaft, wir zwangsläufig wir lehnen ab in Schmuck Richtigkeit Initial Parameter, das die meisten dünn Einstellung, die Für eine lange Zeit auferlegt in Zähne. Es stellt sich heraus, was Initial die potentielle Energie des Universums wurde so fehlerlos berechnet, dass als Die anschließende "ruhige" Expansion schaffte es, eine so kritische Dichte bereitzustellen unser Frieden, die tat Platz fast perfekt eben. "Warum Anti Schwerkraft Aktion dunkel Energie erschien nur dabei Zeit, Wenn werden entstehen Galaxien? - Fragen etwas Astrophysik. Wahrheit, diese Abweichungen entfernt im Szenario der chaotischen Inflation AD Linde: kosmologische Konstante kann sein annehmen verschiedene Werte, und nur dort, wo existieren Sterne, Galaxien und Im Allgemeinen erhalten komplexe Strukturen einen solchen Wert, der das Erscheinungsbild ermöglicht fragendes Thema. Mit anderen Worten, dunkle Energie ist ungleichmäßig verteilt Platz, a Weil Ausführung göttlich Angeln kann co Ruhe Seele nah dran. BEI diese Ecken Universum, wo Bedeutung kosmologische Konstante an Wille Blinder Zufall stellte sich als anders heraus, die Frage nach den Parametern der Schmuckanpassung ist einfach niemand.

Inzwischen sind nicht alle Physiker bereit, einer solchen Fragestellung zuzustimmen und Es wird angenommen, dass die Dichte dunkler Energie nicht vakuumartiger Natur ist und möglicherweise irgendwann Rückgeld. Nehmen wir an, die Amerikaner Paul Steinhardt und Richard Caldwell denken das unter der Maske dunkel Energie versteckt Besondere Quantum aufstellen, die kann sein annehmen VariablenWerte. In Erinnerung an antike Denker nannten sie es die Quintessenz. Wie bekannt, die alten glaubten, dass die bestandteile des universums vier elemente sind - erde, wasser, feuer undLuft, aber unruhig Aristoteles hinzugefügt Dies Nomenklatur fünfte Wesen - die Quintessenz, aus der die Ätherleiber bestehen sollen. In den Streitigkeiten hochkarätiger Theoretiker Wir werden uns nicht einmischen, aber wir werden nur darauf hinweisen, dass die Frage nach der physikalischen Natur der dunklen Energie noch sehr weit weg ab Endabnahme. So oder ansonsten aber die Hauptrolle Dunkle Energie in der Evolution des Universums in unseren Tagen des Zweifels ruft nicht mehr an. Was würde sie keiner war auf mikroskopischer Ebene - eine spezielle Vakuumenergie oder geometrisch radikal ins Universum investiert – aber Tatsache bleibt: für mehrere Seit Milliarden von Jahren dehnt sich unser Universum immer schneller aus, und der Ton für diese Expansion wird von angegeben exakt dunkel Energie - etwas Substanz Mit Negativ Druck und Konstante Dichte.

Auf der Grundlage des Vorstehenden kann die gesamte Geschichte des Universums in vier Epochen unterteilt werden mit einer viergliedrigen Formel der folgenden Form beschreiben: ... DS (I) - FI - FM - DS ... First das Glied dieser Formel bezeichnet die Inflationsphase (der Buchstabe "I" in Klammern) und die Kombination "DS" weist auf den de Sitter-Charakter der Erweiterung hin. Obwohl über den niederländischen Astronomen Willem Sitter haben wir bereits erwähnt, es ist notwendig, eine kleine Erklärung zu machen. Er war einer von die ersten Wissenschaftler, die die allgemeine Relativitätstheorie erkannten, aber das stationäre Modell Einstein passte nicht zu ihm. Einsteins Universum wurde durch Riemannsche Geometrie beschrieben und war eine vierdimensionale Hypersphäre, von der ein Analogon in drei Dimensionen sein kann B. die Oberfläche einer Gummiblase oder eines Ballons sein. Dieses Universum ist geschlossen selbst und hat keine Grenzen, obwohl sein Umfang begrenzt ist. Ein Lichtstrahl, wenn er auf keine Hindernisse trifft, würde sich in einem solchen Modell entlang eines Kreises ausbreiten (genauer gesagt entlang einer geodätischen Linie, weil der kürzeste durch zwischen zwei Punkte auf der Oberflächen Kugeln ist exakt eine solche Kurve).

Sitter vorgeschlagen dynamisch Modell leer und ständig erweitern Universum, ähnlich auf der Luft Ball, welche die alle Zeit aufblasen. Durch messen Inflation Durchmesser Ball ständig wachsend, a seine Geometrie, auch weiterhin bleibe Riemannisch alle mehr und mehr Annäherung zu Geometrie Euklid. Andere Wörter Der Raum in einem solchen Universum wird immer flacher, und der Lichtstrahl bewegt sich nicht weiter Kreise, sondern in einer sich ständig erweiternden Spirale. Allerdings hatte Sitter großes Pech. Er war seiner Zeit zu weit voraus, und seine Hypothese blieb im Gedächtnis seiner Zeitgenossen. anmutig und witzig mathematisch Vorfall. Universum Sitter erweitert an Aussteller (dann hinein essen geometrisch Verläufe in Abhängigkeiten aus Zeit), was in das Zeit (in

1917) widersprach den Beobachtungen. Aber einige Jahre später vorgeschlagen Modell ABER. ABER. Friedmann beharrte auf der Volumen, was Objekte werden entfernt Freund aus Freund co Geschwindigkeit direkt proportional zur Entfernung Hoch zu ihnen.

Heute verstehen wir, dass dieser Widerspruch eingebildet ist. Und Friedman war kein Narr, und Sitter zu nicht Bastschuhe Krautsuppe geschlürft: jeder war Auf meine eigene Art Rechte. BEI Epoche Inflation der Raum wuchs exponentiell - in voller Übereinstimmung mit Sitters Berechnungen. ABER Wenn die Energie des Feldes, das das Universum platzt, auf ein Minimum fiel, trat sofort der Expansionsmodus eingleich geändert. Und auf der Stufen Strahlung (FI-Phase), Wenn Universum war glühend heiß gerinnen heiß Plasma, und auf der Stufen Rekombination (FM-Phase), Wenn Strahlung losgelöst von der Materie dehnt sich unsere Welt proportional aus - nach Friedmans Gesetz - Hubble. Aber als das Universum beträchtlich wuchs und abkühlte, trat wieder dunkle Energie ein deine Rechte. Vor mehreren Milliarden Jahren, der Ära der Dominanz der Dunkelheit Energie, die geht weiter Vor jetzt seit, und Universum wieder Anfang erweitern beschleunigt. ABER weil die an ihr dynamisch Parameter zeitgenössisch Epoche fast nichts nicht ist anders aus Stufen Inflation, ABER. ABER. Starobinsky vorgeschlagen Name Sie de Sitter (Abkürzung DS ein rechte Seite der Formel).

Übrigens das Problem der Dunkelheit Energie hat sehr neugierig philosophisch Aspekt. Bis zu dem Moment, als die Kraft der universellen kosmologischen Abstoßung wurde Dominant a Universum Anfang erweitern beschleunigt gelang es passieren viele verschiedene Veranstaltungen. Bevor die Welt in den Modus der beschleunigten Expansion eintrat, durchlief sie eine Ära Inflation (DS(I) - Bühne), Bestrahlungsphase (FI-Stufe) und Phase Dominanz dunkel Materie (FM-Stufe), wenn die Strahlung von der Materie getrennt wird. Daher haben wir zu Recht davon auszugehen, dass die Inflationsphase auf der linken Seite der Formel vorausgegangen ist etwas Entwicklungen.

ABER. ABER. Starobinsky schreibt:

...

Alle vier Stufen und Übergänge zwischen Sie, inbegriffen in Dies Formel, kann sein berechnet in der Theorie und erforscht an vorhandenen aufmerksam Daten. Kann man sich jedoch vorstellen, dass diese Kette die gesamte Evolution unseres Universums enthält? vorbei an und Zukunft? ich vermute was nein. Wie einmal und umgekehrt, wunderbar Qualität Analogie zwischen DS(I) - und DS-Stufen, erklärt Oben, schlägt vor uns, was Dies Kette
– nur ein kleines Stück von etwas viel Größerem, vielleicht sogar Unendlichem. Betrachten wir die Formel von rechts nach links. Wir sehen, dass es vor der DS-Phase ein langes und gab abwechslungsreiche Hintergrundgeschichte. Dann ist zu erwarten, dass die DS(I)-Stufe auch eine eigene hatte Hintergrund (Ellipse links neben der Formel). Schauen wir nun von links nach rechts. Es ist klar, dass DS(I) - die Bühne war instabil, die primäre dunkle Energie zerfiel in andere (einschließlich einschließlich gewöhnlicher) Arten von Materie. Warum muss dann moderne dunkle Energie sein stabil und kann sich in Zukunft nicht in andere Arten von Materie umwandeln (Ellipse rechts aus Formeln)?

Natürlich die Dauer DS-Stufen um ein Vielfaches größer als Phase der Inflation weil Quantensysteme mit geringerer Gesamtenergie viel stabiler sind. Was Bedenken vorinflationär Geschichten unser Frieden, dann mehrheitlich zeitgenössisch kosmologische Modelle verbieten Ellipse links aus Formeln und pochen auf der Auftreten Universum aus nichts (aus nichts). Jedoch, an Meinung ABER. ABER. Starobinsky, es gibt unzählige andere Szenarien, in denen DS(I) - der Bühne geht etwas voraus. Das schreibt er zusammen mit Ya. B. Zeldovich formulierten sie das entgegengesetzte Konzept der Geburt des Universums "aus irgendetwas" (aus irgendetwas), aber, wegen extrem Sie Extremismus nicht betrachten Sie im Detail. Einer Wort, Versuche wissen, was vorangegangen Phase Inflation, nicht Pause, und sein kann sein, uns warten auf der Dies Weg mehr viele interessant Entdeckungen. So oder Andernfalls, aber Welt stellte sich heraus unermesslich Schwerer wie schien Wissenschaftler mehr irgendein dreißig Jahre der Rücken.

Und was ist mit der fernen Zukunft unseres Universums? Was ist das kommende Zeitalter für uns? Züge? Auf diese Frage gibt es mehrere Antworten, denn die physikalische Natur der Dunkelheit Energie ist immer noch ein Mysterium mit sieben Siegeln. Im einfachsten Fall, wenn die Vakuumenergie positiv ist und sich mit der Zeit nicht ändert, wird sich das Universum unendlich ausdehnen. Der Nachthimmel wird sich nach und nach leeren, da sich immer mehr Objekte darüber hinaus bewegen Horizont der Ereignisse und in 10-20 Milliarden Jahren der Menschheit zur Verfügung stehen wird unser Galaxis (Milchig Weg), benachbart Nebel Andromedae Ja mehr mehrere Galaxien aus der sogenannten Lokalen Gruppe. Nach 1014 Jahren werden keine neuen mehr geboren Sterne und im Universum wird es nur Körper geben, die fast kein Licht geben - weiß und braun Zwerge, Neutronensterne und Schwarze Löcher. Aber am Ende werden alle Sterne erlöschen und sterben, und in 1037 Jahren wird es in einem exorbitant angeschwollenen Raum unmöglich sein, etwas anderes als Schwarz zu finden Löcher und Elementarteilchen. Aber nichts ist für immer. Aufgrund von Quantenprozessen schwarz Löcher schließlich strahlen, obwohl und sehr langsam, a Weil frühzeitig oder spät sie zu verdampfen. es Veranstaltung wird passieren Wenn das Alter Universum wird sein 10100 Jahre und alle Universum wird sein gefüllt äußerst spärlich Gas aus stabil Elementarteilchen - Elektronen, drei Arten von Neutrinos und möglicherweise Protonen. Wieder Frieden wird werden leer, wie biblisch Erde in frühzeitig begann, weil die Distanz zwischen zwei Partikel wird sein weit übertreffen Maße zeitgenössisch Universum.

Was und sagen wir, ein herzzerreißender Anblick. Dies sind jedoch immer noch Blumen, denn es gibt weitaus katastrophalere szenarien für unsere ferne zukunft. Einer von ihnen zeigt an was in Welt allgemein nichts nicht wird bleiben. Ein Geschäft in Volumen, was wenn üblich Verlängerung Universum in bilden kontinuierlich Wachstum Sie Platz nicht erzeugt wirken keine Kräfte auf physische Körper, dann verhält sich dunkle Energie vollständig Andernfalls. Beschleunigt Inflation gleichfalls Aussehen etwas Stärke, dehnen alle Objekte. Heute ist seine Stärke verschwindend gering – 1030-mal schwächer als die Schwerkraft an der Oberfläche Erde. Wenn die Beschleunigung stetig exponentiell wächst, dann ist am Ende die Sache endet nicht nur mit der Zerstörung aller physischen Körper, sondern sogar Elementarteilchen, aus auf dem alle Materie aufgebaut ist. Das Universum wird sich in ein anschwellendes Nichts verwandeln, leer werden im wahrsten Sinne des Wortes. Dieses Muster wird Big Gap genannt Ruhe in Frieden auf Englisch), war empfohlen in 2003 Jahr in Artikel R. R. Caldwell, M. Kamionkowski und H. H. Weinberg "Phantom Energie und Platz das Ende Sweta". Allerdings ist nicht alles so hoffnungslos: andere Astrophysiker, zum Beispiel Stephen Hawking glaubt, dass Expansion früher oder später durch Kontraktion ersetzt wird. Um ehrlich zu sein, Eine solche Aussicht verheißt auch nichts Gutes für die Menschheit, aber dies ist bereits eine separate Lied.

Allerdings lauern die kommenden Jahre im Nebel, wie der Klassiker einmal schrieb, und deshalb nicht raten wir auf dem Kaffeesatz, aber wir werden unsere Gesichter der Vergangenheit zuwenden. Im vorigen Kapitel Die Theorie der Superstrings wurde erwähnt, was konsistent zu sein scheint Quantenmechanik und Allgemeine Relativitätstheorie. Es ist Zeit, über sie zu sprechen ausführlicher, zumal Stringtheorien in verschiedenen Versionen heute sehr beliebt sind und sehr lebhaft diskutiert.

Zum Anfang denken Sie daran um vier Typen grundlegend Interaktionen - elektromagnetisch, stark, schwach und gravitativ, unter dessen Zeichen dies unvollkommen Welt. Knapp Lass mich dich errinnern für dich, Leser, was Elektromagnetismus war 1873 vom englischen Physiker James Maxwell ausführlich beschrieben. Wenn nicht Dies Stärke, gebaut auf der Konfrontation zwei Polar- begann (Gebühren eines Schild stoßen einander ab und Gegensätzliches ziehen sich an), weder Atome noch Moleküle könnten das existieren. Chemie und Biologie So oder Andernfalls herunter kommen zu elektromagnetisch Interaktion. Fernseher und Radio, Dank an die wir lernen um Tsunami in Indonesien, Eskapaden unvollendet Taliban in Vorgebirge Hindukusch oder nächste abheben

Preise auf der Öl auf der Welt Märkte, zu gezwungen ihr Existenz Phänomen Elektromagnetismus.

stark Interaktion hält Protonen und Neutronen Innerhalb atomar Ader, wirkt den Kräften der Coulomb-Abstoßung entgegen und klebt auch subnuklear zusammen Teilchen sind Quarks, aus denen alle Materie aufgebaut ist. Schwache Interaktion (schwächer als it nur Gravitation) Antworten pro Transformation elementar Partikel in Mikrowelt und etwas Arten radioaktiver Zerfall.

Endlich, Gravitation Interaktion (es die meisten schwach aus alle - die elektromagnetische Abstoßung entgegengesetzter Ladungen übersteigt die Kontraktionskraft Schwere in 1043 mal) zwingt Karosserie Angezogen werden Freund zu Freund und Es hat nur eines Schild
– Masse (was "Masse" ist und woher sie kommt, weiß niemand). Sondern elektromagnetische Kräftearbeiten nur auf der berechnet Objekte, a Schwere - auf der alle Karosserie ohne Ausnahmen, Masse haben. Und da makroskopische Strukturen fast immer elektrisch sind neutral Stärke Welt Schwere erwirbt definieren Rolle in kosmologische Waage.

Träger elektromagnetisch Interaktionen sind Photonen (wenn etwas präziser, virtuell Photonen), stark - Gluonen (aus Englisch Klebstoff - "Kleber", "Kleber") schwach
– So genannt schwer Vektor Bosonen (W+-Boson, W-Boson und Z0-Boson). EIN hier Schwere Kosten in Dies die Zeile ein Teil, Weil was Träger Gravitation Interaktionen - hypothetisch Graviton - Vor jetzt seit nicht entdeckt. Deshalb Gravitation aufstellen beschrieben in Rahmen Allgemeines Theorien Relativität wie gebogen vierdimensional Freizeit Kontinuum. Krümmung der raum wird bestimmt durch die anwesenheit von massen, und diese massen selbst, wie schon vorher erwähnt, sie bewegen sich nicht geradlinig, sondern auf Bahnen kleinster Länge – geodätische Linien. Lass uns erinnern einfach Beispiel. Wenn ein stellen auf der elastisch Gummi Blech gewichtig Metall Ball, Gummi durchhängen, Bildung Loch. Wenn ein jetzt nehmen Ball etwas weniger und versuchen, ihn an einem schweren Ball vorbeizurollen, er rollt entweder in eine Aussparung (er wird angezogen zu schwer Ball), oder beschreiben nahe ihn etwas Kurve was wird sein abhängen aus Geschwindigkeit Lunge Ball und Entfernungen zwischen Sie. Wie mehr Gewicht, Themen stärker verzieht Platz. Andere Wörter Stärke Schwere ist äquivalent zu Biege Freizeit.

Es bleibt hinzuzufügen, dass Elektromagnetismus und Schwerkraft weitreichend sind Kräfte, während die starken und schwachen Wechselwirkungen nur bei kleinen und ultrakleinen wirken Distanzen (10-13– 10-15cm und 10-16– 10-17cm beziehungsweise).

BEI 1967 Jahr in Physik elementar Partikel passiert von Bedeutung Veranstaltung. amerikanisch Stefan Weinberg und Engländer Abdus Salam trotzdem Freund aus Freund zeigten, dass die elektromagnetische und die schwache Wechselwirkung von gleicher Natur sind und eine Gemeinsamkeit haben Ursprung. Getrennt davon wirken sie nur bei relativ niedrigen Temperaturen, und bei Temperatur bestellen 1015 Grad werden nicht zu unterscheiden Vereinigung in elektroschwache Kraft. Aus dem Weinberg-Salam-Modell folgte das zusätzlich zum Photon es gibt drei weitere Teilchen, die Träger der schwachen Wechselwirkung sind, - uns bereits bekannte Vektorbosonen („double-ve plus", „double-ve minus" und „z zero"). Bei hoch Ebenen Energie, relevant Temperatur 1015 Grad Kelvin (a Temperatur ist bekanntlich nur ein Maß für die Energiemenge), beginnen W-- und Z-Teilchen zu werden verhalten sich genau wie ein masseloses Photon. Dies ähnelt dem Verhalten des Balls beim Spielen.in Roulette. Stephen Hawking schreibt:

...

Bei hoch Energien (dann Es gibt bei schnell Drehung Räder) Ball führt mich selbst fast gleichermaßen - ununterbrochen dreht. Aber Wenn Rad langsamer Energie Ball sinkt und in Ende endet er scheitert in eines aus dreißig Sieben Rillen, am Rad erhältlich. Mit anderen Worten, bei niedrigen Energien kann der Ball darin existieren siebenunddreißig Staaten. Wenn wir aus irgendeinem Grund den Ball nur beim beobachten konnten niedrige Energien dann betrachtet möchten, was existiert dreißig Sieben anders Typen Bälle!

zehn Jahre später theoretisch Modell Weinberg - Salama brillant Bestätigt experimentell: Es wurden drei Arten von schweren Vektorbosonen gefunden, und es ist mit die vorhergesagten Parameter. Der Erfolg übertraf alle Erwartungen, und das heute Gesetz zählt, was Bedeutung Modelle Weinberg - Salama, erhalten Titel Standardmodell, ist durchaus vergleichbar mit den Leistungen des großen Maxwell, der kombinierte in seine Zeit Elektrizität und Magnetismus.

Aber wenn Elektromagnetismus und schwache Kräfte zwei Seiten derselben Medaille sind, dann Vielleicht ist die starke Wechselwirkung nichts anderes als eine Art gemeinsame Kraft? Und Tatsächlich sagt das Standardmodell dies bei noch höheren Temperaturen voraus (nahe 1028 Grad) muss passieren einen Verband stark und elektroschwach Interaktionen. Photonen, Gluonen und Vektorbosonen beginnen sich identisch zu verhalten und sie werden alle „ein Gesicht", wie die drei Hypostasen des Schöpfers – Gott der Vater, Gott der Sohn und Gott der Geist St. Träger Dies Universal- Interaktionen muss sein mysteriös Higgs-Teilchen (oder X-Boson), das noch nicht experimentell nachgewiesen wurde. Jedoch Physik nicht verlieren Hoffnung, was Groß hadronisch Collider - größten in Welt Elementarteilchenbeschleuniger am Ufer des Genfersees gebaut und gestartet im Herbst 2007, wird dazu beitragen, das i zu punkten. Übrigens das Higgs-Boson bemerkenswert mehr und das, was gibt alles wiegen sich ausruhen Partikel.

Also drei Interaktionen von vier – elektromagnetisch, stark und schwach - bei sicher Bedingungen verschmelzen zusammen Vor Komplett Ununterscheidbarkeit. Eine solche Bedingungen existierte im sehr frühen Universum, als sein Alter auf mikroskopisch geschätzt wurde Bruchteile einer Sekunde. Zuerst trennte sich die starke Wechselwirkung vom gemeinsamen Stamm, und dann elektroschwach, die wiederum bei sinkender Temperatur in schwach und zerfiel elektromagnetisch. Eine Theorie, die behauptet, alle drei Kräfte zu vereinen (was sie leider noch nicht war gebaut), genannt Theorie des Großen Vereine.

ABER wie sein Mit Schwere? Logik schlägt vor was bei Temperaturen bestellen 1032 Grad muss es zwangsläufig zu einer dreifachen Vereinigung verschmelzen, wodurch ein abgeschnittener entsteht Trio zu einem vollen Quartett. Der Haken ist jedoch, dass drei Kräfte innerhalb eines Quants vorhanden sind Mechanik ohne Besondere Arbeit Vereinen in Single Stärke (an extrem am wenigsten rein in der Theorie), dann Schwere in Dies Formel nicht klettert, hartnäckig nicht wollen erliegen Quantisierung. Sie ist weiterhin das fünfte Rad im Karren und beim Kombinieren Quantenansatz mit der allgemeinen Relativitätstheorie von allen Rissen sofort beginnen herauskriechen lächerlich Unendlichkeit. So was Beiname "Großartig" hinsichtlich zu Theorien die Vereinigung dreier Kräfte sündigt mit einer gewissen Dehnung: die Schwerkraft in das Prokrustesbett zu quetschenhypothetisch einheitlich Superkräfte auf keinen Fall nicht gelingt es.

Zwischen Themen Weg, erlauben konsistent binden Schwere Mit Elektromagnetismus, war vorgeschlagen mehr in frühzeitig der Vergangenheit Jahrhundert (um zwei Andere Wechselwirkungen - starke und schwache - damals wussten sie nichts). 1919 der Mathematiker Theodor Kaluza schrieb Einstein Buchstabe, in die Detail skizziert mein Idee Vereinigung von elektromagnetischen und Gravitationskräften. Wie Sie wissen, Einsteins Theorie formuliert in Rahmen Darstellung um vierdimensional Freizeit (drei räumlich Messungen ein Plus eines vorübergehend). Kaluza vorgeschlagen Eintreten zusätzlich räumlich Messung und gebaut Modell fünfdimensional Raumzeit (vier räumliche Dimensionen plus eine Zeit) und konnte zeigen, dass sein fünfdimensionales Modell mit Einsteins vierdimensionalem Modell identisch ist ein Plus Elektromagnetismus. Andere Wörter in Theorien Kalutsy fünfte Messung Platz "antwortete" pro Elektromagnetismus: er bewiesen was Einleitung zusätzlich räumlich Messungen gleichwertig Einleitung Elektromagnetismus.

Nach Einstein ist die Schwerkraft, wie wir uns erinnern, eine Manifestation der vierdimensionalen Metrik Freizeit, a Kaluza gefunden Nicht-Quanten, geometrisch Lösung zum Elektromagnetismus. Aus seiner Theorie folgte, dass die Schwerkraft in der Welt der fünf Dimensionen eins und eins ist in vierdimensional Freizeit Einstein Sie ist spricht in bilden zwei Kräfte - Schwere und elektromagnetisch.

Kaluzas Modell war aus mathematischer Sicht einwandfrei, aber enthalten erhebliche Inkonsistenz. Er konnte nicht erklären, warum die fünfte Dimension des Raums manifestiert sich in keiner Weise in unserer realen vierdimensionalen Welt. Wir werden versuchen, zu beseitigen Dies Raum, verwenden zu einer einfachen Analogie.

Jede Schnur, jedes Seil oder jeder Schlauch ist ohne Zweifel ein dreidimensionaler Körper - Zylinder. Wenn ein wir wir werden Erwägen eine solche Zylinder Mit genügend groß Abstand, dann wird seine Länge zuerst in den Vordergrund treten, da die anderen beiden Maße (Höhe und Breite) sind ihm in der Größe viel unterlegen. Schau dir den Menschen an Haar- oder Netzfaden: Das sind genau die gleichen Zylinder wie ein dickes Seil, aber zwei Messungen aufgrund ihrer Kleinheit werden von uns praktisch nicht wahrgenommen. Spinnennetz oder Haare wie eine eindimensionale Linie aussehen.

Es ist durchaus möglich, dass der Raum unseres Universums ähnlich organisiert ist: drei räumlich Messungen ausgestreckt Vor kosmologische Skala, a vierte so wenig das selbst mit Hilfe des empfindlichsten Labors "erwischt". Technik, ganz zu schweigen davon, sie mit bloßem Auge zu sehen. Wir können nicht sehen die vierte Dimension des Weltraums unseres Universums aus genau dem gleichen Grund wie nicht in fähig sehen zusätzlich Messungen der dünnste Fäden. Aber bleiben grundsätzlich nicht beobachtbar, manifestiert es sich dennoch in großem Maßstab als Kraft Elektromagnetismus.

Ideen Kalutsy war aufgetreten in 20er Jahre der Vergangenheit Jahrhundert Schwedisch Mathematiker Oskar Klein und habe Titel Theorien Kalutsy - Klein. Lang Zeit sie präsentierten sich spekulativ Spekulation nicht haben Beziehungen zu real physische Welt, aber heutzutage sind sie ziemlich populär geworden. Der Punkt ist, dass wenn Elektromagnetismus kann sein sein erklärt einbeziehen zusätzlich Messungen Raum, dann ist es möglich, dasselbe mit anderen Arten von zu tun Universal- Wechselwirkungen - stark und schwach? Vielleicht sind sie auch mit einigen versteckten verbunden Dimensionen jenseits unserer Wahrnehmung. Dann sofort das Bild des Universums vereinfacht und erhält ein schlankes und fertiges Aussehen. Nennen wir diese kompakt versteckt Messungen durch *interne* Raum und die drei großen Dimensionen - der *Weltraum*. Wenn ein Struktur extern Platz bestimmt Kräfte Schwere, dann die Form intern Platz wird sein gebunden Mit drei Andere Interaktionen - schwach, stark und elektromagnetisch. Es ist klar, dass eine solche einzige Beschreibung alle Naturgewalten auf Sprache Geometrie erscheint sehr attraktiv.

Zunächst müssen jedoch zwei sehr ernste Fragen beantwortet werden. Frage eins: wie der Innenraum ist eingerichtet, wie sieht er bei näherer Betrachtung aus? Frage Zweitens: Wenn das Universum mehrdimensional ist, warum gibt es dann nur drei räumliche Dimensionen? aufgeblasen zu kosmologischen Skala?

Finden wir es heraus an bestellen. Zuerst, intern Platz muss sein sehr klein. Durch alle Wahrscheinlichkeit, seine die Größe Lügen in Bereiche Planck Längen (nahe 10-33cm). Zweitens sollte es trotz seiner Kleinheit keine Grenzen haben. Andernfalls In diesem Fall würden sich Elementarteilchen, wenn sie den Rand erreicht haben, genauso verhalten wie Kugeln auf Tischplatte: sie würden herunterrollen. Daher der Innenraum sein gleichzeitig und kompakt, und aufgerollt, dann Es gibt abgeschlossen selbst auf der mich selbst. Endlich, denken Sie daran um Volumen, was Krümmung Platz (in gegeben Fall Rede geht um extern Weltraum) ist eng mit der Schwerkraft verbunden. Wenn der Innenraum Es war zu verdrehte, das ist verursacht möchten zusätzlich Gravitation Auswirkungen. ABER weil die wir Sie nicht Wir beobachten Überreste vermuten was intern Platz Darüber hinaus sollte es flach sein. Aber ist es möglich, sich eine Figur vorzustellen, die das wird? in gleich aufgerollt und flach?

Um dieses Chacha zu verstehen, wenden wir uns einer zweidimensionalen Analogie zu. Lassen Sie ein Beispiel eben Platz wird sein gewöhnliche Papier Blech. Zu Unglücklicherweise ihn Es gibt vier die Kanten, a unser eine Aufgabe in Volumen und besteht, zu aus diese Kanten beseitigen, abschütteln. Schatulle öffnet sich einfach. Rollt man das Blech zu einer Röhre, bleiben nur noch zwei offene Flächen übrig. auf der Gegenteil endet gebildet Zylinder. Durch Verbinden Sie gemeinsam in gemeinsam, wir Wir bekommen eine Figur, die einem Bagel oder Donut ähnelt. In der Geometrie wird eine solche Figur genannt Torus. Topologie - Kapitel Mathematik, studieren die meisten Allgemeines Eigenschaften geometrisch Zahlen - Ansprüche was bei ähnlich nett kontinuierlich Transformationen, die wir gerade fertig, die Oberfläche des Papierbogens bleibt eben. Und obwohl an Der Erste Sicht am Torus Mit Papier Blech Allgemeines überhaupt ein wenig, auftauchen Bagel - gut Beispiel letzte Wohnung Platz.

Unter anderem gibt das Donut-Modell eine gute Vorstellung davon, warum zusätzliche Raumdimensionen sind uns verborgen, prinzipiell nicht beobachtbar. Bei Der Torus hat zwei Durchmesser. Der erste Durchmesser ist "groß", das ist der Durchmesser des Kreises, der entstand, als wir aus einer geraden Papierröhre einen geschlossenen Ring machten. Durchmesser Zimmer zwei viele weniger - das ist, einfach Sprichwort Dicke Rohre. Vermuten was groß Durchmesser Es hat astronomisch Maße und ist 1030cm, in dann Zeit wie kleiner Durchmesser überschreitet 10-30cm nicht. Dann ein hypothetisches Wesen von durchschnittlicher Größe, Wohnung auf der Oberflächen Torus, Wille zu scheinen seine Die Welt ist eindimensional.

Damit haben wir die Frage beantwortet, wie der Innenraum sein kann gleichzeitig eben und gefaltet. Überreste herausfinden Mit privilegiert die Position der drei großen Dimensionen. Warum nur drei Raumkoordinaten unser Frieden geschwollen wie auf der Hefe, a alle Andere blieb geschrumpft die Kleinen? Mit anderen Worten, warum ist das Große Universum dreidimensional und nicht zweidimensional? oder, sagen wir vierdimensional?

Lass uns erinnern Szenario chaotisch Inflation Andreas Linde, um die ging Rede in früher Kapitel. Zu visuell zeigen uneben Charakter Inflation in anders Domänen (oder Bereiche) Universum, wir dann sich einen Vorteil verschaffen Analog zu einer Plastikfolie, die jeweils zu einer Art Schachbrettmuster zerbrochen ist die die Planck-Größe hat. Diese Felder verhalten sich rein individuell. In einigen die Inflation endet relativ schnell, in anderen geht sie unendlich weiter, und wieder andere brechen sofort zusammen und haben kaum Zeit, geboren zu werden. Plastikfolie kann nach Belieben und in jede Richtung gedehnt werden, so dass wir als Ergebnis erhalten Bausatz elementar Zellen andere Größe und Formen.

Dasselbe gilt für die Dominanz der Dreidimensionalität. Ein Schachbrett in unserem Modell kann gleichmäßig gedehnt werden, und nach dem Ende der Inflation wird es immer noch bleibt ein Flugzeug, nur größer. Und der andere kann in den dünnsten verwandelt werden ein Faden, dessen Länge seine Breite um ein astronomisches Vielfaches überschreitet. Ameise, der an einem solchen Faden entlangkriecht, wird mit Recht der Meinung sein, dass seine Welt nur eine hat räumlich Messung - Länge, weil die Breite angewandt praktisch in Null.

BEI Szenarien chaotisch Inflation unser real körperlich Universum ist ein kleiner Teil eines großen Ganzen - das Mega- oder Metaversum (in der englischen Literatur der Begriff Multiversum wird analog zu Universum - "Universum") verwendet. "Dort, jenseits des Flusses", Weit jenseits des Ereignishorizonts gibt es andere Welten mit einer anderen Anzahl von räumlichen Gegebenheiten Messungen auf kosmologische Skalen entfaltet. Sie haben nichts damit zu tun unser Universum, und sogar die Zeit in diesen anderen Universen muss nicht mit unserer korrelieren. Apropos Stoff Sprache strikt Wissenschaft, wir Mit Sie wir leben Innerhalb eines ursächlich zusammenhängendes Gebiet, ein für allemal von anderen Herrschaftsgebieten abgegrenzt Ball überhaupt Sonstiges körperlich Rechtsvorschriften. Uns einfach Glücklich: wenn möchten Nummer "groß"

Messungen war zwei oder vier, um sich für die Struktur des Universums zu interessieren, wahrscheinlicher Gesamt, wurde möchten einfach niemand. Durch glücklich Chance wir wurden geboren in Welt, Ermöglichen der Bildung komplexer Strukturen; genauer gesagt, nur in einer solchen Welt können wir entstehen könnten, weil Universen mit anderen Werten von Fundamentalkonstanten ausgearbeitet werden nicht über uns - denken Sie daran um Schmuck auf der Baustelle Initial Parameter.

So nah dran Interesse zu Theorien Kalutsy - Klein und Problem aufgerollt (verdichtet, wie Physiker sagen) Messungen sind keineswegs eine Laune und kein Spiel Perlen, da sie am direktesten mit Schnurmodellen verwandt sind. Bei Temperatur von etwa 1032 Grad, alle vier Wechselwirkungen - elektromagnetisch, schwach, stark und gravitativ - müssen zu einer universellen einzigen Supermacht verschmelzen. Jedoch traditionell Leistung um elementar Partikel wie um Punkt Objekte nicht erlaubt konsistent binden Allgemeines Theorie Relativität Mit Quantum Mechanik. 1984 die Physiker Michael Green vom Queen Mary College London und John Schwartz aus kalifornisch technologisch Institut zeigte was Problem leicht ist gelöst, wenn die Welt der Elementarteilchen nicht in Form von Kügelchen, sondern in Form dargestellt wird erweiterte Objekte, eine Art Fäden oder Saiten (Strings) mit elastischen Eigenschaften. Zwar haben sie Ende der 60er Jahre des letzten Jahrhunderts zum ersten Mal über Saiten gesprochen, aber erst 1984 Saiten Modelle blieb offen exotisch, nicht mehr wie brillant Spiel Geist.

Wenn ein strecken elastisch Gummi Band, Spannung Innerhalb Sie Scharf wird steigen. Aber man muss es nur loslassen, da die elastischen Kräfte sofort auf das Band zurückkehren Ursprungsform. Ähnliches passiert mit der Schnur. Wenn die Temperatur sinkt die Spannung der Saite steigt, und wenn die Temperatur merklich unter 1032 Grad sinkt, es schrumpft sofort zu einem Punkt zusammen. Deshalb sind die Elementarteilchen, die wir heute beobachtete Objekte verhalten sich wie Punktobjekte. In Wirklichkeit jedoch die Grundlagen Universum Lüge unsichtbar Saiten, elastisch Charakter die impliziert was sie kann wie eine Gitarrensaite schwingen. Somit sind alle Elementarteilchen Quark, Elektronen, Protonen - Wesen nicht was Sonstiges wie Vibration diese sehr klein Saiten, die Längsgröße ist vergleichbar mit der Planck-Länge (10-33cm). Je kürzer die Länge Wellen, Themen Oben Sie Energie. ABER weil die Energie ist äquivalent zu Masse (denken Sie daran berühmte Einstein-Formel $E = mc2$), dann können wir die Länge leicht vergleichen Wellen und Sie Energie Mit Masse. Deshalb Schwankungen Saiten Mit verschiedene Frequenz kann als unterschiedliche Teilchen interpretiert. Dieser unorthodoxe Ansatz ist erstaunlich. die es ermöglicht, alle Elementarteilchen als ein und dasselbe zu betrachten grundlegendes Objekt - Zeichenfolgen. Ein weiteres attraktives Merkmal von Stringtheorien ist, dass die Wechselwirkung zwischen Partikeln elegant und natürlich erklärt wird auseinanderfallen Saiten an Teile oder Verbindung Individuell Sie Fragmente.

So, alle berühmt uns Ziegel Universum kann mögen Geräusche die aus den Schwingungen einer Gitarrensaite entstehen, und dann verwandelt sich das Universum in ein grandioses eine Symphonie, die majestätisch aus dem unsichtbaren Nichts auftaucht. Unnötig zu sagen, beeindruckend und aufregend Geist Malerei, führend auf der Erinnerung Der Erste Opus Friedrich Nietzsche -
"Geburt Tragödie aus Geist Musik." BEI Klammern Hinweis was Saiten Theorien öfters Superstring-Theorie genannt, weil sie sogenannte Supersymmetrie haben, vereinigend Partikel Mit ganz der Rücken (zum Beispiel, Photonen) und halb ganz der Rücken(zum Beispiel, Elektronen) in Single Diagramm, aber wir sind in diese körperlich Urwald nicht steigen.

Das Problem ist, dass die erwähnten Saiten sich hartnäckig weigern, im Dreierabstand zu klingen Dimensionen, und daher ist die Superstringtheorie zumindest in der zehndimensionalen Welt gültig (einmal und neun räumliche Dimensionen, davon sechs zusammengerollt und aufgrund ihrer mikroskopischen Größe vor dem Betrachter verborgen). Wie Sie wissen, die Gitarre Schnur fit Schwankungen nur Mit etwas ziemlich sicher Länge Wellen, Weil was Sie endet schwer Fest. Supersaiten zu zögern nicht jedenfalls wie, weil die begrenzt intern Platz - sechs versteckt Messungen abgeschlossen auf der mich selbst. Deshalb Länge Wellen, gestattet auf der Schnur, bestimmt

Struktur und Abmessungen des Innenraums. So ist die Struktur des Internen Platz Theaterstücke führend Rolle in Merkmale diese Stärke, die wir Wir beobachten.

umständlich Analyse Saiten Theorien (a Sie auf der heute Tag vorgeschlagen ziemlich viel) gehört nicht zu unseren Aufgaben. Wir stellen nur fest, dass, sagen wir, die sogenannten M-Theorie, die der direkte Nachfolger verschiedener Superstring-Theorien ist und sehr gut ist Beliebt, auferlegt zusätzlich Beschränkungen auf der Nummer räumlich Messungen. Dieses Modell wurde 1995 von einem Professor der Princeton University gebaut Edward Whitten, ohne offensichtliche Widersprüche, anscheinend nur im Raum 11 oder 26 Messungen. Die Superstring-Theorie hat jedoch nicht nur glühende Bewunderer, sondern auch nicht minder erbitterte Gegner, die zu Recht glauben, dass die Idee unserer Mehrdimensionalität Das Universum muss mit den ernsthaften Schwierigkeiten dieses Modells rechnen. Sonstiges Sie ein erheblicher Nachteil (trotz der Masse an Vorteilen, an die sie nicht müde werden zu erinnern Apologeten Saiten) ist Unmöglichkeit Experimental- Schecks (an extrem am wenigsten in absehbarer Zeit). Und im Allgemeinen, ehrlich gesagt, ist die Superstring-Theorie immer noch sehr und ist noch lange nicht abgeschlossen. Zwar verlieren viele Physiker nicht die Hoffnung, dass die Saite ein Ansatz frühzeitig oder spät erlaubt bauen Universal- Theorie, die erhalten Anruf Theorie Gesamt (auf Englisch - Theorie von alles, abgekürzt ZEHE).

imaginär Zeit Stefan Falken

Nein, nicht der Mond, sondern ein
helles Zifferblatt leuchtet ich und wie
es ist meine Schuld,
Welche schwachen Sterne fühle ich
milchig? Und Batjuschkows Arroganz ist
mir zuwider; Welche die Stunde? seine hier
gefragt
ABER er antwortete neugierig: Ewigkeit.

Osip Mandelstiel

Stringtheorien verschiedener Art beanspruchen also, eine konsistente Vereinigung zu sein Quantum Mechanik Mit Allgemeines Theorie Relativität und wie möchten ermöglichen für immer und ewig befreien Sie sich von lästigen Singularitäten mit ihren unbequemen Unendlichkeiten. Wir jedoch bereits eine Chance hatte, dafür zu sorgen, trotz der unbestreitbaren Vorteile, die Theorie der Superstrings geradeheraus rutscht, Wenn ernsthaft versuchen ebnen alle Mehrfarbig Frieden zu der einzige grundlegend Entitäten - elastisch eindimensional Schnur, verloren im mehrdimensionalen Raum. Daher versuchen viele Experten zu finden andere Optionen zur Umgehung der Singularität, die ihre eigenen Evolutionsszenarien anbieten Universum, nicht verbunden Mit rätselhaft Geometrie. Gol auf der Fiktion gerissen, und Alternative Strukturen vorgeschlagen Großartig viele, aber Modell hervorragend Der britische theoretische Physiker Stephen Hawking, der dem Konzept des Imaginären Priorität einräumt Zeit, verdient meiner Meinung nach eine gesonderte Diskussion. Doch bevor wir darüber sprechen imaginär Zeit notwendig richtig herausfinden mit der Zeit gewöhnliche.

Zeit ist im Allgemeinen eine mysteriöse Kategorie. Seit jeher beschäftigt die Frage, was das ist, die Menschen. stellt nahe dar - ein unveränderliches Gesetz, das die Bewegung der Welten regelt, oder etwas psychologisch Kunst, durch dem unser Bewusstsein arrangiert fließen eingehend von außen Empfindungen?

In jüngerer Zeit, vor etwas mehr als 100 Jahren, hatten selbst große Wissenschaftler keinen Zweifel in Absolutheit Zeit. Zifferblätter, verstreut an grenzenlos Universum, überall, überallhin, allerortszeigte die gleiche Stunde. Das Universum wurde in Form einer leeren dimensionslosen Box gezeichnet, wo majestätisch kreisen Planeten und Sterne, gehorchen unerbittlich Rechtsvorschriften paradiesisch Mechanik. Synchronisiere Uhren, die willkürlich in den Seitenstraßen dieses Riesen verstreut sind Blase, es war einfacher gedämpft Rüben - Spucke und schleifen.

Theorie Relativität nicht links aus diese naiv steinerne Darstellungen auf dem Stein und heute wir wir wissen was Welt vereinbart worden viele schwieriger. Idee absolut Zeit (wie, jedoch, und absolut Platz) bestellt Für eine lange Zeit live. Uhr zwei Beobachter, die sich in unterschiedlichen Bezugssystemen befinden, müssen nicht übereinstimmen. Heute Raum und Zeit nicht Erwägen isoliert, a Vereinen in Universal- vierdimensional das "Raum-Zeit"-Kontinuum, das wiederum untrennbar mit materiellen Körpern verbunden ist, Füllung das Weltall. Wenn ein etwas Wunder- Weg Extrakt aus Universum alle Füllung seine Dinge, alle Angelegenheit Vor neueste Partikel, dann Platz und Zeit wird automatisch aufhören zu existieren. Intelligente Menschen haben dies jedoch verstanden. und Vor. mir schon musste zitieren Christian Philosoph Gesegnet Augustinus, der sagte, dass die Welt nicht in der Zeit, sondern zusammen mit der Zeit erschaffen wurde. BEI seine "Geständnisse" er schrieb:

...

Wenn ein gleich Vor Himmel und Land nicht Es war Zeit dann warum Fragen, was Du tat dann. Wann nicht es war keine Zeit war und dann.

australisch theoretischer Physiker Boden Davis in Buchen "Ö Zeit" gesammelt Reich eine Sammlung von Aphorismen über die Natur dieser mysteriösen Substanz - manchmal ernicheskie, manchmal offen gesagt lächerlich und manchmal außergewöhnlich tiefgründig. Lassen Sie uns einige zitieren aus Sie.

...

Mystiker XVI Jahrhundert Engel Silesius: "Zeit erstellt Sie von uns selbst, das ist Uhr in deinKopf. BEI dieser Moment Wenn Sie Pause Zeit denken zu Zusammenbruch tot."

...

Der antike römische Dichter Titus Lucretius Kar: „Und ebenso kann Zeit nicht existieren selbst an dich selbst aber nur aus Bewegungen von Sachen wir bekommen wir Sensation Zeit. Niemand, wir geben zu, er fühlt die Zeit nicht an sich, sondern kennt die Zeit nur durch die Bewegung von allem andere Dinge."

...

Bischof James Platzanweiser (1611 Jahr): "Anfang Zeit fiel aus in Nacht der Tag davor 23 Oktober 4004 vor der neuen Ära.

...

Inschrift auf der Mauer Toilette: "Zeit - das ist einfach eines Problem pro Ein weiterer".

...

Christian Autor Agathon: "Eben Gott nicht kann sein Rückgeld vorbei an".

...
George Radler, Physiker: "Zeit - das ist Weg, die Natur nicht gibt allesstattfinden sofort".

...
zurückziehen, zu Physiker: "Zeit - das ist Vermittler zwischen möglich und erkannte."

Davis konnte sich auch an den unübertroffenen Lewis Carroll erinnern. Wenn Alice eine Tasse hatTee sagte, was liebt nicht schlecht verbringen Zeit, wahnsinnig Hut empört schrie: „Schau, was du willst! Wenn Sie den alten Mann Time kennen würden, wie ich ihn kenne, wüssten Sie nicht einmal davon. stotterte. Es ist nicht verbringen! Nicht auf der so angegriffen!"

Schließlich Ostap Bender, den Davis wahrscheinlich nicht kennt: „Die Zeit, die wir habendas ist Geld, die bei uns Nein".

Aber Spaß beiseite. Die Zeit, wenn man genau hinschaut, erweist sich als in absolut unverständliches Konzept. Warum erinnern wir uns an die Vergangenheit, aber erinnern uns nicht Zukunft? Warum, fragt man sich, kann man sich im Weltraum beliebig bewegen Richtung, entlang alle drei seine Achsen oder Koordinaten dann Wie ist die Zeit grundsätzlich eindimensional und stets fließt aus der Vergangenheit in Zukunft? Existiert eben Konzept "Pfeile Zeit", und erhalten zuordnen drei Sie Bestandteile - thermodynamisch, kosmologischer und psychologischer Pfeil. Überraschenderweise zielen sie alle darauf ab eine Seite. Dem Mann auf der Straße mögen diese Fragen müßig und unbegründet erscheinen Sinn, denn unsere bedingungslose Einbindung in den Lauf der Dinge scheint ihm etwas zu sein selbstverständlich. Mittlerweile ist das Mysterium des „Zeitpfeils" eines der schwierigsten und Finale Antwort auf der Frage, warum Zeit fließt in eines ziemlich sicher Richtung, nicht gelang es finden Wiedersehen mehr niemand.

Erschwerend kommt hinzu, dass die Gesetze der Wissenschaft die Vergangenheit nicht von der Zukunft unterscheiden. Wenn ein sich unterhalten mehr streng, sie nicht verändern sich in Ergebnis Verstöße So genannt CPT-Symmetrien. Der Buchstabe C bezeichnet den Ersatz eines Teilchens durch ein Antiteilchen, der Buchstabe P bezeichnet einen Spiegel Reflexion, wenn links und rechts vertauscht sind, und der Buchstabe T - eine Richtungsänderung Bewegungen alle Partikel auf der umkehren, dann Es gibt drehen Zeit der Rücken. Sonstiges Wörter die körperlichen Prozesse, die in unserem stattfinden Universum, wird kein Jota ändern, wenn umgekehrte Parameter C, P und T. Andererseits, wenn die Gesetze der Wissenschaft so sind selbst der dreifachen Kombination der Operationen C, P und T gleichgültig sind, dürfen wir dies mit Recht annehmen ebenso sollten sie sich bei der Durchführung einer einzelnen Operation T nicht ändern. Jedoch unbedingt offensichtlich, was zwischen Bewegung nach vorne und der Rücken in Zeit Lügen Distanz riesig Größe. Porzellan eine Tasse, gefallen sein co Tisch auf der Stein Boden, zerbrechen muss, und noch niemand hat die Rückseite gesehen Abfolge von Ereignissen, wenn die Fragmente zusammengebracht werden, und der ganze Becher wieder springt hoch auf der Tisch. Ähnlich Verhalten diktiert zweite Anfang Thermodynamik, was besagt, dass in jedem geschlossenen System Unordnung (oder Entropie, was dasselbe ist) nimmt mit der Zeit immer zu. In gewisser Weise unterliegt diese beste aller Welten berühmt Gesetz Murphy, entsprechend denen Sandwich stets Stürze Ölgemälde Abstieg. Leser anziehend zu wissenschaftlich Schwere, kann empfehlen mehrere Sonstiges Formulierung dieses komischen Gesetzes: Aus zwei gleich wahrscheinlichen Ereignissen tritt immer ein die meisten unangenehm.

Also das Gesetz der nicht abnehmenden Entropie oder die Zunahme der Unordnung im Laufe der Zeit, liegt dem thermodynamischen Pfeil zugrunde. Der kosmologische Pfeil spiegelt die Expansion wider Universum, a psychologisch definiert unser subjektiv Sensation Zeit. ABER weil die Sie ist gegeben thermodynamisch Pfeil und untergeordnet Sie, wir denken Sie daran

Ereignisse in der gleichen Reihenfolge wie die Entropie wächst. Deshalb erinnern wir uns an die Vergangenheit, und nicht Zukunft.

Anfänglich, zu Moment Groß Explosion, Universum blieb in hoch geordnet Zustand, aber an messen Gehen wie Epoche geändert Epoche, a Welt erzeugt Struktur nach Struktur in Form von Sternen, Planeten und Galaxien, Entropie stetig wuchs. Auf den ersten Blick stehen wir seit der Evolution vor einigen Widersprüchen Universum allgemein und Evolution organisch Frieden in besondere (nicht Apropos schon um Werden Grund auf der Planet Erde), schien möchten, nicht zustimmen Mit Zunahme Chaos. Schließlich hat sich das Leben vom Einfachen zum Komplexen entwickelt und schließlich produziert hell toll und perfekt Mechanismus - Homöostat zweite nett, was istmenschliches Gehirn. Kaum jemand würde behaupten, dass eine Person viel komplizierter ist Bakterien. Tem nicht weniger das ist Widerspruch imaginär, zum lokal Ordentlichkeit sicherlich begleitet Wachstum Entropie. Stefan hausieren illustriert das ist Umstand sehr deutlich. Er schreibt an "Knapp Geschichten Zeit":

...

Wenn Sie sich jedes Wort aus diesem Buch merken, erhält Ihr Gedächtnis ungefähr zwei Million Einheiten Information und bestellen in dein Kopf Aufstieg um auf der zwei Million Einheiten. Aber Wiedersehen Sie lesen Dies Buchen, an extrem messen eintausend Kalorien ordentlich Energie, die Sie habe in bilden Lebensmittel, gedreht in ungeordnete Energie, die Sie in Form von Wärme an die Luft um Sie herum abgegeben haben Konvektion und Schweiß. Die Unordnung im Universum wird um etwa zunehmen zwanzig Million Million Million Million Einheiten, was in zehn Million Millionen Millionen mal die angegebene Ordnungszunahme in Ihrem Gehirn - und das passieren nur in Volumen Fall, wenn Sie denken Sie daran alle aus mein Buch.

So der Weg unser subjektiv Sensation Zeit - seine unerbittlich psychologisch Pfeil - gegeben Pfeil thermodynamisch, und zweite Anfang Thermodynamik in einer solchen Formulierung der Frage wird fast trivial. Chaos wächst mit der Zeit, weil wir die Zeit in der Richtung messen, in der sie wächst Chaos. Logik ziemlich einwandfrei. Überreste nur herausfinden, warum und auch die kosmologischen und thermodynamischen Pfeile zeigen in die gleiche Richtung. Schatulle öffnet einfach. Wenn ein Universum wird sein erweitern genügend Für eine lange Zeit, dann zu dazu Zeit, wenn die Expansion durch Kontraktion ersetzt wird, werden alle Sterne sicher ausbrennen, und die Teilchen auseinanderfallen auf der elementar Ziegel. Andere Wörter Universum wird sein in äußerst ungeordnet Bedingung. Aber zum Evolution organisch Frieden und Existenz angemessen Leben notwendig wie wir denken Sie daran stark thermodynamisch Pfeil, Weil dass alle Lebewesen Nahrung zu sich nehmen, die als Träger einer geordneten Form fungiert Energie. Das Leben übersetzt es in eine ungeordnete Form und verwandelt die Energie der Nahrung in Wärme. Daher ist im Stadium der Komprimierung die Existenz komplexer Strukturen unmöglich, da die Welt ist anders extreme Störung und nicht enthält notwendig Konstruktion Material. Außerdem steigen während der Verdichtungsphase Temperatur und Druck stetig an, so dass irgendein organisch zwangsläufig wird einsterben Flammen des Weltfeuers.

Gerechtigkeit um ... Willen sollte Markieren, was etwas Wissenschaftler Erwägen neugeboren Universum wie äußerst ungeordnet Struktur. Sagen wir berühmt Belgier Physiker Russisch Ursprung Ilja Lieblich glaubt was Geschichte Universum Mit Moment Groß Explosion Es gibt nicht was Sonstiges wie Prozess evolutionäre Komplikation von einigen "Primäratom", das ihr Elemental war chaotisch homogener Zustand. Und beobachtbar und absolut unbestreitbar Die Prozesse des thermodynamischen Abbaus unserer Welt sind rein lokaler Natur und weder in am wenigsten Grad nicht beeinträchtigen auf der Bestimmung Universum. Durch Prigogin Prozesse

Selbstorganisation Wille fortsetzen unbegrenzt Für eine lange Zeit, Wiedersehen in Ende endet nicht wird triumphieren Oben Kräfte Universal- Verfall. Jedoch mehrheitlich Physiker Mit Prigogine widerspricht entschieden und betrachtet den Anfangszustand des Universums als ein Beispiel für eine hochgeordnete Struktur. So oder so, aber die Frage nach dem Zeitpfeil ist noch sehr weit von einer endgültigen Lösung entfernt. Und Sie, der Leser, wenn Sie verstehen wollen Problem mehr gründlich, Ich empfehle faszinierend Buchen Stefan Falken "Knapp Geschichte Zeit."

Lass 'uns zurück gehen zu Möglichkeit Bypass Einzigartigkeit, vorgeschlagen Falken. laufend Ein wenig voraus stelle ich fest, dass sein Skript mit rätselhafter Mathematik vollgestopft ist und daher sehr nicht einfach zum Beliebt Präsentation. Eben bei Spezialisten, Hund gegessen auf der verschiedene Modelle des Universums, geben manchmal auf, wenn sie versuchen zu verstehen Konstruktionen britisch Theoretiker. Zum Beispiel, berühmt inländisch Physiker ICH. ABER. Smorodinsky geradeheraus schreibt, was wird bestehen mehr schon ein paar Zeit Wiedersehen verlockend undvielversprechend Hawkings Idee wird jeder verständlich.

Das mit einer Singularität belastete Standardmodell des Universums lässt sich grafisch darstellen porträtieren in bilden invertiert Kegel, geliefert auf der Punkt. vertikal Achse auf derein solches Diagramm bezeichnet die Zeit und zwei zueinander senkrechte Horizontale - der Raum unserer Welt. Die Spitze des Kegels entspricht dem Punkt "Null", dem Moment der Geburt Universum „aus dem Nichts". Es ist leicht zu sehen, dass der Skalierungsfaktor, also die Größe des Universums, zu gleich war in dann Zeit Null. AUS fließen Zeit Durchmesser Kreise ständig wächst mit der Ausdehnung des Universums. So kann unser umgekehrter Kegel sein einführen wie Bausatz Scheiben verschiedene Durchmesser, jeder aus die entspricht ein ganz bestimmter Moment. Je weiter in der Zeit zurück (von oben nach unten vertikal Achsen), Themen weniger die Größe Universum, Wiedersehen in oben Zapfen (dann Es gibt in Singularitäten) er endlich nicht wird umkehren in Null. So, Vor uns seine nett verjüngen brot Brot, bestehend aus Individuell Scheiben von Brot.

Die Singularität ist jedoch, wie wir uns erinnern, nicht nur ein dimensionsloser Punkt, sondern verschwindet klein Volumen, lügnerisch in Bereiche Planck Längen (10-33 Zentimeter). Lass mich dich errinnern was Quantenfluktuationen, die wir leicht vernachlässigen "große" Welt, geworden sehr signifikant bei Maßstäben in der Größenordnung von 10-33 Zentimetern. Planck-Länge eines Lichtstrahls Kreuze pro 10-43 Sekunden, Folglich, wir dürfen Erwägen Dies Wert wie eine Art "Quantum Zeit". So hat sich Mutter Natur selbst auf unsere gestellt Schleuderpfade, die genaue Messungen verhindern. Die festgelegte Reihenfolge der Dinge die ursprüngliche Struktur der Welt, erweist sich als stärker als unsere Wünsche. Aber sobald der Platzund die Zeit kann unterhalb der Planck-Grenze nicht physikalisch gemessen werden, es ist unklar, ob ähnlich Mengen obwohl irgendein körperlich Bedeutung. Wenn ein auf der oben Zapfen es ist sinnlos, über raum zu sprechen, dann gilt genau das gleiche für Zeit bei Anfang begann.

Lass 'uns zurück gehen zu unser Kegeldiagramm, wo Zeit ziehen um vertikal hoch, a Platz entfaltet sich horizontal und beschrieben Kreis Mit Handy, Mobiltelefon Durchmesser. Bei Plancks Grenze, dort, wo Amok laufen Quantum Schwankungen Raum und Zeit verlieren schließlich jede physikalische Bedeutung, und wir haben sie nicht mehr Es ist richtig zu sagen, dass die Zeit kriecht und der Raum sich horizontal ausdehnt. Zeit drin ein solches Modell verliert seine inhärente Spezifität vollständig und kann nicht mehr unterschieden werden aus anderen räumlichen Dimensionen. Mit anderen Worten, als die Größe des Universums war weniger Plancks Grenze, Zeit in unser gewohnheitsmäßig Vorlage nicht existierte. BEI dunkel, wie bekannt alle Katzen Schwefel, deshalb Zeit in Bereiche Planck Längen wird völlig gleichwertig räumlich Messungen, Bildung zusammen Mit Sie vierdimensional Kugel. Und nur Wenn Universum übergetreten Planck Grenze und wurde unwiderstehlich größer werden, Quantum Schwankungen verirrt seine grundlegend Bedeutung, a Platz und Zeit gefunden verschiedene Eigenschaften.

Hawking schlug vor, dass das Universum am Anfang des Anfangs so einfach war wie es ist möglich. Aber was könnte einfacher sein als eine Kugel? Deshalb wir entschieden und unwiderruflich verwerfen Sie die Spitze in unserem umgekehrten Kegelmodell und ersetzen Sie sie durch die untere Kante runde Schale oder Kugel. Aus Sicht des britischen Theoretikers ist die Raumzeit niedriger Planck Länge erinnert sich Kugel, und Universum, Also der Weg nicht Es hat nein Anfang, in Volumen Sinn, das sie nicht Es hat Kanten oder Grenzen.

Zum Sichtweite lass uns umdrehen zu zweidimensional Analogien. sehen auf der gewöhnliche Schule der Globus, Dies unvollkommen Modell irdisch Ball, und Vorstellen dich selbst auf der Moment, in dem sein Südpol der Geburtspunkt des Universums sein wird. Genau wie von eines ins Wasser geworfenen Steins divergieren Kreise auf dem Spiegel des Teichs, so und vom bedingten Punkt, in diesem Fall zeitlich auf den Südpol unserer kleinen Kugel, des Universums, abgestimmt beginnt zuversichtlich erweitern. Bei Dies Distanz aus Kreise zu Kreise, entlang des Meridians gezeichnet, wird das Wachstum des Universums im Laufe der Zeit widerspiegeln. Klar, was jeder anschließend ein Kreis wird sein mehr früher, Wiedersehen Schwellung Frieden nicht wird erreichen Äquator. AUS Dies Moment Kreise Anfang einmal pro auf einmal Verringerung in Durchmesser und verpuffen schließlich an der Nordpolspitze. Und zwar drin Bei einem solchen Modell erhält das Universum an beiden Polen automatisch Nulldimensionen, ungefähr unbeholfen Singularitäten kann sicher vergessen. Weil die alle Punkte auf der Oberflächen Kugeln unbedingt gleich und nichts nicht anders Freund aus Freund, bei wachsenden Universum im Szenario von Stephen Hawking fehlt ein gewisser spezieller Punkt (nämlich, Singularität), bei der alle physikalischen Standardgesetze verletzt würden. Erreichen maximal auf der Äquator, Breitengrad Kreise Anfang sofort gleich verringern Wiedersehen nicht konvergieren zu einem Punkt am Nordpol. Und obwohl die Größe des Universums an den Polen Null ist, diese Punkte (ziemlich, jedoch, bedingt) Wille Singular nur an Definition, wie Süd und Nördlich Stangen auf der Oberflächen irdisch Ball. Rechtsvorschriften Physik Wille ausgeführt werden in Sie Mit eine solche gleich entspannt Leichtigkeit, wie sie durchgeführt auf der Süd und Nördlich Stangen Planeten Erde.

Zu Unglücklicherweise Also anmutig und glatt Bezeichnung Geschichten unser Frieden erfordert Einführungen imaginär Zeit. Und obwohl Ausdruck "imaginär Zeit" Geräusche, sein kann sein, etwas wild, aber dennoch ein streng wissenschaftliches Konzept. Wenn multiplizieren Jede gewöhnliche (oder reelle) Zahl für sich selbst, wir erhalten ein verständliches Ergebnis positive Zahl. (Nehmen wir an, zwei mal zwei ist vier und genau dasselbe dasselbe erhält man durch Multiplizieren von -2 mit -2.) Es gibt jedoch eine spezielle Klasse von Zahlen (ihre erhalten Anruf imaginär), die bei Multiplikation auf der mich selbst geben Negativ Größe. Zum Beispiel die imaginäre Einheit (normalerweise mit dem Buchstaben „i" bezeichnet), wenn sie mit multipliziert wird minus 1 ergibt sich. Manchmal wird es als die Quadratwurzel von minus eins beschrieben. In solch einschränkende Bedingungswelt mit der Kategorie Zeit im Bereich der Planck-Längen auftreten erstaunliche Metamorphosen: Es verliert für immer seine ursprünglichen Eigenschaften Dauer und beginnt erinnern erweitert räumlich Messungen. BEI in der Dämmerung verlieren Objekte ihr Gesicht und werden einander bis zu ähnlich Komplett Ununterscheidbarkeit.

Und nur wenn der Skalierungsfaktor wächst, gewinnt Stephen Hawkings imaginäre Zeit mein Originalität. Es wie möchten wurde geboren auf der glatt Platz, unmerklich segeln aus ausPlatz und abschütteln sich selbst ein unnötiges Lametta seine Länge.

Auf den ersten Blick mag Hawkings Szenario wie eine frivole Mathematik erscheinen Spaß. Seine rätselhaften Berechnungen erinnern an das berühmte Gleichnis vom verrückten Schneider, der alle möglichen Kleidungsstücke näht und sich nicht im Geringsten darum kümmert, wem sie passen fit. Das Lager der fertigen Produkte ist seit langem mit einer Vielzahl von Lumpen übersät kann sein aufkommen denen wie auch immer - Krake, Zentaur, Einhorn oder Tintenfisch. Er bekennt sich zu einem durch und durch funktionalen Ansatz: Jedes der Kleidungsstücke ist für sich genommen perfekt von sich selbst, aber ein echtes Thema, das einen ziehen könnte oder anders ausgefallen Outfit, auf der Horizont nicht gesehen. wahnsinnig Schneider verbunden Mit

Mathematiker Installation auf interne Konsistenz: Der Anzug kann alles sein lächerlich, aber wenn es nach den Regeln des Schneidens und Nähens geschneidert ist, dann schon Die meisten haben das Recht zu existieren. Wer kann davon wirklich profitieren krumm Hoodie, keine Rolle Theaterstücke.

Sie sagen was einmal hervorragend Russisch Mathematiker P. L. Tschebyschew aufbrechen lesen zu den Parisern Vorlesung um mathematisch Theorien Konstruktion Kleidung. Das Quorum war großartig. Die besten Cutter kamen, um dem Weltstar zuzuhören, Modedesigner und Gesetzgeber Maud. zurückhalten Atem und aufgestochen Gefieder, Arbeitskräfte Nadeln unbedeckt ihr Notizbücher und Anmerkungen Bücher. Tschebyschew von weitem gestartet.

– Meine Herren, sagte er, nehmen wir der Einfachheit halber an, der menschliche Körper habe die Form Ball.

Sich ausruhen die Wörter er einverstanden in leer Saal.

Witze Witze, sondern Mathematik auch nicht bastardgenäht. Zur Theorie Stefan Hawking Spezialisten betreffen ziemlich Ernsthaft, obwohl und verstehe Sie Mit fünfte auf der Zehntel. genial der Brite glaubt das in Wirklichkeit die Welt lebt nach den Gesetzen des Imaginären Zeit a So genannt real Zeit - Gesamt nur Fiktion, Aussehen, ein eintägiger schmetterling, der über die oberfläche von schwer und unerschütterlich bewegungslos flattert Wasser. Nach seiner tiefen Überzeugung ist die von unseren Chronometern gezählte Echtzeit in Umfeld Planck Mengen wird transformiert in Zeit imaginär, und dann unbequem Singularitäten kann sein leicht durchgestrichen aus Geschichten unser Universum. Real Zeit, mit der wir es gewohnt sind umzugehen, entpuppt sich als psychologische Wendung, gemütlich Vorstellung, Phantom Erfindung unser Psyche, a auf der Unterseite Universum das Ding an sich, die imaginäre Zeit, ruht gleichgültig. Lassen Sie uns jedoch uns selbst das Wort erteilen. Falken.

...

Vielleicht sollte man darauf schließen, dass die sogenannte imaginäre Zeit - ist Zustand Tatsächlich ist Zeit real, und was wir Echtzeit nennen, ist einfach die Frucht unserer Zeit Vorstellung. In Echtzeit hat das Universum einen Anfang und ein entsprechendes Ende Singularitäten, die die Grenze der Raumzeit bilden und in denen die Gesetze der Wissenschaft. BEI imaginär gleich Zeit nein nein Singularitäten, weder Grenzen. So was zu sein kann sein, exakt dann, was wir Anruf imaginär Zeit, auf der selbst Tat mehr grundsätzlich, a dann, was wir Anruf Zeit real - das ist etwas subjektiv Leistung, entstehen bei uns bei Versuche beschreiben, die wir sehen das Weltall. Schließlich
‹...› eine wissenschaftliche Theorie ist einfach ein mathematisches Modell, das wir gebaut haben, um es zu beschreiben Beobachtungen: Es existiert nur in unseren Köpfen. Es macht also keinen Sinn zu fragen, was rcal ist - "reale" Zeit oder "imaginäre" Zeit? Es ist nur wichtig die aus Sie mehr passend für Beschreibungen.

Zusammenfassen Hölle unter Argumentation gewagt britisch, Überreste Markieren, was nicht das grenzenlose, glatte Hawking-Universum mit all seinem Charme, Es hat an extrem messen eines von Bedeutung Mangel: praktisch Komplett Abwesenheit evidenzbasierte experimentelle Basis. Es gibt jedoch keinen Grund zu der Annahme, dass die In absehbarer Zeit werden solche Beweise erscheinen. Dies ist jedoch nicht die schlimmste Sünde, weil die Löwe Teilen Sonstiges kosmologische Modelle zu nicht bietet sich an Experimental- Überprüfung. Theorie chaotisch Inflation Andreas Linde ist, vielleicht eine glückliche Ausnahme in dieser Reihe, denn sie stimmt bemerkenswert mit der letzten überein Erfolge beobachtende Astronomie.

Andererseits ist die Vorstellung, dass Raum und Zeit eine glatte Einheit bilden geschlossene Oberfläche bietet eine Fülle von Denkanstößen über die Rolle Gottes in Leben Universum. Philosophisch Potenzial Dies Modelle schwierig überschätzen. Kaum ob nicht alle kosmologische Skripte, postulieren Geburt Frieden "aus nichts", Lassen implizit und Mitgroß knarren, aber noch erlaubt Existenz Schöpfer.

Stefan hausieren schreibt:

...

Wenn das Universum wirklich vollständig geschlossen ist und weder Grenzen noch Kanten hat, dann sollte es weder Anfang noch Ende haben: es ist einfach, und das war's! Bleibt es dann Platz für den Schöpfer?

Ein anderes Szenario für den Ursprung unseres Universums wurde von einem amerikanischen Physiker vorgeschlagen Lee Smolin. Seiner Meinung nach können in Schwarzen Löchern neue Welten entstehen. Über Schwarz Löcher, diese Kohle Taschen Universum, wo Angelegenheit scheitert ohne Rückkehr, detailliert im Kapitel Star Panopticon, also wiederhole ich mich nicht. Ich möchte Sie nur daran erinnern, dass das Stadium des Schwarzen Lochs ein natürliches Stadium in der Entwicklung sehr massiver Teilchen ist Sterne. Wann Stern brennt seine nuklear Treibstoff, intern Druck schon nicht kann sein der Schwerkraft entgegenwirken, und der Himmelskörper kollabiert nach innen. Eine solche Eine katastrophale Kontraktion wird Gravitationskollaps genannt. Allerdings nicht nur Sterne oder andere massive Objekte können die Quelle von Schwarzen Löchern sein; Inflationstheorie prognostiziert, was auf der frühzeitig Stufen Evolution Universum, in Phase Inflation, musswar in Menge primär bilden Schwarz Löcher.

Die Gravitationskräfte innerhalb des Ereignishorizonts eines Schwarzen Lochs sind so stark, dass es zum Kollaps kommtsetzt sich fort, bis die Dichte der Materie unendlich groß wird. Samo es versteht sich von selbst, dass das von der komprimierbaren Materie eingenommene Volumen dann verschwindet. Innen Schwarz Löcher sitzt schon Bekanntschaft uns Singularität - dimensionslos Punkt Mit unendlich große Dichte und Krümmung der Raumzeit. schwarzer Raum Löcher sind eine Straße ins Nirgendwo, ein bodenloses und schwarz wie Wachs Versagen, aus dem man nicht herauskommt ausbrechen weder eines Partikel. Eben hell wird ewig Sie ein Gefangener zum Energie Schwere pro Horizont Veranstaltungen überragt alles denkbar Grenzen.

Die Relativitätstheorie ist es aber bekanntlich nicht berücksichtigen Quanteneffekte und daher funktioniert es sehr schlecht auf Skalen, die kleiner als die Planck-Länge sind. In der Zwischenzeit Rolle Quantum Schwankungen unterhalb der Planck-Grenze, Wenn sich Zeitkonzepte u Räume verlieren schließlich ihre physische Bedeutung, sie werden entscheidend. Dasselbe die meisten Messe und zum Krümmung Freizeit. Sonstiges Wörter wir berechtigt nehmen Sie an, dass es keine Singularität mit its gibt ermüdende Unendlichkeiten im Inneren Schwarz Löcher Nein, a eine solche Optionen, wie Dichte Substanzen und Krümmung Freizeit, muss sein begrenzt etwas kritisch Wert. Aberwenn Gravitation Zusammenbruch in Bereiche Planck Längen kommen aus auf der Nein, dann ziemlich wahrscheinlich, was Platz Innerhalb Schwarz Löcher kann sein unterziehen ungestüm aufblähen. Erinnern Sie sich an die Inflation, die das Volumen eines Neugeborenen um Größenordnungen erhöhte Universum? Die Theorie besagt, dass einem Schwarzen Loch etwas Ähnliches passieren könnte, Wenn Zusammenbruch natürlich Weg verpuffen.

Allerdings werden wir sofort mit einem unauflösbaren Paradoxon konfrontiert. Wenn Platz im schwarzen loch beginnt es sprunghaft anzuschwellen, dann muss sich sein volumen vervielfachen wachsen in sehr kurzer Zeit. Bis zum Ende der Inflation, es es ist leicht, die Größe des Beobachtbaren zu überschreiten Teil des Universums, wenn die Inflation anhält genügend Für eine lange Zeit.

Aber andererseits ist ein Schwarzes Loch ein wahres Ding an sich, von dem sogar nichts ausgeht hell, nicht kann geh raus aus. Irgendein Verlängerung, wie möchten Großartig es weder Es war, muss notwendigerweise durch das innere Volumen des Schwarzen Lochs, seine Gravitation begrenzt werden Radius. Und da ist der Ereignishorizont eines Schwarzen Lochs nicht gewachsen Maße Komplett Universum, dann unbedingt unklar, was Weg Also grandios

Volumen kann sein sich einfügen Innerhalb sehr klein Dochte.

Um mit diesem Paradoxon fertig zu werden, müssen wir wieder auf das Zweidimensionale zurückgreifen Analogien. Vorstellen dich selbst Kinder- Luft Ball, an Oberflächen dem kriechenEin Flathead ist ein winziges intelligentes Wesen, das mit der dritten Dimension nicht vertraut ist. In unserer Modell entspricht die Oberfläche des Ballons dem dreidimensionalen Raum des Universums. Aus der Sicht eines flachen Menschen ist ein schwarzes Loch in seiner Welt nur ein kleiner Bereich Oberfläche, ein pechschwarzer Fleck, zu dem er keinen Zugang hat. Gereist um Flecken, Plattfisch ohne Arbeit erfahren was Schwarz Loch Es hat ziemlich Finale Größen. Jetzt vorstellen was Gravitation Zusammenbruch Innerhalb eben Schwarz Löcher ist längst zu Ende und befindet sich in einer Phase rascher Inflation. Worin das Gummi eines Ballons innerhalb des Ereignishorizonts wird nicht in eine zweidimensionale Welt gedehnt eben, a schwillt an in Richtung, direkt aufrecht Oberflächen Ball. Setzt zum eine solche Inflation mehr wie genügend, deshalb Tochtergesellschaft Universum, vor unseren Augen geboren, kann die Mutter an Volumen leicht übertreffen. Allerdings z Plattfisch Dies Prozess wird bleiben Geheimnis pro Familie Siegel, zum seine unvollkommen nur zwei Dimensionen seiner langweiligen Welt stehen dem Sehen zur Verfügung. Er wird es überhaupt nicht sehen nichts Neues: derselbe ausdruckslose Fleck wird sich aufdringlich vor ihm abzeichnen, obwohl in Wirklichkeit es schon Für eine lange Zeit entfaltet in riesig Universum.

Etwas Ähnliches kann in unserem realen dreidimensionalen Universum passieren. Durch Abschluss Zusammenbruch Platz Innerhalb Schwarz Löcher beginnt unwiderstehlich erweitern, und wenige Augenblicke später, nach der galaktischen Uhr, die neu geprägte Welt feierlich entsteht aus Nichtexistenz, gebären nach dem Weg ihr besitzen Platz und Zeit. Zu Unglücklicherweise uns nicht bestimmt sein Zeugen Dies aufregend Schauspiel, wieso wie ein flacher Mann mit all seiner Begierde nicht in die dritte Dimension vordringen kann. das Weltall Innerhalb die Schwarz Loch bestanden in inflationär Modus, wir berechtigt Name mütterlich (oder elterlich) und die "junge Frau", die aus ihr hervorgegangen ist - die Tochter, oder Kleinkind. Beide diese Universen Wille in Verbindung gebracht eigenartig Nabelschnur Rohr Freizeit, Durchmesser die vergleichbar, an alle Sichtweite, Mit Planck Länge.

Allerdings kann die Nabelschnur auch reißen, da schwarze Löcher, wenn auch langsam, aber verdampfen verlieren Masse pro überprüfen Quantum Schwankungen nahe ihr Grenzen. Horizont Veranstaltungen ständig zuckt zusammen wie Chagrin Leder, und wie nur er wird werden weniger Planck-Grenze, das Schwarze Loch wird effektiv auf Null schrumpfen, und jede Kommunikation dazwischen verbunden Universen Pause. Mutter und Baby heilen unabhängig Leben. Wahrheit, etwas Physik Klage was Quantum Auswirkungen aussetzen Verdunstung Schwarz Löcher nahe Plancks Grenze, aber grundlegend Werte das ist Umstand nicht Es hat. platzen verbinden Sie Nabelschnur oder blieb in intakt undSicherheit spielt keine Rolle: Beide Universen sind immer noch voneinander isoliert und führen sich so ganz unabhängig Kreaturen.

BEI des Weiteren Tochtergesellschaft Universum kann sein gehen an Schritte seine Mütter. Wann die Inflation stoppt und die Energie des Inflationsfeldes sinkt auf die Mindestwerte, passieren Groß Explosion, und Tochter wird bestehen in Modus Standard Hubble Erweiterungen. Nach Abschluss Inflation Schwankungen Dichte in neugeboren Das Universum wird kosmologisch bedeutsam, was zur Bildung von Primärenergie führt Schwarze Löcher. Einige von ihnen werden auch beginnen, der Reihe nach anzuschwellen, so dass das Licht wird auftauchen bereits die dritte Generation von Welten. In gewissem Sinne werden diese neuen Welten schon Enkel des ursprünglichen Elternuniversums, die im Laufe der Zeit auch fast mit Sicherheit wird geben Nachwuchs.

So kommen wir zu einem grundlegend anderen Bild des Universums, das könnte das globale Universum genannt werden. Das globale Universum ist schwierig Ensemble Welten und erinnert sich Traube Bündel. Etwas Trauben-Universen gebunden zwischen dich selbst Nabelschnur durch Schwarz Löcher, die nicht gelang es Wiedersehen verdampfen, a Sonstiges vor langer Zeit live isoliert, aber Innerhalb Die meisten Nachkommen werden weiterhin als Ur-Schwarze Löcher geboren, die Zeit danach sofort geben sie immer mehr neuen Generationen von Universen den Start ins Leben. Mit anderen Worten, global Universum fähig ständig selbst reproduzieren. Eine solche unermüdlich Knospung kann sein fortsetzen unbegrenzt Für eine lange Zeit, deshalb kann erzählen, was Das globale Universum hat keinen Anfang in der Zeit. Wenn der vegetative Zyklus nicht aufhört weder auf der sofortig und funktioniert wie Uhr, dann global Universum wird sein für immer leben.

Natürlich ist jede einzelne Traube (oder Domäne, d.h lokal das Weltall zuverlässig isoliert aus ihr Brüder) kann sein haben besitzen einzigartig einstellen körperlich Parameter. Sie verbunden nur Gemeinsamkeit Ursprung sozusagen die Stimme des Blutes. Einige Welten, die keine Zeit haben, sofort richtig anzuschwellen gleich Anfang Zusammenbruch, zusammenbrechen in Punkt, a Sonstiges Wille, und umgekehrt, hemmungslos aufblasen, weil die Inflation exponentiell wächst. Unter allen denkbaren Universen es muss mindestens einen geben, wo die inflationäre Expansion rechtzeitig aufhört, was zu Dichteschwankungen führt, die später zu komplexen Strukturen führen - Galaxien und Sterne. Durch glücklich Chance, wir wir leben wie einmal exakt in eine solche Universum. Wenn ein möchten grundlegend Konstanten habe gehabt Sonstiges Werte, Dies Buchen noch nie nicht war möchten geschrieben.

Zucht Knospung Universen auf keinen Fall nicht sind Zwillinge. Genealogisch Verwandtschaft nicht Es hat zu Sie dünn Struktur glatt Konto nein Beziehungen. Weltkonstanten sind keine auf Tafeln geschriebenen mosaischen Gebote. Gott ist nicht sprach aus dem brennenden Dornbusch mit den Bevollmächtigten des auserwählten Volkes, und deshalb grundlegend Konstanten kann annehmen willkürlich Werte. Nummer räumlich Messungen, eingesetzt Vor kosmologische Skala, zu nicht muss auf die Zahl „drei" beschränkt werden und kann individuell stark variieren lokal Bläschen. Eben Zeit Innerhalb Knospung Trauben kann sein rausschmeißen toll Knie und fließen wie ein Gott auf der Seele positiv

Wir können nicht hinsehen Innerhalb Schwarz Löcher, weil alles dafür getan wird Horizont Veranstaltungen, unter undurchdringlich Deckel Kugeln Schwarzschild, repräsentiert eine absolute terra incognita. Aber wenn Lee Smolin recht hat, und mit anderen Worten unsere Metagalaxie beobachtbares Universum, das einst aus einem urzeitlichen Schwarzen Loch geschlüpft ist, haben wir keines von beiden wie nicht vergleichbar Wahrscheinlichkeit lernen Sie Innereien von innen, Recht einfach erkunden Struktur um uns herum Frieden.

Uns Überreste Antwort auf der der Einzige sakramental Frage. Durch die meisten Nach bescheidenen Schätzungen beträgt die Masse unseres Universums etwa 1022 Sonnenmassen. Doch wenn Das Universum ist so gewaltig, wie kann diese Fülle an Materie hineinpassen winziges Volumen eines ursprünglichen Schwarzen Lochs? Tatsächlich gibt es hier sogar kein Paradoxon nicht riecht. Lass uns erinnern was Schaffung Frieden "aus nichts" schlägt vor Gleichgewicht zwischen Negativ Energie Schwere und positiv Energie Substanzen. ABER weil die die negative Gravitationsenergie gleicht die positive Energie genau aus, verbunden Mit Masse, geben als Ergebnis Null, die Masse des Kindes das Universum kann sehr sein groß. Neugeborenes Baby kann sein ohne Besondere Arbeit entwachsen seine Elternteil.

Dem könnte man ein Ende setzen, aber neuerdings der englische Physiker Barbour eingeführt auf der Gericht höchst ehrwürdig Öffentlichkeit sensationell Buchen unter Name "Ende Zeit." Darin wollte er beweisen, dass es in der Natur keine Zeit gibt, und die Abfolge von Ereignissen, die wir gewöhnlich entlang der Zeitachse anordnen, ist nicht was Sonstiges wie Trägheit unser Denken, nicht haben Mit Wirklichkeit nichts Allgemeines.

Dies ist vielleicht die radikalste und extravaganteste Hypothese über die Natur der Zeit, und meine Geschichte um verschiedene kosmologische Modelle war möchten unvollständig, wenn möchten ich nicht bezahlt Konzepte rege Engländer obwohl möchten mehrere Linien. Theorie Barber Detail rezensiert von Raphael Nudelman in dem faszinierenden Artikel „The Newest Guide to Zeit", veröffentlicht in zwei Räume Zeitschrift "Wissen - Stärke" pro 2002 Jahr, und Sie,

Leser, ohne Arbeit du kannst Mit Sie vertraut machen. ich Ich werde nacherzählen Sie Zusamenfassend.

Barbour besetzen nicht reale physische Objekte, sondern die Beziehung zwischen ihnen. Wenn ein wir Lass uns nehmen drei Punkte und verbinden Sie Direkte Linien, dann wir bekommen Dreieck sicher nett. es und wird sein Barburowski "Verhältnis" die beschreibt Drei-Punkte-System. Wenn im nächsten Moment die Position von Punkten im Raum ändern, dann nimmt das Dreieck eine andere Form an. Dieses neue "Verhältnis" wird bereits vorhanden sein Sonstiges Eigenschaften.

Lassen Sie uns nun die Länge jeder Seite unseres Dreiecks durch eine Zahl bezeichnen. Wir konstruieren einen Raum mit drei Koordinatenachsen und legen auf jeder Achse eine davon fest Zahlen. Bei uns erfolgreich der Einzige Punkt in Platz, die, selbst dich selbst Natürlich wird sein reflektieren nicht real Position Initial Punkte, a Gesamt nurBeziehung zwischen drei Objekten. Wir nennen einen solchen bedingten Raum (mit einem physikalischen Raum, es hat nichts gemeinsam) Konfigurationsraum oder K-Raum. Alle nachfolgende Zustände des Systems aus drei Objekten im Laufe seiner Geschichte werden beschrieben werden Gesamtheit Punkte, sicher Weg durchbohrt an K-Raum.

Ähnlich Betrieb kann tun Mit jeder aus real körperlich Partikel, Füllung das Weltall und dann alle sie werde nehmen fällig Sie Platz in Aufbau Platz. Barber Anrufe seine fiktiv Platz Platon in ehren Großartig griechisch Philosoph welche die, wie bekannt beharrte auf der reale Existenz von Common Konzepte (Universale). Nach Platon die materielle Welt ist blass Kopieren herrlich Frieden Ideen seine fehlerhaft Ähnlichkeit.

Wenn ein möchten Welt gehorchte Rechtsvorschriften klassisch Mechanik Newton, jeder anschließend seine Bedingung bestimmt ist geflossen möchten aus Der vorherige. Eine solche Malerei Das Universum hieß deterministisch und war von Anfang an in vollem Gange das letzte Jahrhundert. Der herausragende französische Astronom und Mathematiker Pierre Laplace Zeit sogar unternahm, die Zukunft des Universums zu berechnen, wenn er sie genau zur Verfügung hätte Koordinaten aller Elementarteilchen. In Newtons Welt ein Beobachter draußen Platon, könnte möchten angeben Folge alle Barber Punkte und verbinden SieFlugbahn, in Ergebnis was bei jeder Punkte erschien möchten "Geschichte" co ihr besitzen vorbei an und die Zukunft.

Zu Unglücklicherweise wir wir leben in probabilistisch Welt, welche die kontrolliert Quantum Rechtsvorschriften. Prinzip Unsicherheit auferlegt grundlegend Verbot auf der gleichzeitig Definition Koordinaten und Geschwindigkeit elementar Partikel: wie etwas präziser ein Parameter gemessen wird, desto ungenauer kann ein anderer berechnet werden. Daher die Punkte auf Karte von Platonia, die die Position der Teilchen im Konfigurationsraum von Barbour widerspiegelt, sollte ersetzen Wahrscheinlichkeiten. Aber dann Bild Auf einmal wird verlieren Schärfe: statt Fest Punkte wir wir werden sehen hell Dunst, Zittern Dunst Oben glühend heiß Asphalt. Sie mit einer starren Bahn zu verbinden (eine "Geschichte" zu schreiben) wird entscheidend sein unmöglich.

Aber warum nehmen wir trotzdem Zeit wahr, wenn es sie in Wirklichkeit gar nicht gibt? Barbour argumentiert, dass „der Eindruck von Veränderung hier nur deshalb entsteht, weil in unserem das Gehirn sammelt mehrere Teile von Informationen über verschiedene Positionen (oder Zustände) dasselbe Objekt." Seiner Meinung nach erlaubt die Ablehnung der Kategorie Zeit nicht nur Singularitäten mit ihrem Haufen Unendlichkeiten beseitigen, sondern auch ein für alle Mal mit seinen ungeschickten Pfeilen fertig werden. In allen anderen kosmologischen Szenarien Zeit fließt aus der Vergangenheit in Zukunft, Weil was Universum hatte Anfang. Aber in Platon Barber "Moment Null" fehlen an Definition, weil die Zeit aus Sie herausgenommen. Wenn ein in Platon zum drei Punkte verfügbar etwas Besondere Aufbau Alpha, wo alle Partikel sind in eines Platz, dann dann gleich die meisten Messe und zum Universum in Im Allgemeinen.
"Big" Platonia muss auch eine eigene Alpha-Konfiguration haben, eine besondere Hervorhebung Punkt, Wenn alle Teilchen das Universum sind in eines Platz.

Barber schreibt:

...

Die Landschaft der Zeitlosigkeit entfaltet sich wie eine Blume zu allen anderen Punkten hin gegenwärtig dich selbst Universal- Aufbau die meisten anders Größen und Schwierigkeiten. Vielleicht, die Form Platon ist was fördert verstärkt stromabwärts probabilistisch "Schaum" in Seite diese Konfigurationen, die enthalten "Erinnerungen" seine Allgemeines Ursprung vom Punkt Alpha.

Einer Wort, Zeit, Mit Punkte Vision Barbour - das ist Phantom, körperlos Geist, Produkt unserer unvollkommenen Psyche. Wir nehmen es als einen Strom wahr, der ziemlich hat eine bestimmte Richtung, nur weil wir selbst ein integraler Bestandteil davon sind Dies Frieden, seine bedingungslos Nachwuchs. WAHR Universum beraubt Zeit seine bringt unser dummes Bewußtsein, das auf Haken oder auf Gauner strebt im Unbekannten schmerzlich Vertrautes zu sehen, einem Oktopus ein Frackpaar anzuziehen, und deshalb beschreibt die Welt ist rein etwa.

Was kann man dazu sagen? Die überwiegende Mehrheit der Physiker schätzt Barbours Ideen sind sehr skeptisch und glauben zu Recht, dass sie leerer mathematischer Spaß sind, einstellen brillant Scholastiker Paradoxien. Nicht Verzeihung setzt und lass uns zitierenberühmt Australischer Theoretiker Paula Davis.

...

Barbour behauptet grob gesagt, dass Zeit nicht wirklich existiert. Ich bin fertig stimmen darin überein, dass Raum und Zeit nicht die ultimativen Realitäten sind. Es ist möglich, dass zugrundeliegend Sie Wirklichkeit repräsentiert dich selbst etwas "PRE-Raum-Zeit", aus Elemente, aus denen unsere beobachtbare Raumzeit aufgebaut ist, ebenso die Substanz, die wir beobachten, ist aus Mikropartikeln aufgebaut, die es wiederum können erweisen sich als gebaut aus PRE-Partikel, aus mehr mehr grundlegend Bausteine Angelegenheit - Supersaiten - oder etwas in Dies nett. Wie Partikel Substanzen Freizeit zu vielleicht abgeleitetes Konzept.

...

Und doch auf einer ausreichend großen Ebene, im Maßstab der Makro- und Megawelt, dies die meisten Freizeit, die uns vertraut. Aus ihn es ist verboten einfach verschwinde Mit mit Hilfe der Mathematik ... Einst, vor dem Aufkommen der Relativitäts- und Gravitationstheorien, in es war in bestimmten Kreisen in Mode zu sagen, dass die Zeit Es ist nur eine menschliche Frucht Bewusstsein, Derivat aus unser Gefühl fließen Veranstaltungen, Was ist es irgendwie Weg verbunden mit der Fähigkeit des Gehirns wahrnehmen Veranstaltungen nur in einigen "zeitlich Sequenzen." Es ist nicht zu leugnen, dass Zeit ein Fluss ist, aber sie ist nicht rein menschlich Erfindung oder Bewusstseinskategorie. Für einen Physiker sind Zeit und Raum zusammen mit Materie das ist Teil Spielzeug Strukturen, Mit die wurde geboren Sie selber Universum oder, etwas präziser, aus die erstellt Universum. Sich unterhalten, was Zeit ist nicht existiert, einfach bedeutungslos.

Hier So, kurz und klar. Iwaschka werde gehen Spaziergang, a Vitka wird sein Zuhause mach Sitz, wiegesprochen eines Arbeiter-Bauer Mutter, verärgert Verhalten seine Senior Sohn.

Es bleibt uns, mit dem sogenannten anthropischen Prinzip zu spucken, wonach wir Lass uns weitermachen zu mehr Verbrennung Fragen. Um toll Ausrichtung grundlegend Konstanten, Schmuck fit Initial Parameter Universum uns wurde mehr als einmal erwähnt, und Sie, lieber Leser, müssen sich daran erinnern, was falsch ist der Teufel ist schrecklich, wie sie ihn malen. Kosmologische Modelle, die Multiplizität postulieren Welten (zum Beispiel, Theorie chaotisch Inflation Andreas Linde oder hemmungslos Knospung global Universum Lee Smolina), ermöglichen wegschmeißen auf der Deponie abgedroschene Hypothese des Schöpfers, weil sie konsequent und konsequent entscheiden Frage um dünn auf der Baustelle Welt Konstanten. Allerdings nicht wir werden einlaufen nach vorne.

Der Begriff „anthropisches Prinzip" wurde zuerst von einem Professor in Cambridge vorgeschlagen University of Brandon Carter, einem der größten Astrophysiker unserer Zeit. Jedoch, klug Personen bezahlt Aufmerksamkeit auf der toll Ausrichtung Naturkonstanten lange vor Carter. Also in den frühen 1950er Jahren der berühmte englische Astrophysiker Fred Hoyle fragte sich, wie Kohlenstoff und Sauerstoff in hervorragend Eingeweide. Zu ihm gelang es Notiz neugierig numerisch das Verhältnis zwischen der Gesamtenergie von drei Alpha-Teilchen (oder äquivalent Kernen Helium) und dem Energieniveau des Kohlenstoffkerns. Wenn also drei Alpha-Partikel verschmelzen, Kohlenstoff, Dies Größe muss bilden 7.7 Megaelektronenvolt. Anschließend Dies der Quanteneffekt wurde experimentell entdeckt. Und wenig später der große Paul Dirac erwischt mehr eines toll Übereinstimmung zwischen den Größen beobachtbar Universum und Macht Schwere in Sie, obwohl diese Mengen auf keinen Fall nicht in Verbindung gebracht Freund Mit Freund.

Nicht weniger interessant und das Tatsache, was Dichte unser Frieden sehr nah dran zu kritisch Dichte. Wenn ein möchten Größe ? war mehrere weniger kritisch, verstreute Materie, die sich in einem sehr verdünnten Zustand befindet, hätte einfach keine Zeit dazu zusammenkommen in Massen, notwendig zum Formation Sterne. AUS Ein weiterer Hand, wenn ? mehr
?cr, dann wird im Gegenteil die Kondensation mit beschleunigter Geschwindigkeit fortschreiten, und das Leben im Universum (oder, strenger gesagt, komplexe Strukturen) haben einfach keine Zeit zu entstehen. Und schon umso mehr würde es nicht genug Zeit für die Evolution der organischen Welt geben, die auf der Erde, wie bekannt dauerte mehrere Milliarden Jahre.

Wenn ein Zunahme in 100 einmal numerisch Bedeutung Schwere dauerhaft, dann in so viele gleich einmal wird reduziert Zeit Leben Sonne. Klar, was fünfzig Million Jahre deutlich nicht genug zu auf der Planeten Solar- Systeme entstand Biosphäre. Bei Andere Werte der elektromagnetischen Wechselwirkungskonstante verliert das Proton seine Stabilität - der Grundstein des Universums, und wenn wir zusätzlich die Konstanten ein wenig „korrigieren". stark und schwach Interaktionen, Aussehen Universum wird sich verändern Vor Unkenntlichkeit.

Beziehungen Massen Proton, Neutron und Elektron zwischen dich selbst zu haben bestimmender Wert sowohl für die moderne Struktur des Universums als auch für das Erscheinen darin Leben. Nehmen wir an, die Masse eines Neutrons übersteigt die Masse eines Protons um einen vernachlässigbaren Betrag (ca. 10-3m?). Wenn wir diesen Wert einfach verdoppeln, werden die Atome der chemischen Elemente Stabilität verlieren. Ebenso eine Zunahme der Masse eines Elektrons um nur den Faktor drei wird führen zu Verfall Kerne Atome Wasserstoff - die meisten weit verbreitet Element in Universum.

Abmessungen Umgebung uns Platz zu gibt Reich Lebensmittel zum Reflexionen. Drei räumliche Dimensionen sorgen für eine stabile Zirkulation der Körper Freund nahe Freund: oder Karosserie stabil ziehen um an Ellipse (in Privatgelände Fall, an Kreise), oder fliegt weg in Unendlichkeit an parabolisch oder hyperbolisch Flugbahnen. Aber in der vierdimensionalen Welt periodische Bewegung in einer geschlossenen Umlaufbahn unmöglich: Planet oder werde fallen auf der zentral hell, oder sofort wegfliegen in Unendlichkeit. Das bedeutet, dass in der Welt der vier räumlichen Dimensionen existieren nachhaltig planetarisch Systeme, die Bewegung von Elektronen um atomare Kerne undusw. Alle Materie zerfällt zu Staub. Und in Welten mit weniger als drei Dimensionen Atome verlieren Fähigkeit strahlen in kontinuierlich Spektrum, weil die Elektronen nicht kanndort das Notwendige machen zum dieses Orbital Übergänge.

Aufführen der dünnste Anpassungen grundlegend Konstanten ständig wachsend und hat heute schon ein wahrhaft beängstigendes Ausmaß erreicht. Überlegen Sie langsam, was Jemand, der weise und umsichtig ist, hat das Universum absichtlich poliert, damit es konnte erwachsen werden Mensch. BEI unser Verfügung verfügbar drei Möglichkeit Antwort auf der Dies Frage.

Option eins. Die Naturgesetze werden von einem höheren Verstand geschaffen. Theoretisch ähnlich Lage ziemlich möglich deshalb nicht wir werden ablehnen Sie Mit Schwelle. BEI Ende endet Wir stellen in irdischen Laboratorien künstliche Nährböden für den Anbau her nützlichen Mikroorganismen, und wer weiß, welche weiteren Fortschritte die Biotechnologie noch durchsetzen wird ein paar tausend Jahre. Es ist jedoch nicht ganz klar, wie dies hypothetisch ist Der höhere Geist hat es geschafft, in den Flammen des universellen Feuers zu überleben, als unsere Welt auftauchte aus der Nichtexistenz, und wo er war und was er tat, als die Welt noch nicht existierte. Auf der anderen Seite, Overmind - es ist auch Supermind in Afrika, und unser Geschäft ist Kalb - sauer auf die Beine und hör auf. Jedoch ernsthafte Wissenschaftler fangen an zusammenzuzucken, wenn es um die göttliche Vorsehung geht. AUS Hilfe Intervention übernatürlich Kräfte kann ohne irgendein Arbeit erklären irgendein Phänomen, aber dann die Wissenschaft Aufträge Für eine lange Zeit live. Naturwissenschaft ein Ansatz, in Unterschied aus Glaube, geneigt beichten Prinzip Occam: nicht sollte multiplizieren Nummer Entitäten über brauchen. Deshalb Lass uns gehen Möglichkeit Zimmer eines Theologen und Theologen. höher Stärke aufgeführt sind nach ihnen Abteilung.

Möglichkeit zwei. If Theory of Everything (kurz TOE) jemals gebaut werden, ist es wahrscheinlich, dass die numerischen Werte der Grundschwingung Konstanten erhalten eine natürliche und vernünftige Erklärung. Wenn Wissenschaftler verstehen, was ist Masse, Ladung, Spin und andere Wesenheiten des Universums, vielleicht wird es möglich sein, sie zu beantworten auf die Frage, warum sie genau diese und nicht andere Werte nehmen. Dann anthropisch Prinzip kann wird sein abheben Mit Agenda Tag. M-Theorie um die gesagt in vorherige Kapitel, heute Ansprüche auf der viel, aber Vor Ziellinie Wiedersehen mehr lange weg.

Möglichkeit dritte, die meisten nett unser Herz. Wenn ein Universum nicht erschöpft beobachtbar Teil Universum, wenn sie in Vielzahl geboren aus Quantum Schwankungen Freizeit Schaum (an Linde) oder aus primär Schwarze Löcher (nach Smolin), dann hört unser Universum auf, einzigartig und das einzige darin zu sein seine nett. Grundlegend Konstanten kann annehmen in diese unzählige Welten irgendwelche willkürlichen Werte, und Leben und Intelligenz entstehen nur in jenen Universen, wo Bedingungen sind für sie richtig. Es stimmt, es mag einigen so erscheinen auf der Seltenheit verschwenderisch: aufstapeln irgendwie durchbrechen Welten, zu in etwas aus Sie ein Funke der Vernunft entzündete sich. Einstein sagte, dass Gott nicht würfelt. In der Zwischenzeit hier gibt es nichts zu verwundern, denn die natur ist ein blinder konstrukteur, und die verschwendung ist sie immanentes Merkmal. Von den Millionen Eiern überleben nur wenige Tausend und die Bäume jedes Jahr streuen sie die Samen in Hülle und Fülle aus, damit einige von ihnen wachsen. Auf der Frage "Warum ist unser Universum so, wie wir es sehen?" die antwort folgt: "Wenn Universum war Ein weiterer, uns möchten hier nicht Es war!" es und Es gibt Wortlaut anthropisch Prinzip.

Tatsächlich existiert das anthropische Prinzip in zwei Formulierungen – schwach und stark. Das schwache anthropische Prinzip besteht darauf, dass intelligentes Leben nur dort und entsteht wann und wo die Bedingungen dafür stimmen. Sagen wir moderne Kosmologie behauptet, dass das Universum vor etwa 14 Milliarden Jahren begann und weiterhin existieren wird lang genug. Warum leben wir relativ nah am Moment ihrer Geburt? Der Sarg öffnet sich einfach: Vor 10 Milliarden Jahren Sterne der zweiten Generation mit ChemikalienDie für das Auftreten komplexer Strukturen erforderliche Zusammensetzung war noch nicht und nach ein paar Zehnmilliarden von Jahren werden sie alle spurlos ausbrennen und intelligentes Leben unserer Art werden unmöglich.

Stark anthropisch Prinzip sagt was Rechtsvorschriften Natur und Optionen Grundkonstanten sind solche, die die Entstehung intelligenten Lebens ermöglichen. Sonstiges Mit anderen Worten, die Welt ist für den Menschen eingesperrt. Ehrlich gesagt, beide Versionen des anthropischen Prinzips Klage praktisch eines und dann gleich, aber schließlich seine stark Hypostase wesentlich gibt zurück

Teleologie. Es stellt sich heraus, was alle riesig Maschinen Universum konzipiert nur für dich und mich. Es ist nicht leicht, sich mit einer solchen Formulierung zu vereinbaren. Neben, nicht schlecht möchten einen beitragen von Bedeutung Klärung.

Wann wir wir sagen was bei Andere Parameter grundlegend Konstanten in Universum unmöglich Komplex Strukturen und Leben, sollte möchten hinzufügen: Leben in uns bekannte Formen. Aber auch Proteinleben auf dem Planeten Erde hat eine riesige adaptiv Potenzial. Genügend abrufen um So genannt "Schwarz Raucher"
– heiß Geysire auf der Unterseite Ozeane. Sie sind sind hiermit Brutstätte Leben, obwohl Die Temperatur des Wassers in der Nähe des Rauchers erreicht 300 Grad Celsius bei einem Druck von mehrere Hunderte Atmosphären. Was schon hier sich unterhalten um hypothetisch außerirdisch OrganismenDeren Austausch Substanzen kann sein aufbauen auf der grundsätzlich anders chemisch Basis.

Übrigens ändern sich die natürlichen und klimatischen Bedingungen unseres Planeten sehr schnell. breites Spektrum, das irdisch nicht stört Organismen fühlen sich großartig und Pole, und auf der Äquator. Temperatur Optimum - ein Geschäft Geschmack. Nil Krokodil hätte es am Polarkreis schwer gehabt, Eisbären, Walrosse und Robben wohl kaum gefallen möchten Tropen. Wenn ein möchten Weiß Bär war in der Lage Grund logisch, er würde sicherlich zu dem Schluss kommen, dass die weise Natur besonders darauf geachtet hat, dies sicherzustellenzu ihm, Weiß Bär Es war OK. Nicht bringen Herr live in schwül Wüste, wo Nachmittagmit feuer findet man keine schmackhaften und gesunden robben, und die sonne brennt erbarmungslos. Geht es um Verwandtschaft Penaten: Kalt etwas Wasser, frisch Brise und halbjährlich Polar- Nacht...

Als Fazit dieses Kapitels betonen wir noch einmal: die Idee einer Vielzahl von Universen natürlich Weg erlaubt Problem Schmuck die Einstellungen grundlegend Konstanten, so kann die umständliche und ungeschickte Gotteshypothese guten Gewissens sein sicher abschicken an Müll.

Ring um Sonne

Auf der entfernt Stern Venus Die
Sonne ist feurig und golden, Auf der
Venus, äh auf Venus
Bei Bäume blau Laub...

Nikolaus Gumiljow

Wenn das Universum von Galaxien, Sternen und anderen Schwarzen Löchern erschöpft wäre, wir könnte möchten kühn stellen hier Punkt. Jedoch in Welt es gibt mehr und Planeten - kompakt nicht leuchtend Karosserie, im Umlauf um Sterne, und auf der eines aus eine solche paradiesisch Tel wir leben wir Mit Sie. Wort "Planet" in Übersetzung Mit griechisch meint "wandern". Das bemerkten schon die alten Griechen, mehrere Jahrhunderte vor der Geburt Christiin umfangreich Familie bewegungslos Sterne Es gibt ihr zappelt, Zeichnung auf der Firmament verwirrt Kurven. Antiquität Astronomen wusste fünf wandern Sterne - Merkur, Venus, Mars, Jupiter und Saturn. Zusammen mit dem Mond und der Sonne bildeten sie sich Kosmos der Antike und die Sphäre der Fixsterne krönten diese schlanke Architektur Ensemble wie Kuppeln. Erde, von selbst, war Center Universum.

Anschließend wurden die großartigen Fünf mit drei weiteren ewigen Wanderern aufgefüllt - Uranus Neptun und Pluto. Dies Dreieinigkeit es ist verboten Erfolg haben unbewaffnet Auge, Daher wurde es relativ spät entdeckt - nach der Erfindung des Teleskops. Uranus 1781 vom englischen Astronomen William Herschel, Neptun, entdeckt 1846 - Französisch Urban Joseph Le Verrier, a Pluto - amerikanisch Clyde Wilhelm Tombo in 1930er Wahrheit, Pluto wird heute aus einer Reihe von Gründen das Recht verweigert, als Planet bezeichnet und dort platziert zu werden Besondere Kategorie Zwerg Planeten oder transneptunisch Objekte.

BEI unser Tage eben Schüler Junior Klassen kennt was um was Spinnen.

Der zentrale Platz im Sonnensystem gehört unserem Tageslicht und den Planeten anwenden Um ihn herum entlang länglich Kreise - Ellipsen.

Korrekt zeichnen Umlaufbahnen Planeten gelang es lange weg nicht sofort. Mich selbst Schöpfer heliozentrisch Systeme Polieren Astronom Nikolaus Kopernikus Gedanke was Umlaufbahnen Planeten sind regelmäßige Kreise. Und erst nach über 100 Jahren Ein weiterer berühmt Astronom, Deutsch Johann Kepler, gelang es Show, was das einzige geometrische Figur im Einklang mit Beobachtungsdaten ist eine Ellipse und die Sonne gelegen in eines von seinen Tricks.

Verhältnismäßig Größen Sonne zu existierte verschiedene Meinungen. Die meisten Verzweifelte altgriechische Geister gaben zu, dass es die Größe von Athen haben könnte, und eins Salbei, gewagt vermuten was Sonne schon auf keinen Fall nicht weniger Peloponnesisch Halbinsel, war verbannt Mit Schande. Na sicher Stimmt Maße Sonne mehrere mehr. Und obwohl es einen bescheidenen Platz in der stellaren Nomenklatur einnimmt, gilt es als gewöhnlich Gelber Zwerg der Klasse G, seine Größe ist sehr beeindruckend. Der Durchmesser der Sonne ist etwa 1,4 Millionen Kilometer (Durchmesser der Erde zum Vergleich). - etwas mehr als 12 Tausend Kilometer), und in Deutsch abgeschlossen 999/1000 alle Massen Solar- Systeme. Durchschnitt Distanz aus Erde Vor Sonne - 149 Million Kilometer. Dies Wert erhalten Anruf astronomisch Einheit (a. e.), und Sie ist dient zum Messungen interplanetarischEntfernungen. Die Sonne ist einer der 200 Milliarden Sterne, die unsere Galaxie bewohnen (die milchigeWay) und liegt mitsamt seinen neun Planeten am Rande der Galaxis Spiralen, in 26 Tausend hell Jahre von ihr Center.

Schauen wir uns den Aufbau des Sonnensystems genauer an. Außer vier Planetenterrestrisch Gruppen (Quecksilber, Venus, Erde und Mars), vier Gas Riesen (Jupiter, Saturn, Uranus, Neptun) und in viele alle mehr rätselhaft Pluto in Verbindung Solar-Systeme sind inklusive So genannt klein Planeten, Generatoren Gürtel Asteroiden zwischen Umlaufbahnen von Mars und Jupiter sowie Kometen und Meteore, die von ihren fernen Außenbezirken eintreffen. Dort, jenseits der Umlaufbahnen von Neptun und Pluto, erstreckt sich ein Gürtel über Dutzende von astronomischen Einheiten. Kuiper - eine Sammlung von Zwergplaneten und Gesteins- und Eisfragmenten verschiedener Formen und Größen. Noch weiter entfernt liegt eine riesige kugelförmige Wolke aus protoplanetaren Körpern mit dem Namen inEhre des holländischen Astronomen durch die Oortsche Wolke. Ab da langfristig Kometen. Endlich, bei mehrheitlich Planeten Solar- Systeme es gibt natürlich Satelliten (außer Merkur und Venus). Jupiter hat derzeit über 60 Satelliten, Saturn hat 56, Uranus hat 27, Neptun hat 13 und Pluto hat 3. MarsGesamt zwei Satellit (Phobos und Deimos, was in Übersetzung Mit griechisch meint "Furcht" und
"Horror"), und unsere alte Erde hat es geschafft, nur eines zu erwerben - den Mond. Aber aber nächste Nachbar Erde sieht aus sehr eindrucksvoll auf der Hintergrund Andere Satelliten, die in ihrer Größe nur den drei größten Jupitermonden (Ho, Ganymed,Kallisto) und Satellit Saturn Titan.

Unter den alten Römern galt Merkur (alias der griechische Hermes) als Gott des Handels und denn das A und O des Geschäftsverkehrs war schon immer die Täuschung verkaufen, sagen sie), dann wird in Kombination dieser schlaue Gott bevormundet Schurken und Betrüger.

Wie und standesgemäß glatt und effizient Ladenbesitzer Platz Quecksilber grün agil: Er umrundet die Sonne in nur 88 Tagen, sein Jahr also in vier überflüssig mal kürzer irdisch. Distanz Vor Quecksilber aus Sonne verändert sich in breit innerhalb - aus 46 Vor 70 Million Kilometer, erfinden in Durchschnitt 58 Million Kilometer. Es ist leicht zu erkennen, dass die Umlaufbahn des Merkur einer stark gestreckten ähnelt Ellipse, die sich deutlich von den fast kreisförmigen Bahnen aller anderen Planeten der Sonne unterscheidet Systeme. Elliptizität Umlaufbahnen paradiesisch Karosserie erhalten ausdrücken durch Sie Exzentrizität
– das Verhältnis der großen und kleinen Halbachsen der Umlaufbahn. Bei Quecksilber beträgt dieser Wert 0,2, während die Exzentrizität der Erdumlaufbahn mehr als zehnmal geringer ist (etwa 0,017). Außer Gehen, Orbit Quecksilber spürbar gekippt zu Ekliptik - Flugzeug terrestrisch Umlaufbahnen. Ecke

Neigung beträgt 7 Grad. Für diese beiden Parameter - den Grad der Exzentrizität und den Winkel Neigung zur Ekliptik - nur Pluto konnte Merkur übertreffen (0,25 und 17 Grad beziehungsweise).

Aufgrund seiner Nähe zur Sonne erhält Merkur sechsmal so viel Sonnenlicht pro Flächeneinheit als die Erde. Am Perihel, dem Punkt der geringsten Entfernung von der Sonne, Temperatur seine beleuchtet Oberflächen ist 430 Grad a in Aphel - Punkt maximale Entfernung - fällt auf 290 ° C. Temperatur auf der Nachtseite des Planeten Stürze Vor Minus- 170 Grad. Da der Durchschnitt Dichte von Merkur fast so gleich, wie bei Erde, sie muss einen Eisenkern haben, der nach Berechnungen fast die Hälfte einnimmt Volumen Planeten.

Von der Erdoberfläche aus ist Merkur ziemlich schwierig durch ein Teleskop zu beobachten (in mittel Breitengrade er nicht schlecht sichtbar nur in Sommer Monate), deshalb komponieren wirklich zuverlässige Karten des Planeten und zur Klärung seiner physikalischen Eigenschaften erwiesen sich als möglich nach Gehen, wie Nachbarschaft nächste zu Sonne Planeten hat besucht Platz Sonde
"Mariner-10". Merkur ist klein und sehr heiß, er ist der Erde im Durchmesser um fast unterlegen dreimal und nach Volumen - 14 mal. Der Durchmesser von Merkur beträgt 4880 Kilometer und die Masse beträgt 5,5 % der Masse der Erde. Die Schwerkraft auf seiner Oberfläche ist dreimal geringer als die der Erde, und ein Mann von durchschnittlicher Größe würde dort etwa 25 Kilogramm wiegen. Unter den Planeten der Sonne Systeme kleiner als Merkur nur entfernter Pluto. Merkur hat eine extrem verdünnte Heliumatmosphäre, die durch den Sonnenwind erzeugt wird und vernachlässigbar ist Menge Wasserstoff, Spuren Argon und nicht sie. Sie Druck an der Oberfläche Planeten in 500 Milliarden Mal geringer als der Luftdruck auf der Erde auf Meereshöhe. Sonde "Mariner-10" zeigte auch, dass Merkur ein sehr schwaches Dipol-Magnetfeld hat (100 mal schwächer irdisch).

Auf der hindurch lang Zeit Astronomen Gedanke was Quecksilber, wie und Mond zu Erde, stets umgewandelt zu Sonne eines Hemisphäre, dann Es gibt dreht sich um Achsen synchron mit der Bewegung um die Sonne. Doch Mitte der 1960er Jahre mit Unter Verwendung von Radarforschung wurde festgestellt, dass die Rotationsperiode der heißer Planet des Sonnensystems ist etwa 59 Tage, also Merkur macht in zwei Dritteln seines Jahres eine vollständige Drehung um seine Achse. Logisch, Solar Schwere muss war vor langer Zeit langsamer seine axial Drehung, aber Einsatz demnächstdies nicht geschah, entstand die verlockende Hypothese, Merkur habe sich einmal gedreht um die Venus und wurde erst vor relativ kurzer Zeit von einem massereicheren Himmelskörper zurückgewiesen Karosserie. In jedem Fall schließt die mathematische Modellierung seiner Umlaufbahn die Möglichkeit nicht auswas in entfernt vorbei an er war Satellit Venus.

Benannt nach der antiken römischen Göttin der Liebe und Schönheit (bei den Griechen - Aphrodite) Venus - nächste unser Nachbar unter groß Planeten (am wenigsten Distanz aus Erde
– nur 39 Millionen Kilometer) und nach dem Mond der hellste Stern am Nachthimmel. Sie ist leuchtet in 13 einmal heller Sirius denen gehört ehrenamtlich Erste Platz am hellsten Sterne. Die Brillanz der Venus ist so groß, dass sie mit einer gewissen Geschicklichkeit manchmal gesehen werden kann auch tagsüber gegen den blauen Himmel. Dies liegt daran, dass der zweite Planet von der Sonne entfernt ist eingehüllt in einen dicken atmosphärischen Mantel, 100-mal stärker als die Erdatmosphäre. Gas Startseite Venus, durchdrungen mehrere Schichten Wolken, Großartig spiegelt Sonnenlicht.

Ehren Entdeckungen Venusisch Atmosphäre gehört unser Landsmann Michael Wassiljewitsch Lomonossow. Aufpassen in 1761 Jahr Passage Venus an Sonnenscheibe, schrieb er: „Eine Beule erschien am Rand der Sonne, was umso mehr ist Je näher Venus der Aufführung kam. Bald war dieser Pickel verloren, und Die Venus stellte sich plötzlich als randlos heraus ... "Lomonosov schloss daraus, dass" der Planet Venus umgeben ist edel Luft Atmosphäre... Was ist durchnässt nahe unser Ball irdisch."

Venus gelegen fast in eineinhalb mal näher zu Die Sonne wie Erde (108 und 149 Million Kilometer beziehungsweise), a Weil erhält aus Kopfgeld unser Koryphäen in zwei Mit halbe Hitze. Von der Größe her sind Venus und Erde fast Zwillingsschwestern: der Durchmesser der Venus ist nur geringfügig geringer als der Durchmesser der Erde und beträgt 12.104 Kilometer (0,95 des Erddurchmessers, was 12.756 Kilometern entspricht), und seine Masse entspricht 81% der Masse Erde. Voll Umsatz um Sonne Venus begeht pro 225 irdisch Tage, a hier Zeitraum seine Drehung um die Achse ist etwas größer - 243 Tage. Kein anderer Planet in der Sonne nicht so gemächlich um die eigene Achse dreht, ist die Venus unangefochtener Rekordhalter an Teile die meisten langsam Täglich Drehung. Zusätzlich es engagiert sein von innen nach außen, in Seite, Gegenteil Sie orbital Bewegung, was eigentlich nicht einzigartig Eigentum Venus. Sagen wir Uranus und Pluto zu Spinnen in Rückseite, aber sie tun dies fast auf ihrer Seite liegend, während die Achse Venus fast senkrecht zur Ebene Umlaufbahnen. Somit ist sie die Einzige Planeten, die "Ja wirklich" dreht sich und umgekehrt. Finden Sie heraus wie sollte in Merkmale der täglichen Rotation der Venus gelang vor relativ kurzer Zeit - in den frühen 60er Jahren Jahre des letzten Jahrhunderts, als Radarmethoden weit verbreitet wurden, was dies ermöglichte hinein sehen unter ihr dichte Wolkendecke.

Vor Flüge zu Venus Erste Platz Sonden viele Science-Fiction-Autoren stellte sich unseren nächsten Nachbarn als eine Art tropisches Paradies vor, schwül und stickig Frieden, bedeckt unpassierbar Urwald. Im nass Dämmerung grenzenlos Selva abscheuliche Kreaturen versteckten sich und waren damit beschäftigt, ihresgleichen zu verschlingen. nicht wie altersschwach Absterben Mars Venus gezeichnet etwas Wissenschaftler Junior Schwester Die Erde, wie sie in fernen geologischen Epochen vor vielen Millionen Jahren aussah. Andere bestanden darauf, dass es auf der Venus überhaupt kein Land gab und die gesamte Oberfläche Planeten nimmt einen kontinuierlichen weiten Ozean ein.

Wirklichkeit hat sich herausgestellt wo prosaischer und eher unerwartet. Es stellte sich heraus, dass die Atmosphäre

Die „weißgesichtige Schönheit" (wie die Astronomen des alten China Venus nannten) beträgt 96,5 % aus Kohlendioxid und fast 3,5 % aus Stickstoff. Und für den Anteil aller anderen Gase - Sauerstoff, Wasserdampf, Schwefeloxid und -dioxid, Argon, Neon, Helium und Krypton - müssen nicht mehr als 0,1 %. Es ist zwar zu beachten, dass die venusianische Atmosphäre 100-mal so groß ist stärker als die Erde, enthält es etwa fünfmal mehr Stickstoff als in der Erdatmosphäre. Auf der Oberflächen Planeten, unter monströs wolkig Tagesdecke, regiert beispiellos, ohrenbetäubend Wärme in 460–470 Grad an Celsius. Bei eine solche Temperatur schmelzen einige Metalle. Sogar die sonnenbeschienene Seite des Merkur ist etwas kühler. Und obwohl mächtig wolkig Schicht dick in mehrere Dutzende Kilometer spiegelt 77% fallen auf der ihn sonnig Sveta, übersättigt Dioxid Kohlenstoff Atmosphäre erzeugt den stärksten Treibhauseffekt auf der Oberfläche der Venus, wodurch die Temperatur und erreicht so hohe Werte. Aus dem gleichen Grund ist es überraschend stabil und tut es nicht hängt vom Breitengrad des Gebiets ab. Nur im Hochland ist es etwas kühler – weiter mehrere Dutzende Grad.

Wolkig Schicht, enthält Tröpfchen konzentriert Schwefel Säure, erstreckt sich bis zu einer Höhe von 70 Kilometern, und in den obersten Schichten der Atmosphäre gibt es Auch Salzsäure und Flusssäure Säuren. Wolkig Schicht dreht sich wie Single ganz, aber viel schneller als der Planet selbst und macht in 4-5 Tagen eine komplette Revolution. Daher in der Höhe etwa 60 Kilometer Winde in Orkanstärke wehen ständig mit einer Geschwindigkeit von 100 Metern pro Sekunde (360 km/h). Aber nahe der Oberfläche des Planeten sinkt die Windgeschwindigkeit auf mehrere Meter pro zweitens, aber da die Atmosphäre der Venus 50-mal dichter ist als die der Erde und nur 14-mal unterlegen in Dichte Wasser, dann eben Wind Macht eines Meter in gib mir eine Sekunde - sehr ernst Studie. Der Druck der Atmosphäre auf der Venusoberfläche beträgt das 90-fache des Erddrucks (90 und 1bar), und am Boden des Diana Canyons wurde ein Druck von 119 bar gemessen. Sogar weiter die höchsten Berggipfel des zweiten Planeten, erreichen 11 Kilometer Höhe, Druck beträgt 45 bar, also 45-mal mehr als auf der Erde auf Meereshöhe. In einem Wort, Venus - das ist Welt brutzelnd Wärme, gespült durch glühend heiß Winde und für immer und ewig zerquetscht schwer Kohlendioxid Pelzmantel, wenig unterlegen an Dichte Wasser.

Natürlich kann kein Leben in den Formen, an die wir gewöhnt sind, im heißen Inferno überleben. zweiter Planet. Die weißgesichtige Schönheit der chinesischen Astronomen erwies sich als die größte real höllisch feurig.

Für ein kurzes Jahrhundert terrestrischer Raumfahrt etwa dreißig automatische Stationen. Die Erstbefahrungsfahrzeuge waren auf Maximum ausgelegt Druck von etwa 7 bar und brach daher auch in den oberen Schichten der Venus schnell zusammen Atmosphäre. Aber mit ihrer Hilfe war es möglich, die Gaszusammensetzung der Wolkendecke zu bestimmen unser nächster Nachbar. Inländische Sonden Venera-13 und Venera-14, die hergestellt wurden 1982, eine sanfte Landung auf der Oberfläche des Planeten, gelang es, etwa 2 Stunden lang zu arbeiten mörderisch Klima Venus. Analyse Boden zeigte was Mineralien, Komponenten bellen Planeten, in viele ähnlich irdisch Basalt, treffen auf der Unterseite ozeanisch tiefe Wasserbecken. Amerikanische Sonde "Magellan" seit vier Jahren im Orbit Venus (1990-1994) erstellte detaillierte Karten ihrer Oberfläche und übermittelte sie an die Erde. Erleichterung zweite Planeten kompliziert und repräsentiert dich selbst umfangreich hügelig Ebenen, durchzogen von zahlreichen Bergrücken, die mittelozeanischen Rücken ähneln auf der Erde und Auch alpin vulkanische Hochebene Ursprung.

Vulkanisch Aktivität Venus Zweifel nicht Anrufe. Auf der Sie Oberflächen Zehntausende Vulkane wurden entdeckt, einige von ihnen erreichen eine Tiefe von 100 Kilometern über. Es ist möglich, dass einzelne Vulkane bis heute ausbrechen, aber ihre die Zahl ist relativ gering. Es wurden auch völlig einzigartige Landschaftsformen identifiziert bilden sehr fett und langsam Verbreitung Lava fließt - So genannt Pfannkuchen-Vulkane. Aber es gibt nur sehr wenige Meteoritenkrater auf der Venus - ungefähr 900, das heißt nicht mehr zwei auf der Million Quadrat Kilometer. Zum Vergleiche: auf der Mars auf der eine solche gleich Bereich es gibt fast hundertfünfzig Krater, a auf der Mond - nahe vierhundert. Anscheinend liegt dies daran, dass in der jüngeren Vergangenheit (etwa 500 Millionen Jahre zurück) hat seine Oberfläche eine Art Erneuerung erfahren: uraltes Gestein mit Spuren Meteoritenbeschuss wurden mit junger Lava gefüllt. Ein zusätzliches Argument in der Vorteil eines solchen Szenarios ist das Fehlen von Manifestationen der Plattentektonik auf der Venus, typisch für Erde oder Mars.

Deshalb in letztes Ding Zeit wurde sehr Beliebt Hypothese So genannt "plötzlicher Vulkanismus", soll erklären einzigartige klimatische Besonderheiten Venus. Nach dieser Hypothese führte das Fehlen einer Kontinentaldrift dazu, dass sich vor etwa einer halben Milliarde Jahren über Nacht langsam unterirdische Wärme ansammelte spritzte durch Zehntausende gleichzeitig entstehender Vulkane. In Atmosphäre Planeten erhalten monströs Menge Kohlensäure, aufgedreht Schwungrad Treibhauseffekt. Das Ergebnis dieser Prozesse war das Verschwinden von Wasser und die schnelleFörderung Temperatur.

Es bleibt hinzuzufügen, dass Venus kein Magnetfeld oder Strahlung gefunden hat Gürtel, trotz des Vorhandenseins eines Eisenkerns mit einem Radius von 3000 Kilometern und einem mächtigen Mantel aus geschmolzen Rassen, eine große besetzen Teil Volumen Planeten.

Der vierte Planet der Erdgruppe erhielt den Namen des antiken römischen Kriegsgottes Mars, welche die ursprünglich war chthonisch Gottheit Fruchtbarkeit und wild Natur. Das griechische Wort "chthonos" bedeutet "Erde", und es ist üblich, chthonische Kreaturen zu nennen Geschöpfe des Erdinneren, reichlich ausgestattet mit ihrer Produktivkraft. Tapfer Mars wurde später ein Krieger und als solcher mit dem Altgriechischen identifiziert Ares, Patron des heimtückischen und perfiden Krieges um des Krieges willen, während Athena Pallas personifiziert Krieg ehrlich u Messe.

Der Mars ist eineinhalb Mal weiter von der Sonne entfernt als die Erde, also das Marsjahr doppelt so lang wie die der Erde: Seine Dauer beträgt 687 Erdentage. Neben, Die Umlaufbahn des Mars hat eine ziemlich merkliche Exzentrizität (0,09), so dass der Abstand zu vierte Planeten aus Sonne verändert sich in greifbar innerhalb - aus 250 Million Kilometer in Aphel Vor 207 Million Kilometer in Perihel (bei Erde relevant

Werte sind 152 und 147 Millionen Kilometer). Durchschnittlicher Abstand zwischen Mars und Sonne beträgt 227,9 Millionen Kilometer.

Merkmale der Marsumlaufbahn führen dazu, dass alle zwei Jahre (genauer gesagt dann alle 780 Tage) Erde und Mars haben einen Mindestabstand voneinander Freund, der von 56 bis 101 Millionen Kilometern reicht. Ähnliche planetare Begegnungen nennt man Konfrontationen. Wenn der Abstand zwischen ihnen kleiner als 60 wirdMillionen Kilometer, dann spricht man von einer großen Konfrontation. Dieses Ereignis wird wiederholt durch jeder 15–17 Jahre alt.

Der Durchmesser des Mars beträgt 6800 Kilometer, das heißt, er ist fast halb so groß wie die Erde. In Bezug auf die Masse ist es unserem Planeten zehnmal unterlegen und in Bezug auf die Oberfläche dreieinhalb. mal. Ein Marstag ist etwas länger als ein Erdtag (24 Stunden 39 Minuten und 23 Stunden 56 Minuten). bzw.) und der Neigungswinkel des Äquators zur Ebene der Umlaufbahn beträgt 25 Grad, was nur zwei Grad größer als die der Erde. Doch im Gegensatz zu unserem Planeten sind die Jahreszeiten in Die nördliche und südliche Hemisphäre des Mars haben unterschiedliche Dauer, was durch erklärt wird auffällig die Verlängerung seiner Umlaufbahn.

Einer Wort, Mars an viele Parameter sehr ähnlich auf der Erde, viel mehr, wie irgendein Ein weiterer Planet Solar- Systeme, deshalb er stets genannt erhöhtes Interesse unter den Erdbewohnern. Der Gang der Argumentation war extrem einfach: wenn auf der Erde während Mal blühte das Leben, dann kann man ausschließen, dass es Mars ist bewohnter Planet? Und sobald er aller Wahrscheinlichkeit nach älter als die Erde ist, dann gibt es Ruhe kann sein existieren hoch entwickelt Zivilisation, viel vor in technisch Beziehung zur Erde. Als Ende des 19. Jahrhunderts der italienische Astronom Giovanni Schiaparelli gemeldet was wiederholt gesehen auf der Oberflächen Mars Netz lang dunkel Linien, Bindung Polar- und mäßig Zonen Planeten, amerikanisch Perzival Liebell sofort empfohlen Sie künstlich Ursprung. Folgend pro Wissenschaftler zu weil Schriftsteller machten mit und schütteten aus tiefstem Herzen Öl ins Feuer. Die Faszination für den Mars wuchs darüber hinaus Tage a In der Stunde.

HG Wells bevölkerte den vierten Planeten mit abscheulichen Riesenschnecken ein Büschel Tentakel um einen schnabelförmigen Mund. Sie sind das Produkt einer völlig anderen Evolution war Verkörperung nackt Grund Mit sauber abgeschnitten emotional Kugel. Hochmütig und verächtlich blickten sie aus kosmischer Höhe auf das dumme Schwärmen irdisches Leben. Unser Planet interessierte sich ausschließlich für diese intelligenten Kopffüßer eine unerschöpfliche Nahrungsquelle, als weiterer Außenposten auf dem Weg ihrer unwiderstehlichen Expansion. In technischer Hinsicht den Erdbewohnern weit voraus, bauten sie leicht einen riesigen interplanetaren Flotte und um die Jahrhundertwende (Wells' Roman The War of the Worlds wurde 1898 geschrieben Jahr) fielen Raumschiffe vom Mars wie Erbsen auf die leidgeprüfte Erde. unbeholfen Armeen Europäer stellte sich heraus nicht in Kräfte widerstehen riesig und unverwundbar Kampf Stative, zerschlagen vor Ort alle Umgebung tötlichThermal- Strahl. Städte kam in Verwüstung, a Eisen Straßen überwuchert unkraut Gras. fortschreitend das Ende Sveta. Menschheit Gerettet Unfall: Marsmensch ruiniert terrestrische Mikroorganismen für Menschen harmlos, weil sie in ihrer Heimat lebten praktisch in steril Bedingungen, fast völlig verloren haben Immunität, So wie mehr viele Jahrhunderte der Rücken ausgerottet alle ansteckend und parasitär Krankheit. toll Nachlässigkeit zum hoch entwickelt Zivilisation, gemeistert besetzt Platz fliegend…

Grundsätzlich Sonstiges Deutung Zusammenstöße zwei Welten vorgeschlagen Alexej Nikolajewitsch Tolstoi in der fantastischen Erzählung „Aelita" (1923). Er schickt zum Mars zwei Enthusiasten - der Ingenieur Los und der Rote-Armee-Soldat Gusev. Nach einem kurzen interplanetarischen Fluggerät, gebaut auf Kosten der Republik (wo ist das Geld, Zin?), sicher Landung mutiger Reisender auf der Oberfläche des Roten Planeten. Mars unter dem Stift Tolstoi unwiderstehlich rollen zu Sonnenuntergang. Dies altersschwach, Absterben Welt vor langer Zeit ungeschickterweise das Erbe der großen Vergangenheit vergeudet und nun eine Hochkultur geschaffen harte Arbeit von Dutzenden von Generationen von Marsmenschen, steckt tief drin Abfall. verwelkt Kanäle, verlassen Bewohner Städte, zerstört Vor Gründen riesig Stauseen – auf der alle Lügen Siegel zugrunde richten und Verwüstung.

Unterwegs stellt sich heraus das mit seiner beispiellosen kultureller Aufbruch Marsmenschen sind verpflichtet Eingeborene vom Planeten Erde: vor 20.000 Jahren, als sich das legendäre Atlantis spaltete in Stücke gerissen, in die Tiefen des Meeres versenkt, die wilden Magatsitls - die höchste Kaste der Atlanter, durch Feuer und mit einem Schwert gepflanzt Zivilisation auf der ganzen Welt - begann verlassen einheimisch Planet. Durch Ozean fallen Wasser, in rauchen und Asche, sie flog weg in Welt Platz in Bronze, Wer hatte bilden Eier, Platz Geräte. Marsianer Annalen Gehen Zeit sagen:

Vierzig Tage und vierzig Nächte fielen die Söhne des Himmels auf Tuma. Der Stern Talzetl ging danach auf Abenddämmerung und brannte mit einem ungewöhnlichen Licht, wie ein böser Blick. Viele der Söhne des Himmels fielen tot um, viele wurden auf den Felsen getötet, aber viele erreichten die Oberfläche von Tuma und wurden am Leben.

Die Vorfahren der Marsianer nannten ihren Heimatplaneten Tuma und den verdammten Stern Talzetl - das ist Land in lokalen Dialekten. Die Außerirdischen pflügten die Felder und säten sie mit Gerste, durchschnitten unfruchtbar Marsmensch Ebenen Netzwerk Kanäle und errichtet zyklopisch die Gebäude. Zusammen Mit Sie kam Groß Wissen, verzeichnet farbig Flecken in altManuskripte.

Boten Sowjetisch Russland erwischt überhaupt Ein weiterer Epoche. Wenn ein ausnutzen Terminologie von Lev Nikolaevich Gumilyov, einem bekannten russischen Historiker, Marsmenschen endgültig und unwiderruflich die Leidenschaft verloren und dem reinen Wahnsinn verfallen. Ähnlich Bedingung, Wenn Gesellschaft äußerst atomisiert a lebenswichtig Energie seine Mitglieder nahe dem Gefrierpunkt schwankt, wird dies allgemein als Verdunkelungsphase bezeichnet. Scherben hoch Kultur verfallen in staubig Buchdepots, a Energie war usurpiert Bündel zynische Oligarchen. Das einfache Volk lebte in Armut. Es versteht sich von selbst, dass der Held bürgerlich Krieg, im Ruhestand Divisionskommandant Gussew, ertragen eine solche Hässlichkeit nicht könnte. Er sah sich um, und seine Seele wurde vom Leiden verwundet. Kommandeur der Kampfdivision gründete ein Militär Staatsstreich, und zunächst begünstigte ihn das Glück. Aber die Dinge gingen bald drunter und drüber. umkippen lose Miliz Rebellen Regierung Truppen überquert haben in entschlossen beleidigend, und unser Helden musste hastig Weg tragen Beine. Einschalten vierte Planet in Verbindung Russisch Föderation, zu Unglücklicherweise So und gescheitert.

So Seiten "Marsianer Chroniken", veröffentlicht von unter Stift amerikanisch Science-Fiction-Autor Ray Bradbury, ein ganz anderer Mars geht auf. Aber am ergreifendsten In den Kurzgeschichten dieses Zyklus sehen wir dasselbe – eine zerbrechliche, verfeinerte Kultur, die im Sterben liegt unter den Stiefeln von unspektakulären und ungebildeten Kolonisten von der Erde. Diese stark und kräftig Leute wunderbar kennt Mit die Seiten bei Sandwich Öl, a am wenigsten Manifestation Intelligenz verursacht bei Sie gesund lebensbejahend Lachen. Sie sind Spaß Spielzeug-Marsstädte niederschießen, die von ihren Bewohnern lange verlassen wurden, und schwerelose Porzellantürmchen zerfallen lautlos zu Staub. Gefährdete Eingeborene irgendwie überleben Mine Jahrhundert in die meisten taub und nicht zugänglich Ecken Planeten, und nur selten-selten kann sehen ungestüm Schneewittchen Segelboote Marsmensch, Schneiden die scharfen Stämme des roten Sandes der Marswüsten. Und an der Kreuzung Pilze nach Regen, erwachsen werden hässlich Büchsen, offen Würstchen unter plumpe Schilder und schwere Lastwagen schnurren, wenn sie in den Wolken unbeholfen wenden dünn Orange Staub. Einer Wort, wiederholt Großartig amerikanisch Grenze, in Ergebnis dem umgekommen und weggeschmolzen ohne verfolgen einzigartig Kultur das Ganze Kontinent.

ABER was ist vierte Planet in Wirklichkeit? Was repräsentiert dich selbst real, a kein imaginärer Mars? Bis vor kurzem gab es keine Antworten auf diese Fragen. Wissenschaftler fantasierte wer in was viel. Der Mars ist ein toter Planet, sagten einige. Wenn es gab Leben, dann Sie ist umgekommen Hunderte Million Jahre der Rücken, Wenn an Erde herumgegangen vorsintflutlich

Eidechsen. Nichts dergleichen, wandten andere ein. Und was will man mit einem umfangreichen Netzwerk anfangen Kanäle (übrigens bis zu 50 Kilometer breit!), die die Polkappen miteinander verbinden gemäßigten Breiten des Mars? Es besteht kein Zweifel, dass es sich um eine komplexe Bewässerung handelt Gebäude, Umverteilung kostbar Marsmensch Feuchtigkeit. Rave grau Stuten, Skeptiker wütend. Die sogenannten Kanäle sind nur natürliche Störungen marsianische Kruste. Und wer hat gesagt, dass der Mars eine raue und alte Welt ist, fragten Enthusiasten. Vielleicht das meiste - Ozeane, die von einer Eisschale begrenzt werden, und die Berüchtigten Kanäle - Recht einfach geknackt Eis oder Vegetation, gefüttert subglazial Feuchtigkeit.

Relative Klarheit kam erst mit Beginn der Ära der Raumfahrt. Die ersten Sonden erreichte den vierten Planeten, registrierte eine extrem verdünnte Atmosphäre, das völlige Fehlen großer Stauseen und zahlreicher intensiver Spuren Meteoritenbeschuss. Heute, in der Nähe des Mars (und auf seiner Oberfläche in darunter) viele automatische Stationen besucht haben, haben wir das Recht, die ersten zu bringen vorläufige Ergebnisse. Und wenn Passage Beliebt Filmschauspieler Filippowa Vor jetzt seit bleibt unbeantwortet ("Gibt es Leben auf dem Mars, gibt es Leben auf dem Mars - das ist noch Wissenschaft Unbekannt") dann verhältnismäßig Blüte Apfelbäume kann aussprechen mehr bestimmt.

Da der Mars mehr als zweimal weniger Wärme von der Sonne erhält als die Erde, durchschnittliche Jahrestemperatur auf seiner Oberfläche beträgt minus 60 Grad Celsius. Und obwohl im Sommer am Äquator die Temperatur manchmal ein paar Grad höher steigt Null, die täglichen Temperaturabfälle sind enorm und erreichen mehrere zehn Grad. Auf der Südhalbkugel zum Beispiel am fünfzigsten Breitengrad ist die Temperatur im Herbst nicht so hoch steigt mittags über minus 18 Grad Celsius und fällt nachts auf minus 63 Grad Grad. So von Bedeutung Umfang Temperatur Zögern auf der hindurch Tage erklärt extrem Sparsamkeit Marsianer Atmosphäre, bestehend auf der 95% aus Kohlendioxid Gas. Auf der Teilen Stickstoff- und Argon Konto für 2,5 % und 1,6 % beziehungsweise, a der Sauerstoffgehalt übersteigt 0,4 % nicht. auf der nördlichen Polkappe registriert ausschließlich niedrige Temperaturen bestellen Minus- 138 Grad Celsius. atmosphärisch Der Druck auf der Marsoberfläche ist 160-mal geringer als auf der Erde auf Meereshöhe. Nur auf Am Grund der tiefsten Vertiefungen "wächst" es zweimal. Die Marsatmosphäre ist extrem trocken und fast völlig beraubt Wasser Dämpfe. Zusätzlich auf der Mars regelmäßig aufflammen das stärkste Stürme, Heben in Luft Milliarden Tonnen Staub. Sie Dauer kommt Vor 100 Tage, a Geschwindigkeit Wind erreicht 70 Kilometer in Stunde.

So der Weg modern Mars - das ist sehr schwer Welt, und sich unterhalten um die Existenz jeglicher komplexer Lebensformen unter solch extremen Bedingungen, gemäß alle Wahrscheinlichkeit, nicht Konto für. AUS Ein weiterer Hand, nicht sollte vergessen, was Leben zeichnet sich durch außergewöhnliche Plastizität und hohes Anpassungspotential aus. Wir schon passiert nennen um Gemeinschaften Organismen fabelhaft mich selbst Gefühl nahe
"Schwarz Raucher" auf der ozeanisch Tag, wo Temperatur erreicht 250–300 Grad Celsius. Etwas irdisch Bakterien kann verwalten ohne Sauerstoff und überleben in Säuren und Laugen. Die feste Erdoberfläche und die Ozeane machen nur einen kleinen Teil aus bewohnt Frieden, a tief in Eingeweide unser Planeten blüht Komplex Ökosystem Mikroorganismen, fast nicht kommunizieren Mit extern die Welt. Durch Meinung etwas Wissenschaftler, Menge Organismen erledigt unter Erde, deutlich übersteigt Nummer Boden Bewohner. Kontroverse viele Bakterien kann in fließen lang Zeit überleben in Platz, was Es war nicht einmal bewährt experimentell. Na sicher schwer ultraviolettes Licht tötet sie, aber eine dünne Schutzschicht aus Staub erweist sich in der Regel als recht genügend, zu deutlich erhöhen Sie Widerstandsfähigkeit.

Daher ist es absolut nicht ausgeschlossen, dass sie im Marsboden zu finden sind primitive Lebensformen, besonders wenn man bedenkt, dass es auf dem Mars Wasser gibt. Die mehrere Kilometer dicke untere Schicht der Polkappen des Roten Planeten ist komplex aus gewöhnlichem Wassereis, vermischt mit Staub, und darüber sind sie mit einem dünnen Film bedeckt gefroren Kohlendioxid. es So genannt "trocken Eis", welche die mit Sicherheit Gut für dich

Schild, Leser: seine breit verwenden in Sommer Wärme, zu sparen aus verfrüht schmelzen etwas Lebensmittel Produkte, zum Beispiel Eis. Zwischen Übrigens hängen jahreszeitliche Veränderungen der Polkappen genau mit der Verdunstung dieser dünnen Schicht zusammen (ca. 1 Meter) der obersten Schicht. Darüber hinaus in einigen Bereichen unter der Marsoberfläche muss liegen viele Kilometer Dicke ewig Dauerfrost. Ö Verfügbarkeit Kryosphäre bezeugen in im Speziellen etwas Besonderheiten Gebäude geologisch Strukturen auf der Oberflächen Mars. ABER verhältnismäßig in letzter Zeit theoretisch Berechnungen habe zuverlässig Experimental- die Bestätigung. amerikanisch die im April 2001 gestartete Raumsonde "Mars Odyssey", entdeckt am 60 Grad südlicher Breite ist ein riesiger Ozean aus unterirdischem Wassereis. Außerdem durch Nach Ansicht einiger Wissenschafter befindet sich im Marsboden in Tiefen von 100 bis 400 Metern Wasser kann sein sein eben in Flüssigkeit Bedingung: in Andernfalls Fall schwierig erklären der Ursprung spezifischer Furchen an den Wänden von Schluchten und Kratern. Stimmt, nicht wirklich klar, wie bei unheimlich Marsianer kaltes Wetter Einfrieren Grundierung auf der Paar Kilometer tief hinein kann sein überleben Flüssigkeit Wasser. AUS Ein weiterer Hand, nahe magmatisch Brennpunkte, die auf der Mars genügend, Eis kann sein schmelzen, Vorbeigehen in Flüssigkeit Phase.

Mehrere entmutigend das Tatsache, was Wiedereintritt Geräte amerikanisch "Wikinger" engagiert sein Sanft Landung auf der auftauchen Mars und auf der hindurch Die mehrjährige Untersuchung der Zusammensetzung der Atmosphäre, der meteorologischen Bedingungen und des Bodens fand keine Spuren organisches Material, das ein Produkt der lebenswichtigen Aktivität von Mikroorganismen sein könnte. Jedoch ziemlich Vielleicht, was Konstrukteure selbstfahrend Geräte Recht einfach falsch gewählt Richtung sucht. Wenn ein Mikroben versteckt tief in Boden, "Wikinger" elementar nicht könnte Sie finden.

So der Weg Frage um Marsianer Leben kann formulieren in drei Optionen: eines) auf der Mars noch nie nicht Es war Leben; 2) auf der Oberflächen Planeten Leben Nein, aber Sie ist kann seinexistieren in Sie Eingeweide; 3) heute auf der Mars Leben Nein, aber Sie ist existierte in die Vergangenheitdeshalb kann finden Sie Spuren. AUS Erste Möglichkeit alle klar. Verhältnismäßig zweitemöglich verschiedene Meinungen aber zu zuversichtlich Grund um Untergrund Bakteriennotwendig zusätzlich Forschung. ABER hier dritte Möglichkeit repräsentiert unbestrittenInteresse, weil die viele Wissenschaftler überzeugt was in entfernt vorbei an Wasser auf der Mars Es war inÜberschuss. Nach einigen Berechnungen waren es vor 4 Milliarden Jahren sogar mehr als auf der Erde.Um Dies bezeugen grandios Schluchten und ausgetrocknet Fluss Flussbett, in auf der Marsoberfläche gefunden . Einige von ihnen erreichen200km Breite bei Länge mehrere tausend Kilometer. Eben mächtig Amazonas – am meisten tief Fluss unser Planeten - sieht aus auf der Dies Hintergrund genügend blass. Wo könnte beseitigen, abschütteln Wasser, gebildet diese geologisch Strukturen, das Alter die ausgewertet in 3 Milliarde Jahre und mehr? Zwischen Themen Planetenwissenschaftler nicht ausschließen was in dasentfernt Epoche umfangreich Bereiche nördlich Hemisphäre Mars war bedeckt OzeanKilometer Tiefe. Tote Marsseen werden auch sichtbar-unsichtbar gefunden. Einer vonSie Es war verhältnismäßig in letzter Zeit identifiziert amerikanisch Geologen. Seine Maße kann Schlag die meisten Reich Vorstellung: an Bereich es ziemlich vergleichbar Mitdas Gesamtgebiet von Texas und Mexiko, und die Tiefe dieses Monsters erreichte 2 Kilometer.So was gleich schließlich passiert Mit Mars? Szenarien Katastrophen erfunden Großartig viele. Zum Beispiel, Französisch Astronom Jacques Laskar glaubt was Ecke Neigung AchsenDrehung Mars zu Flugzeug seine Umlaufbahnen Es gibt Größe Variable. Heute, wie bekanntMarsmensch Achse gekippt zu Ekliptik unter Winkel 25 Grad, dann Es gibt Gesamt auf der zwei Gradmehr, wie Ecke Neigung terrestrisch Achsen. Durch Meinung Lascara, 6 Million Jahre der Rücken Dies Größe war 47 Grad. Mars legen praktisch auf der Seite, und seine Stangen erhaltenmaximal sonnig Wärme. Polar Hüte weggeschmolzen völlig, und in Atmosphäre Planetenerhalten riesig Mengen Kohlendioxid Gas und Wasser Dämpfe. Kohlendioxid bereitgestelltGewächshaus Wirkung und Wasser Paare kondensiert und fiel aus auf der Oberfläche, bildend

Ozean mehrere Kilometer tief. Laskar glaubt, dass in den vergangenen 10 Million Jahre Ecke Neigung Marsianer Achsen zu Flugzeug Ekliptik wiederholt geändert in sehr breit innerhalb - aus 13 Vor 47 Grad. Weil dazu Es war mächtig das Gravitationsfeld der nächsten Nachbarn des Mars, in erster Linie - Jupiter. Vierte der planet ähnelt einem kinderkreisel oder kreisel in Zustand des instabilen Gleichgewichts die machen Einschlag von außen. Mars alle Zeit "Tanzen" und Stangen Planeten erhalten dann Überschuss, dann Mangel sonnig Wärme. Heute auf der Mars Gletscher Zeitraum. Zwischen übrigens, an Meinung Französisch Astronom, irdisch Achse zu könnte möchten
"springen" Hin und her wenn möchten nicht stabilisierend beeinflussen Mond.

Ein weiterer Ausführung Katastrophen vorgeschlagen unser Landsmann Alexander Portnov, dessen Artikel in der Februar-Ausgabe der Zeitschrift "Knowledge is Power" für 2004 erschienen ist Jahr. Mars häufig genannt Rot Planet und in Dies Name Nein nein Übertreibung: Seine Oberfläche hat aufgrund des Highs wirklich einen rötlichen Farbton Inhalt in Marsianer Boden So genannt rot gefärbt Sand. Hier diese ganz ungewöhnlicher roter Marssand, der an die Farbe von Blut erinnert, eben interessiert Portnova. Ein Geschäft in Volumen, was und rot Farbe Blut, und rot Farbe Marsianer Sand erklärt eines und Spielzeug gleich weil - Fülle Oxid Drüse. Hämoglobin, Vermittlung Blut Spezifisch Farbe, enthält Oxid Drüse, a seine dreiwertig Oxide in bilden Sand und Staub Startseite auftauchen Mars. Portnov schreibt:

...

amerikanisch Stationen übergeben Intelligenz um chemisch Komposition Marsianer Boden und einheimisch Berg Rassen. Diese Daten weisen darauf hin, dass der rote Marsboden aus besteht aus Oxide und Hydroxide Drüse Mit Verunreinigung Drüsen- Ton und Sulfate Kalzium und Magnesium. Ein solcher Mineraliensatz ist typisch für rot gefärbte Mineralien, die auf der Erde weit verbreitet sind. Verwitterungskrusten, die in einem warmen Klima, viel Wasser und frei entstehen Sauerstoff Atmosphäre.

In vergangenen erdgeschichtlichen Epochen, als es auf der Erde noch warm und feucht war Gewächshaus Klima, rote Blumen war gemeinsames viel breiter und, wahrscheinlich, bedeckte die Oberfläche fast aller Kontinente. Die Gesamtkraft der roten Blumen der Erde erreicht mehrere Kilometer, aber dann gleich die meisten kann sehen und auf der Mars: Schicht Marsianer "Rost" ausgewertet in 3–5 Kilometer. Zwischen übrigens, weder auf der eines Auf dem Planeten des Sonnensystems, mit Ausnahme der Erde und des Mars, wird ein solcher "Rost" nicht gefunden. Gleichzeitig ist bekannt, dass sich auf der Erde nur rot gefärbte Gesteine bilden konnten nach Gehen, wie in Atmosphäre erschien frei Sauerstoff. Aber Anhängerkupplung in Volumen, was praktisch das Ganze Sauerstoff terrestrisch Atmosphäre (a seine dort 21%) Es hat biogen Ursprung, das heißt, entstanden durch biosphärische Prozesse. Mit anderen Worten, Sauerstoff - das ist Produkt und Nachwuchs Leben. Wenn ein zerstören alle Vegetation, freier Sauerstoff verdunstet fast sofort. Es wird sich wieder mit Bio verbinden Substanzen wird hineingehen in Verbindung Kohlendioxid und Eisen oxidieren Berg Rassen.

Woher kam der Mars-"Rost", wenn der Sauerstoffgehalt in der Atmosphäre der vierte Planet ist völlig vernachlässigbar - nicht mehr als 0,4%? Ein solcher Betrag ist eindeutig nicht genug zum Ausbildung mächtig Schicht rot gefärbt Rassen. Folglich, diese Die Felsen sind sehr alt und entstanden, als viel freier Sauerstoff vorhanden war. Er wurde aus der Marsatmosphäre entfernt und oxidierte das Eisen von Gesteinen und bildete das berühmte rot Sand. verzweigt Fluss Netz unwiderlegbar bezeugt um in Hülle und Fülle Wasser in entfernt vorbei an. Zusammenfassung: Also mächtig Schicht "Rost" auf der Mars könnte treten nur bei der kombinierten Einwirkung von Wasser und freiem Luftsauerstoff auf Bedingungen warm Klima. ABER weil die Sauerstoff in eine solche Mengen muss haben biogen Herkunft, zu Mars einmal Wälder brüllten.

Was ist passiert? Was hat das Leben auf dem Roten Planeten getötet? Davon ist Portnov überzeugt Die Trümmer seines dritten Mondes Thanatos stürzten auf der Marsoberfläche ein. Allerdings über alles bestellen.

Marsroter Sand hat eine einzigartige Eigenschaft – er ist magnetisch. Häufig Sie werden so genannt - der magnetische rote Sand des Mars. Aber irdische rote Blumen, seltsam der Weg nicht magnetisiert. BEI wie gleich ist dies der Fall? Mehr einmal lass uns zuhören Portnova:

...

Dies Scharf Unterschied in körperlich Eigenschaften erklärt Themen was bei das Gleiche chemische Zusammensetzung (Fe_2O_3), das Mineral Hämatit (aus griechisch "Hämaten" - Blut) Mit Verunreinigung Limonit (Hydroxid Drüse), a auf der Mars das Mineral Maghemit, ein sehr seltenes Mineral in Erdgesteinen, ein rotes magnetisches Oxid, überwiegt Eisen, mit der chemischen Zusammensetzung von Hämatit, aber der Kristallstruktur von Magnet Mineral Magnetit (Fe_3O_4).

Hämatit und Limonit sind häufige Eisenerze, während Maghemit gebildet wird gelegentlich bei Oxidation Magnetit, wenn fortdauern seine primär kristallin Struktur und magnetische Eigenschaften. Beim Erhitzen über 200 °C verwandelt sich Maghemit in Hematit und wird unmagnetisch.

Maghemit galt als ein seltenes Mineral auf der Erde, bis ich das entdeckte Gebiet Jakutien buchstäblich mit riesigen bombardiert Anzahl magnetisch Oxide Drüse.Dies waren rotbrauner Sand oder Flecken in verschiedenen Formen. Aber die Eigenschaften dieses Maghemits war ungewöhnlich: nach Kalzinierung er blieb magnetisch, wie seine Synthetik analog. ich beschrieben seine wie Neu Mineral Vielfalt und genannt
"stabil Maghemit". entstand Fragen: warum er ist anders an Eigenschaften aus
"üblich" Maghemit, warum seine So viele in Jakutien aber Nein unter zahlreich rote Blumen äquatorial Zonen Erde?

Es bleibt zu erklären, woher stabiler Maghemit kam, und sogar in solchen Mengen. Portnov schreibt, dass es sich leicht bildet, wenn Limonit-Verwitterungskrusten kalziniert werden. die in Jakutien sehr viele. Folglich, brauchen Suche Quelle hoch Temperatur. Zuerst sündigten Wissenschaftler an Waldbränden, aber das erklärte nicht einmal nichts zählen: überall brennen Wälder, auch am Äquator, und magnetisches Eisenoxid ist da entweder gar nicht oder vernachlässigbar. Die Lösung kam, wie so oft, unerwartet Seiten.

Im Becken des sibirischen Flusses Popigay wurde ein riesiger Meteoritenkrater entdeckt nahe 130 Kilometer in über, das Alter dem, an Meinung Spezialisten, ist
35 Million Jahre. grandios Katastrophe passiert auf der drehen zwei geologisch Perioden des Känozoikums - das Eozän und Oligozän, als die Flora und Fauna der Erde unterlag wesentliche Änderungen. Insbesondere ist die Grenze dieser Epochen durch die Divergenz eines einzigen gekennzeichnet Stamm von Primaten und das Erscheinen des ersten Anthropoid Affen. Das ist wahrscheinlich Einer der Gründe, die das Gesicht unseres Planeten veränderten, war ein Meteoritenangriff aus dem Weltraum. Vermutlich erreichte der Asteroid Popigai 8-10 Kilometer Durchmesser und flog davon Geschwindigkeit nahe dreißig Kilometer in gib mir eine Sekunde. Er getroffen Atmosphäre durch, a veröffentlicht bei Schlag Energie war Also Großartig, was sofort geschmolzen mehrere tausend kubisch Kilometer Berg Rassen, Mischen zusammen Basalte, Granite und Sedimentablagerungen. Im Umkreis von mehreren tausend Kilometern brannte alles nieder, verdampft Wasser Seen und Flüsse, a auftauchen Planeten auf der von Bedeutung hindurch gebraten wie ein Knochen in Feuer.

ABER jetzt denken Sie daran was direkt pro Orbit Mars gelegen Gürtel Asteroiden - riesig Roy Miniatur Planeten und Trümmer falsch Formen, bewirbt sich um Sonne zwischen Umlaufbahnen Mars und Jupiter. Am meisten groß aus klein

Planeten - Ceres, offen mehr in 1801 Jahr, Es hat Durchmesser etwa 1000 Kilometer, aber Die überwiegende Mehrheit der Himmelskörper im Asteroidengürtel ist viel kleiner - von Hunderten Metern bis zu mehreren Kilometern. Auf dem Mars wurden Anzeichen eines intensiven Meteoriteneinschlags gefunden. Bombardierung; etwas nur riesig Krater, jeder aus die mehr Popigaisky, es gibt mehr als hundert auf seiner Oberfläche. Somit sind wir berechtigt vermuten was magnetisch rote Blumen Mars gezwungen ihr Ursprung das stärkste Kalzinierung seine Boden in Ergebnis Asteroid Schlag. spärlich Auch die Atmosphäre des vierten Planeten erhält eine natürliche Erklärung, da Gase bei hoch Temperaturen drehen in Plasma und verschwinden in Platz. ABER Sauerstoff, nachweisbarer heute auf der Mars in unbedeutend Mengen, kann kühn Name Relikt: Das sind die erbärmlichen Überreste des Sauerstoffs, der einst von den Zerstörten erzeugt wurde Leben.

Mars hat zwei winzige Satelliten - Phobos und Deimos ("Angst" und "Horror" in aus dem Griechischen übersetzt), die sich sehr niedrig um den Mutterplaneten drehen Umlaufbahnen. Sie Ursprung endlich nicht Eingerichtet. BEI seine Zeit berühmt inländisch Astrophysiker UND. AUS. Schklowski eben ausgedrückt Hypothese was Phobos kann seinhaben einen künstlichen Ursprung, aber später wurde seine Hypothese nicht bestätigt. Nach Ansicht der meisten Wissenschaftler werden die Satelliten des Mars von ihm aus dem Asteroidengürtel eingefangen. Sie sind gegenwärtig dich selbst paradiesisch Karosserie falsch Formen Mit fast kreisförmig Umlaufbahnen. Phobos ähnelt einer 26 Kilometer langen und 18 Kilometer breiten Kartoffel. Dimensionen von Deimos weniger - 16 und zehn Kilometer beziehungsweise. Deimos zieht um Mars auf der eine Entfernung von etwa 23.000 Kilometern, aber Phobos kriecht sehr tief: es ist getrennt von Planeten ein wenig weniger 6 tausend Kilometer. Zeitraum seine appelliert sehr klein - pro allein Marsmensch Tag er hat Zeit dreimal Herumgehen Mars. Phobos schnell Annäherung zu mütterlich der Planet und ziemlich Vielleicht, was er genügend demnächst (an astronomisch Normen, Natürlich) wird überqueren So genannt Grenze Roscha, dann Es gibt etwas ziemlich sicher kritisch Distanz (besitzen zum alle paradiesisch Karosserie), auf der die Gravitation Stärke Zerreiße den Satelliten auf der Teile.

Auf der Mars Grenze Roche geht vorbei in 5 tausend Kilometer aus Oberflächen Planeten, Daher war Phobos ein wenig kurz vor einem unrühmlichen, aber lauten Tod. Geschätzt Spezialisten, Tragödie passieren um durch 40 Million Jahre und wird sein haben katastrophale Folgen. Wenn die Trümmer des Satelliten auf den Mars stürzen, wird seine Oberfläche sich warm laufen Vor höchste Temperaturen, a Reste Atmosphäre in bilden Plasma wegfliegen in Welt Platz.

Portnov schreibt:

...

Wie wir sehen Titel zum Satelliten gewählt sehr erfolgreich: Mars gelegen unter Angst mit Horror zum Booten. Ich glaube, der Mars hatte mindestens einen anderen Mond der beste Name dafür ist Thanatos, Tod. Thanatos war in einer niedrigeren Umlaufbahn, als Phobos. Er wurde von der dichten Marsatmosphäre gehemmt, durchlief die Grenze Roche und seine Fragmente zerstörten alles Leben auf dem Mars. Fragmente dieses schrecklichen Asteroiden Angriffe - Stücke der Marskruste - auf die Erde geflogen. Seltsamerweise die Krater auf dem Mars bilden linear verlängert Zonen und Folgen Freund pro Freund, wie Spuren Maschinenpistole Warteschlangen. Vielleicht, So reflektiert Richtungen "hauptsächlich Schläge" fallen Freund pro Freund Trümmer Thanatos.

Was kann erzählen an Dies um? Ausführung Portnova, zweifellos, verdient Aufmerksamkeit Weil was Großartig erklärt verschiedene Ungereimtheiten in jüngste geologisch vorbei an Rot Planeten. AUS eines Hand, trocken Schluchten und prähistorisch Fluss Täler, gewaschen Relikt Gewässer, a Mit Ein weiterer - tot eine Mondlandschaft, die Geologen keine Chance lässt. Als die Trümmer der zerschmetterten Satellit verbrannt alle am Leben auf der Oberflächen Mars passiert Magnetisierung rot gefärbte Felsen und die Überreste der Marsatmosphäre verwandelten sich in heißes Plasma und verstreut im interplanetaren Raum. Aus kosmischen Höhen herabgestiegen tödlich kalt, und pro wenig Millionen Jahre Mars gedreht in leblose Wüste.

Zwischen übrigens, unser Planet zu wusste nicht das beste Zeit und nicht wurde müde zurückschrecken aus Extreme in extrem. Auf der hindurch jüngste zwei Million Jahre grausam Vereisung Mit beneidenswert Regelmäßigkeit geändert warm Zwischeneiszeiten. Vor etwa 10.000 Jahren, im sogenannten Holozän-Maximum, vergletscherten sie schließlich weggeschmolzen und durchschnittlich jährlich Temperatur hartnäckig geklettert hoch. Pro verhältnismäßig ein kurzer Im Laufe der Zeit ist es sehr stark gewachsen und hat die modernen Werte um 3-5 Grad übertroffen. BEI Damals wurden alle Klimazonen um 800 - 1000 Kilometer nach Norden verschoben, und Breite zeitgenössisch Murmansk laut Eichenwälder. Wüste Sahara war Blühen Savanne, auf deren Weiten grenzenlose Herden von Huftieren Gras rupften, und im Schlamm Krokodile und Nilpferde plantschen in den warmen Becken. Aber tut das heute noch jemand Dies denken Sie daran? Angelegenheiten Für eine lange Zeit vorbei an Tage Legenden der Antike tief...

Verdient Aufmerksamkeit Geschichte Alexandra Portnova um geflogen Vor Erde Fragmente der Marskruste nach dem Fall von Thanatos. Meteoriten kommen vom Mars bekannt mehrere Dutzend, was an sich zu gewissen Überlegungen führt. Heute ihr Ursprung vom Mars steht praktisch außer Zweifel, da das Isotop Die Zusammensetzung der Edelgase dieser Himmelskörper ist identisch mit der Zusammensetzung der Marsatmosphäre. Aber der Meteorit ALH84001 Wiegen nahe 2 Kilogramm, gefunden in Antarktis in 1984 Jahr, genannt echte Sensation. Eine sorgfältige Untersuchung des Fundes zeigte, dass der erwähnte Meteorit erlebte vor etwa 16 Millionen Jahren einen starken Einschlag und traf die Erde vor relativ kurzer Zeit (vor 13.000 Jahren). Alles wäre gut, aber das Studium seines Inneren Strukturen im Rasterelektronenmikroskop ermöglichten die Identifizierung im Körper paradiesisch Gast sehr Spezifisch Einzelheiten, erinnert an Fossilien Mikroorganismen. Durch Charakter chemisch Einlagen, Innerhalb die
"eingemottet" Bakterien, Wissenschaftler kam zu Fazit was Sie das Alter ist 3.6 Milliarden Jahre, das heißt, es bezieht sich zweifellos auf den Moment, in dem sich der Meteorit im Mars befand Felsen. Es stimmt, Experten sind verwirrt von der Tatsache, dass hypothetische Marsbakterien in 100 - 1000 einmal unterlegen in Größen Sie irdisch Analoga. Mikrobiologen Shake Schultern: in Also klein Volumen nicht wird in der Lage sein sich einfügen intrazellulär Organellen, notwendig für ihre lebenswichtige Tätigkeit.

Maße "Marsianer" Bakterien ziemlich vergleichbar Mit irdisch Viren, aber jüngste nicht haben zellular Strukturen und nicht kann existieren auf sich allein. AUS andererseits, wie weit kann man Mikrobiologen vertrauen, wenn es um Gesetze geht Fremder Evolution? Einer Wort, Frage Überreste offen: zu gegenwärtig Zeit in Verfügung terrestrisch Wissenschaft verfügbar der Einzige Zeuge außerirdisch Leben, sehr, jedoch unzuverlässig.

Fünfte Planet Solar- Systeme an Gesetz trägt Name höchste Gott aus antiken römischen Pantheon. Olympischer Jupiter, er ist der griechische Zeus der Donnerer, streng, aber Messe Herr: zu ihm nichts nicht Kosten zurückschrecken tötlich Perun an mieser Nichthörer, wer auch immer er war – ein Mensch oder irgendein anderes Geschöpf Gottes. Um einen Jupiter zu blenden, bräuchte es 318 Erden – genau so oft es übertrifft die Masse der Erde. Und das obwohl er mehr als doppelt so schwer ist wie alle anderen Planeten des Sonnensystems braucht man zusammengenommen mindestens 1047 Jupiter Mode der einzige Sonne. Durchmesser Jupiter übertrifft terrestrisch in elf einmal und ist fast 143.000 Kilometer. Wie es sich für einen Patriarchen einer planetaren Familie gehört, er schwebt über den Himmel mit Würde, die seiner Würde angemessen ist, imposant und ohne Eile, herein begleitet von einer Ehreneskorte seiner 63 Gefährten, die einen vollen Kreis um ihn herum machten Sonne pro 12 ohne klein Jahre. herrschend Personen Mit Olymp sich beeilen nirgends bei Sie voraus

Ewigkeit.

Jupiter führt aufführen Gas Riesen, die auffallend anders aus Planeten terrestrisch Gruppen. Zuerst, sie sehr Großartig und fest: auf der Sie Teilen Konto für 99,5 % der Masse der gesamten Planetenfamilie. Zweitens bestehen sie hauptsächlich aus Wasserstoff und Helium, daher nähert sich die durchschnittliche Dichte der Substanz der Riesenplaneten der Dichte von Wasser - von 0,7 g/cm3 Saturn bis 1,6 g/cm3 Neptun. Die durchschnittliche Dichte der terrestrischen Planeten ist viel Oben und schwankt aus 5,5 g/cm3y Erde Vor 3,9 g/cm3y Mars. Drittens, sie beraubt unterscheidbar Rand, Trennung Atmosphäre und auftauchen Planeten: Sie mächtig Gas Hülse glatt geht vorbei in Ozean Flüssigkeit molekular Wasserstoff. Endlich, alle Die Riesenplaneten sind beringt, aber wenn jeder von den berühmten Ringen des Saturn gehört hat, dann ähnlich Ausbildung bei Neptun, Jupiter und Uran war entdeckt verhältnismäßig in letzter Zeit.

Regal Jupiter sieht aus sehr eindrucksvoll eben auf der Hintergrund ihr Gas Brüder. Zum Beispiel ist Saturn, der ihm in seiner Größe nicht viel unterlegen ist, mehr als dreimal leichter Jupiter. Sichtbar auftauchen fünfte Planeten - das ist Schicht fest Trübung aus abwechselnd dunkle und helle Gürtel, die in verschiedenen Farben bemalt und ausgezogen sind Äquator bis zum vierzigsten Breitenkreis der nördlichen und südlichen Breiten. Die Vielfalt der Breitenzonen aufgrund der Beimischung verschiedener chemischer Verbindungen. Das vielleicht berühmteste Detail auf der Oberfläche des Jupiter - der sogenannte Große Rote Fleck, eine ovale Formation variable Größen, in der südlichen tropischen Zone gelegen. Derzeit ist es Die Abmessungen betragen 15.000 x 30.000 Kilometer, also innerhalb des roten Flecks können Sie Mühe, zwei Kugeln nebeneinander zu legen. Astronomen beobachten diese mysteriöse Struktur auf der über 300 Jahre.

Etwas Wissenschaftler betrachtet rot Stelle fest und genügend einfach Karosserie, schwebend in Oberer, höher Schichten Atmosphäre, aber Dies extravagant Ausführung nicht gefunden Bestätigung. Nach modernen Vorstellungen ist der Große Rote Fleck frei wandernde atmosphärische Wirbel vom antizyklonalen Typ, jedoch der Ursprung dieser Vortex und die Gründe für seine erstaunliche Stabilität können Planetologen nichts sagen sicher.

Trotz seiner Schwere dreht sich Jupiter sehr schnell um seine Achse. Voll Die Rotation ist in nur 9 Stunden 50 Minuten abgeschlossen, also der Dauer des Jupiter Tage nicht übersteigt zehn Std. ABER weil der Planet repräsentiert dich selbst nicht fest Karosserie, Geschwindigkeit axial Drehung unterscheidet sich abhängig aus Breitengrad, also äquatorial die Zonen rotieren schneller als die polaren. Auf Jupiter gibt es keine Jahreszeiten, weil Die Ebene ihres Äquators liegt praktisch in der Ebene der Umlaufbahn (der Neigungswinkel beträgt nur 3 Grad). Wie bereits erwähnt, sind die Hauptbestandteile des Jupiters, aus denen der Körper besteht Planeten sind Wasserstoff und Helium in einem Verhältnis von 80 bzw. 20 % (nach Masse). Bei In dieser Studie mit Raumsonden zeigte sich, dass die obere Wolkenschicht, aller Wahrscheinlichkeit, zusammengesetzt aus gefiedert Ammoniak Wolken und unten ist die mischung Wasserstoff, Methan und gefroren Kristalle Ammoniak. Pro überprüfen konvektiv Prozesse in Atmosphäre des Jupiters bildet sich ein System stabiler zonaler Strömungen in Form starker Winde aus der gleichen Richtung. Ihre Geschwindigkeit ist sehr bedeutend und reicht von 50 bis 150 Meter pro Sekunde. Jupiter weist ein starkes Magnetfeld auf, entsprechend der Stärke bestellen Vorgesetzter magnetisch aufstellen Erde. Planet umgeben erweitert Strahlung Gürtel, a Feder Magnetosphäre Jupiter kann Fix eben pro Orbit Saturn.

Jupiter ist fünfmal weiter von der Sonne entfernt als die Erde, in einer Entfernung von etwa 800 Million Kilometer, deshalb Temperatur extern wolkig Startseite riesig der Planet steigt nicht über minus 130 Grad Celsius. Allerdings Wärmestrahlung seine Eingeweide zweimal übersteigt Zufluss sonnig Wärme, was Er spricht um Komplex Prozesse, laufend in Tiefe Planeten. AUS Tiefe Druck und Temperatur schnell wachsen erreichen sehr groß Mengen. BEI 1995 Jahr Nachbarschaft Jupiter hat besucht Amerikanische Sonde "Galileo", deren Abstiegsmodul mit Hilfe eines Fallschirms gelang dringen dabei bis zu einer Tiefe von 156 Kilometern in die Atmosphäre des Gasriesen ein was zu wertvollen Daten über die innere Struktur des Planeten führt. Und die Sonde selbst zum ersten Mal in Geschichte trat in eine Umlaufbahn um Jupiter ein und untersuchte bis 2003 den Planeten und seine Satelliten. ich werde bringen zitieren aus grundlegend Arbeit "Astronomie: Jahrhundert XXI", veröffentlicht zu 175-jähriges Jubiläum Bundesland astronomisch Institut Sie. P. ZU. Sternberg.

...

Auf der Basis Daten, erhalten Platz Sonden, und theoretisch Berechnungen mathematische Modelle von Jupiters Wolkendecke wurden konstruiert und Ideen dazu seine innere Struktur. In etwas vereinfachter Form kann Jupiter dargestellt werden als Schalen mit zunehmender Dichte zum Zentrum des Planeten hin. Am Boden der Atmosphäre dick 1500km, Dichte die schnell wachsend Mit tief, gelegen Schicht Gas-Flüssigkeit Wasserstoff dick nahe 7000km. Auf der eben 0,9 Radius Planeten, wo Druck ist 0,7 Mbar (dann Es gibt in 700 000 einmal mehr irdisch. - *L. Sch.*), a Temperatur beträgt etwa 6500 K, Wasserstoff geht in einen flüssigmolekularen Zustand über und danach 8000 km - in einen flüssigen metallischen Zustand. Zusammen mit Wasserstoff und Helium die Zusammensetzung der Schichten enthält eine kleine Menge schwerer Elemente. Innerer Kern mit einem Durchmesser von 25.000 km - Metallsilikat, einschließlich Auch Wasser, Ammoniak und Methan. Temperatur in Center ist 23 000K, a Druck - fünfzig Mbar. ähnlich Struktur Es hat und Saturn.

Es ist klar: Jupiter - das ist Welt, So anders aus unser was Es war möchten zu rücksichtslos Mit Schwelle ablehnen Wahrscheinlichkeit Existenz ungewöhnlich Formen Leben in Eingeweide eines riesigen Planeten. Jupiters Atmosphäre enthält Sauerstoff, Stickstoff und Kohlenstoff und Inhalt Sauerstoff, an etwas Schätzungen, kann sein in 5 - zehn einmal überschreiten sonnig. Und obwohl Suche Wasser geben am meisten widersprüchlich Ergebnisse, Frage um Das Vorhandensein von Wasserdampf in der Atmosphäre des fünften Planeten ist noch nicht endgültig geklärt. In jedem Fall das Vorhandensein von kurzlebigen Quellwolken in der Nähe des Großen Roten Flecks macht über viel denken.

Nicht weniger interessant sind die großen Satelliten des Jupiter, die gemeinhin genannt werden Galilean, zu Ehren des italienischen Physikers und Astronomen, der sie zu Beginn des 17. Jahrhunderts entdeckte Galileo Galilei. Es gibt vier von ihnen - Io, Europa, Ganymed und Callisto, und Ganymed ist der größte groß Satellit in Solar- System; er übertrifft an Größen eben Quecksilber. Derzeit wird die Aufmerksamkeit der meisten Wissenschaftler jedoch von der zweiten angezogen Galileische Satelliten - Europa als möglicher Kandidat für die Rolle der Wiege der Protozoen Lebensformen. Tatsache ist, dass die Oberfläche dieses kleinen Planeten (sein Durchmesser ist etwas kleiner Mond) ist mit einer mächtigen Eiskruste von hundert Kilometern Dicke bedeckt und rollt träge darunter Wellen ein fester Ozean aus flüssigem Wasser, dessen Tiefe 50 Kilometer erreichen kann. Der subglaziale Ozean ist eine Art Mantel Europas, und das ist sehr wahrscheinlich dass das Wasser darin warm ist, weil es durch die Wärme erwärmt wird, die aus den Eingeweiden des Planeten kommt. So der Weg zweite Satellit Jupiter - Das einzige, Neben Erde, paradiesisch Karosserie Solar- Systeme, nicht testen Mangel an Lebensspende Feuchtigkeit.

Mittel Dichte Europa Annäherung zu Dichte Planeten terrestrisch Gruppen und beträgt etwa 3 g/cm3. Folglich fallen 80 % seiner Masse auf Silikatgestein, Zusammensetzung des erhitzten Kerns und 20% - auf Wassereis (flüssiger Wassereismantel plus Eis bellen). Eis Hülse Planeten bedeckt dick Netzwerk Risse und Fehler, was spricht von aktiven tektonischen Prozessen in den Eingeweiden Europas. Groß Risse strecken auf der Tausende Kilometer, a Sie Breite schwankt aus zwanzig Vor 200 Kilometer. Es ist möglich, dass im warmen Subshell-Ozean des zweiten Satelliten des Jupiter kann existieren Protozoen Formen Leben. Etwas Wissenschaftler glauben was die meisten günstig Bedingungen muss Form annehmen nicht in ozeanisch Tiefe, a in Bereiche tektonische Störungen auf der Oberfläche des Planeten. Tatsache ist, dass aufgrund der Gezeitenwirkung Jupiter Risse regelmäßig verengen sich und expandieren. BEI letzte Fall Wasser steigt fast bis zur Oberfläche auf, und dann beginnt die Sonne, seine Dicke zu durchdringen hell, notwendig für Leben erhalten.

Jupiters anderer Mond, Io, ist etwas größer als der Mond und zeichnet sich durch seine Aktivität aus Vulkanismus, welche die stimuliert Gezeiten Einschlag mütterlich Planeten und Gravitationsstörungen seiner nächsten Nachbarn - Europa und Ganymed. Aber fast besteht ausschließlich aus Gestein, und Dutzende aktiver Vulkane stoßen Schwefeldämpfe aus und Schwefeldioxid in eine Höhe von Hunderten von Kilometern mit einer Geschwindigkeit von 1 Kilometer pro Sekunde. Deshalb bei sehr niedrigen Durchschnittstemperaturen auf der Ho-Oberfläche (minus 140 Grad an Celsius) dort kann entdecken heiß Flecken Größe ab 75 Vor 250 Kilometer dessen Temperatur 100–300 °C erreicht. Jupiters größte Monde sind Callisto und Ganymed ist halb Eis. Der Durchmesser von Callisto ist fast gleich dem Durchmesser von Merkur,a Ganymed ist überlegen es in der Größe.

Der seit der Antike bekannte sechste Planet des Sonnensystems wurde in benannt ehren römisch Gott Saturn dem erhalten identifizieren Mit griechisch Kronos. Saturn hatte die schlechte Angewohnheit, seine neugeborenen Kinder zu verschlucken, denn laut der Vorhersage Gaia, er sollte von seinem eigenen Sohn abgesetzt werden. Dem traurigen Schicksal entkommen nur Junior Zeus-Jupiter Anstatt von dem Rhea Ehefrau Saturn rutschte Ehemann gewickelt in Windel Stein. gereift, Jupiter engagiert sein Palast Coup, a unersättlich Elternteil fallen gelassen in Tartaros. BEI Antike Kronos-Saturn symbolisiert unerbittliche alles verschlingende Zeit. Die Persönlichkeit ist zwar unangenehm, obwohl der Sohn mit Vati zu nicht besonders stand auf Zeremonie. So was Dichter hatte Komplett Rechts schreiben:

> *Und um Mitternacht geht es im Osten auf*
> *Toter Saturn und glänzt wie Blei.Wirklich*
> *unheimlich und grausam*
> *Dein Angelegenheiten, Schöpfer!*

Wie Jupiter ist Saturn schnell ein riesiger Gasball um eine Achse drehen. Ein Tag auf der Oberfläche des Saturn dauert 10 Stunden und 40 Minuten. Obwohl Saturn dem Jupiter in seiner Größe nicht viel unterlegen ist (sein Durchmesser beträgt nur 20 s ein paar tausend Kilometer weniger als der König der Planeten und ist 120.500 Kilometer), es ist mehr als dreimal leichter als es, aber 95-mal massiver als die Erde. Dies wird erklärt einzigartig niedrig Mitte Dichte sechste Planeten: Sie ist weniger Dichte Wasser und ist 0,7g/cm3 gegen 1,33 g/cm3y Jupiter dann Es gibt fast zweimal unter. Saturn nicht fähig sogar ertrinken in Kerosin.

Saturn ist fast anderthalb Milliarden Kilometer von der Sonne entfernt – zehnmal weiter Die Erde erhält daher pro Flächeneinheit 90-mal weniger Sonnenwärme und ihre die Temperatur an der oberen Wolkengrenze überschreitet nicht minus 120 Grad Celsius. Die Wärmestrahlung seines Darms gibt jedoch das Doppelte des von ihm empfangenen Energieflusses ab Sonne. Saturn - Wasserstoff-Helium Ball, aber in Unterschied aus Jupiter er enthält viel mehr Wasserstoff an Vergleich Mit Helium - 94% und 6% beziehungsweise (an Volumen). Orbit Dies kalt Riese repräsentiert dich selbst fast Korrekt Kreis, a voll Dreh dich um Sonne er engagiert sich für 29 Sek Halbes Jahr.

berühmt Ringe Saturn Erste entdeckt Niederländisch Physiker und Astronom Christian Huygens in der zweiten Hälfte des 17. Jahrhunderts und ein Vierteljahrhundert später die Franzosen Astronom Italienisch Ursprung J. Kassini gelang es Erfolg haben dunkel Slot, Teilen des hellen flachen Rings in zwei Teile. Der äußere Teil dieser riesigen Halskette, verlängern fast auf der Million Kilometer, genannt Ring ABER, a intern - Ring B. Anschließend wurden vier weitere Ringe identifiziert - C, D, E und F, und 1980–1981 Amerikanische Raumsonden Voyager 1 und Voyager 2 wurde zur Erde geschickt Bilder Saturn und seine Ringe Mit hoch Auflösung. Auf der diese Bilder deutlich es wird gesehen, was

Ringe Saturn bestehen aus viele tausend Individuell eng Ringe. System Ringe, Gürtel sechste der Planet - das ist unzählige Stein und eisig Trümmer die meisten verschiedene Mengen und Formen.

Saturn ist so gestreift wie Jupiter, aber aufgrund niedriger Temperaturen eiskalt Ammoniakdämpfe mit dichter Nebelbildung, seine Breitengürtel sind nicht so deutlich sichtbar. In der Nähe des Nordpols befindet sich ein riesiger ovaler atmosphärischer Wirbel Größe Mit Erde, erhalten Titel Groß braun Flecken. BEI Atmosphäre Saturn Schlag stark zonale Wind, Geschwindigkeit die - aus 100 Vor 500 Meter in gib mir eine Sekunde je nach Breitengrad. Wie Jupiter hat Saturn ein starkes Magnetfeld, Achse was zusammenfällt mit Drehachse Planeten.

Von den 56 Saturnmonden ist der größte Satellit Titan der interessanteste. Ganymed etwas unterlegen, aber in der Größe überlegen Quecksilber. Sein Durchmesser ist 5150 Kilometer, aber Erfolg haben Einzelheiten auf der Oberflächen Planeten nicht scheint möglich wegen dicht Atmosphäre, Druck die in eineinhalb mal mehr als auf der Erde auf Meereshöhe. Titans Atmosphäre besteht fast ausschließlich aus Stickstoff (98,4 %), während Methan nur 1,6 % ausmacht. Außerdem enthält es Verunreinigungen von Propan, Ethan, Acetylen, Argon, Helium, Kohlenmonoxid und -dioxid und einigen andere Gase. Die Temperatur der oberen Atmosphärenschichten nähert sich minus 120 Grad an Celsius dann wie Temperatur Oberflächen Planeten viele unter und ist Minus-
179 Grad, was erklärt eigenartig Anti-Treibhaus Wirkung (dick Nebel streut und reflektiert die Sonnenstrahlen. Übrigens, wenn eine Person durch ein Wunder auf Titan gelandet wäre, würde er aller Wahrscheinlichkeit nach in der Lage sein, in seiner sehr hohen Dichte leicht aufzusteigen Atmosphäre, die seit der Schwerkraft Flügel wie der griechische Ikarus an ihren Händen anbringen auf der Oberflächen größter Mond Saturn in sieben Mal weniger terrestrisch.

Vor jüngste Zeit Wissenschaftler Gedanke was unter wolkig Pelzmantel Titan kann sein ausblenden Ozean Kilometer Tiefe aus Ethan, Methan und Stickstoff, aber Daten, erhalten automatisch Bahnhof Kassini, hat besucht Nachbarschaft Saturn und sein künstlicher Satellit geworden, gezwungen, diese Meinung zu überdenken. Am Anfang 2005 feuerte Cassini die Sonde Huygens ab, die in die Atmosphäre von Titan eindrang und mit einem Fallschirm, machte eine weiche Landung auf seiner Oberfläche. Es stellte sich heraus, dass Flüssigkeit auf der Titan sehr wenig: Wiedersehen gelang es finden nur verhältnismäßig klein Kohlenwasserstoffseen in der Nähe des Nordpols. Nach der „Titanisierung" der Huygens, dies der Planet wurde zum einzigen Satelliten im Sonnensystem (den Mond natürlich nicht mitgezählt), auf der auftauchen die runtergekommen Platz Sonde. ABER Bahnhof Cassini fährt fort richtig arbeiten für Orbit Saturn bis jetzt seit.

Bis zur zweiten Hälfte des 18. Jahrhunderts war noch nie jemand unter dem Zeichen geboren worden Uranus, weil unsere Vorfahren nichts von der Existenz dieses Himmelskörpers wussten. siebter Planet Das Sonnensystem wurde 1781 von dem Engländer William Herschel entdeckt, für den er wurde der Titel eines Hofastronomen mit einem Gehalt von 200 Pfund verliehen. Anfänger fast sofort genannt Uranus, was ganz natürlich war: da Saturn auf Jupiter beheimatet ist Papa, dann ein anderer Planet hätte heißen sollen in ehren Großväter.

Uranus Spinnen um Sonne auf der Distanz nahe 3 Milliarde Kilometer, Herstellung voll Umsatz pro 84 des Jahres co Geschwindigkeit fast 7 Kilometer in gib mir eine Sekunde (Die Umlaufgeschwindigkeit der Erde beträgt 29 Kilometer pro Sekunde). Daran ist nichts Überraschendes denn je weiter der Planet von der Sonne entfernt ist, desto langsamer dreht er sich - so sagt der Dritte Keplers Gesetz. Aber die axiale Rotation von Uranus ist ziemlich einzigartig: die Ebene seines Äquators in einem Winkel von 98 Grad zur Ebene der Umlaufbahn geneigt, so dass sie sich um die Achse dreht lag fast auf meiner Seite. Daher die Länge von Tag und Nacht auf dem siebten Planeten viel übersteigt Zeitraum Sie axial Drehung. Sonne, die Mit Oberflächen Uran sieht aus hell Stern, langsam, in fließen 21 irdisch des Jahres, steigt an in Himmel, a Nachdem der Zenit erreicht ist, schleichen sich weitere 21 Jahre langsam hinab, bis er hinter dem Horizont verschwindet. Kommen 42 Jahre alt Nacht. So das ist der Fall ein Geschäft auf der Stangen, wo Dauer Tage und Nächte ist 42 Jahre alt. Auf dem 30. Breitengrad dauern Tag und Nacht 14 Jahre, auf dem 60. Breitengrad Grad - jeweils 28. Die Periode der axialen Rotation von Uranus beträgt signifikant durchschnittlich 15 Stunden Ändern in je nach Breitengrad.

Wie und Sonstiges Riesenplaneten, Uranus repräsentiert dich selbst riesig Gas Ball, auf der 85% bestehend aus Wasserstoff, auf der 12 % - aus Helium und auf der 2,3 % - aus Methan. Seine DurchschnittDie Dichte ist nur geringfügig höher als die Dichte von Wasser und beträgt 1,3 g / cm, und die Masse beträgt das 14,5-fachemehr als die Masse der Erde. In der Größe ist der siebte Planet Jupiter und Saturn deutlich unterlegen, sein Durchmesser (etwa 51.120 Kilometer) ist jedoch viermal so groß wie der der Erde. Uranus ist sehr kalte Welt. Die Temperatur seiner Oberfläche ändert sich im Breitengrad fast nicht, aber erheblich schwankt je nach Tiefe - ab minus 210 Grad Celsius auf Schafthöhe Trübung Vor Minus- 170 Grad in Unterwolke Schicht. BEI Unterschied aus Andere Gas Giganten hat Uranus praktisch keine internen Wärmequellen. Auf dem siebten Planeten entdeckt mächtig magnetisch aufstellen und neun sehr eng und dicht Ringe, fast nicht reflektierend sonnig Sveta. Vor gegenwärtig Zeit in Umfeld Uran hat besucht einzige Raumsonde - Voyager 2, die schnell daran vorbeifliegtJanuar 1986.

ABER was kann sein erzählen die Wissenschaft um Innereien lügnerisch auf der Seite Großväter? BEI Buchen
"Astronomie: Jahrhundert XXI" wir lesen:

...

Nach dem Modell der inneren Struktur von Uranus sollte im Zentrum die Temperatur des Planeten liegen niedriger sein als die von Jupiter und Saturn, aber höher als die der Erde - etwa 7200 K, und der Druck nahe acht Millionen Bar. Über groß Ader, bestehend aus Metalle, Silikate, Eis Ammoniak und Methan und etwa 0,3 des Radius des Planeten einnehmend, sollte es einen Mantel geben Mischungen aus Wasser und Ammoniak-Methan-Eis. Auf Höhe von 0,7 beginnt der Radius vom Zentrum Gas Hülse aus Wasserstoff und Helium.

Uranus wird von 27 Satelliten begleitet, von denen der größte, Titania, einen Durchmesser hat 1580 Kilometer. Die durchschnittliche Tagestemperatur der Oberfläche der Satelliten, von denen 60% sind Eis, extrem niedrig - weniger als 60 K (minus 213 Grad Celsius). Wassereis bei diese Temperatur dreht sich in fest Mineral.

Neptun wurde 1846 vom französischen Astronomen Le Verrier „an der Spitze einer Feder" entdeckt. Nachdem er Anomalien in der Orbitalbewegung von Uranus entdeckt hatte, schlug er dies am siebten vor Planet Solar- Systeme macht beeinflussen Unbekannt fest Karosserie, und exakt berechnete seine Position am Himmel. Geleitet von Le Verriers Berechnungen, dem Deutschen Astronomen Halle und D_re ohne Arbeit gefunden achte Planet die auftauchte in Punkt paradiesisch Kugeln, spezifizierten scharfsinnig Französisch. es Es war Komplett Triumphklassisch Mechanik Newton.

Es wurde beschlossen, den neuen Planeten Neptun (alias das griechische Poseidon) zu Ehren zu benennen altrömischer Schutzpatron des Meeres. Sturmherrscher Neptun Verwandtschaft Bruder Jupiter zusammen Mit die er geteilt Herrschaft Oben die Welt nach Sturz Titanen. Durch viel zu ihm habe in Bestimmung Meer, dann wie gekrönt Donner erledigt auf der Olymp und wurde regieren Berg Höhen. Sie dritte der uterine Nachwuchs - der schreckliche Hades (sein anderer Name ist Pluto) - ließ sich im "düsteren" niederAbgründe Land" und wurde Herr des Reiches die Toten.

Seit der Entdeckung des achten Planeten im Sonnensystem sind mehr als anderthalb Jahre vergangen. Jahrhunderte, aber ein Neptunjahr weht erst im Jahr 2011, seit Neptun, fern Sonne auf der vier Mit halb Milliarde Kilometer (oder dreißig astronomisch Einheiten), begeht voll Kreislauf pro 165 irdisch Jahre. Durch ihr körperlich Parameter er wenig anders als Uranus, etwas kleiner in der Größe (Neptuns Durchmesser beträgt fast 49 530 Kilometer), aber spürbar übertreffen an Masse (17 Massen unser Planeten) was erklärt seine größer Mitte Dichte (um 1.64 g/cm³). Aus Sonne Neptun erhält in 900einmal weniger Wärme, wie Erde. Jedoch in Unterschied aus Ruhe Uran IntensitätThermal- Strahlung Eingeweide achte Planeten fast verdreifachen übersteigt Zufluss Solar-Energie von außen. Dieses Phänomen ist mit dem Zerfall schwerer Radionuklide im Kern des Planeten verbunden.durch riesig Abgelegenheit Neptun die Studium seine Oberflächen damit verbundenen co erhebliche Schwierigkeiten. Der Bedarf an Erfindungen ist jedoch gerissen. Raumsonde nutzt deinzigartige gegenseitige Anordnung der Erde und der Riesenplaneten Reisender 2 gelang es Unterhose in 1989 Jahr auf der Distanz 5000 Kilometer aus Neptun geschafft haben Erfolg haben etwas Einzelheiten seine wolkig Pelzmäntel. BEI Süd- Hemisphäre Planet entdeckt Ein großer dunkler Fleck von der Größe der Erde, der schnell hereindriftet westwärts mit einer Geschwindigkeit von 325 Metern pro Sekunde. Winde wehen in der Atmosphäre Neptun ist auch kein Pfund Rosinen: Ihre Geschwindigkeit erreicht 400-700 Meter pro Sekunde. Irdisch Orkane reißen Dächer von Häusern und stürzen Züge umDer Hintergrund ist nichts weiter als eine sanfte Meeresbrise. Der Planet hat zweimal ein Magnetfeld dem Magnetfeld des Uranus an Kraft unterlegen, sowie ein System von Ringen, einige davon die gegenwärtig offen Bildung wie Bögen.

Wie alle anderen Gasgiganten ist Neptun eine Wasserstoff-Helium-Welt und so weiter Der Anteil von Helium beträgt nicht mehr als 15% und Methan noch weniger - etwa 1%. Spezialisten vermuten was unter wolkig Schicht Lügen umfangreich Wasser Ozean, gesättigt Ionen verschiedene chemisch Elemente.

BEI. G. Surdin, eines aus Autoren Arbeit "Astronomie: Jahrhundert XXI", schreibt:

...

Erhebliche Mengen Methan scheinen tiefer im Eismantel gespeichert zu sein. Planeten. Selbst bei einer Temperatur von tausend Grad bei einem Druck von 1 Mbar (eine Million bar, also millionenfach mehr als auf der Erdoberfläche. – L. Sch.) Gemisch aus Wasser, Methan u Ammoniak kann festes Eis bilden. Wahrscheinlich zum Anteil des heißen Eismantels macht 70% der Masse des gesamten Planeten aus. Etwa 25 % der Masse von Neptun sollten Berechnungen zufolge gehören zum Kern, bestehend aus Oxiden von Silizium, Magnesium, Eisen und seinen Verbindungen, und rockt auch. Ein Modell der inneren Struktur des Planeten zeigt, dass der Druck in seinem Center etwa 7 Mbar, und Temperatur - um 7000 ZU.

Neptun hat 13 Monde, aber der größte ist der bemerkenswerteste. - Triton mit einem Durchmesser von 2705 Kilometern. Dreht sich um den Mutterplaneten auf der Distanz 355 tausend Kilometer (um eine solche gleich Distanz trennt Mond aus Erde), er der Einzige aus alle Satelliten Neptun ziehen um an Orbit in umkehren Richtung. Die Oberflächentemperatur von Triton übersteigt 38 Grad Kelvin (minus 23 Grad Celsius) und ist eine zerklüftete Ebene, die einer Melone ähnelt schälen. Es wird angenommen, dass unter der Eisschale etwa 200 Kilometer dick liegt Wasser Ozean 150km Tiefe, gesättigt Ammoniak Methan und Salze.

Jedoch am meisten groß Geheimnis Triton - das ist seine vulkanisch Aktivität. Spezialisten mussten sich sogar einen speziellen Begriff einfallen lassen - Kryovulkanismus Vulkanismus bei niedrigen Temperaturen, weil sich das niemand hätte vorstellen können gefroren Welten auf der Hinterhof Solar- Systeme kann haben obwohl etwas vulkanisch Aktivität. Vorstellen dich selbst Geysir, hacken Salpetersäure Eis auf der Oberfläche des Planeten und dem Abheben in eine Höhe von bis zu 8 Kilometern. In diesem Fall die Säulendicke auch sehr kränklich - von 20 Metern bis 2 Kilometern. Jet, der am Himmel aufsteigt zerstreut Winde (bei Triton Es gibt spärlich Atmosphäre, bestehend aus Stickstoff, eine kleine Menge Methan und Wasserstoff) und verwandelt sich in Federn, die sich über 150 erstrecken Kilometer.

Triton an 70 % kompliziert aus Silikate und weiter dreißig % iso Eis, in dessen Zusammensetzung sind inklusive Stickstoff,

Kohlenmonoxid und Methan. Der Kryovulkanismus hat noch keine klare Erklärung erhalten, aber einige Wissenschaftler glauben was er kann sein sein gebunden Mit Gezeiten Aufwärmen Oberflächen Planeten,a Auch Mit Penetration Solar- Strahlung durch durchscheinend Oberer, höher Schichten Eis.

Durch Vergleich Mit Triton, welche die nur wenig weniger Mond, Nereide, haben einige jämmerliche 340 Kilometer im Durchmesser, sieht aus wie eine perfekte Krume. Jedoch weniger das ist dritte an Größe Satellit Neptun Vor Gesamt interessant Themen was zieht um mütterlich Planeten an äußerst verlängert Orbit Mit Exzentrizität nahe 0,75. Eine solche Umlaufbahnen völlig und neben Treffen bei Kometen die Entweder nähern sie sich der Sonne und schmelzen in den Flammen ihrer Chromosphäre, oder sie fliegen davon in Dunkelheit und Kälte entfernt Stadtrand Sonnensystem.

Neun oder zehn?

– Erzählen, gogi, Wie viele wird sein vier Mal zwei?
– Sieben, Lehrer.
– Irgendwo So, gogi, irgendwo So... Sieben, acht...

Scherzen

Der neunte Planet dreht sich in einer so großen Entfernung, dass es ihm möglich ist Anfang des 20. Jahrhunderts war das entschieden unmöglich. Sogar ein Lichtstrahl geht durch Entfernung von der Erde zur Sonne in nur acht Minuten, dauert es fünfeinhalb Stunden, um sich zu Pluto zu halbieren. Pluto wurde kürzlich entdeckt 1930 Jahr, und Mit Moment seine Entdeckungen bestanden wenig mehr drei Mit halb Plutos Monate, für eine vollständige Umdrehung um die Sonne, so klein und sehr kalt der Planet macht fast 246 Erdenjahre. Die Ehre, das neunte und kleinste zu eröffnen Planeten Solar- Systeme gehört amerikanisch Astronom Clyde Tombo, der damals knapp 24 Jahre alt war. Allerdings hat das Schicksal von Pluto irgendwie nicht sofort fragte sich. armer Kerl dann Türsteher Mit Schande aus Mitglieder planetarisch Familie, dann wieder akzeptiert der Rücken unter Donner Beifall. Dies dumm Sprung fortgesetzt genügend Für eine lange Zeit, Wiedersehen in August 2006 des Jahres auf der Allgemein Montage International Astronomische Union in Prag laut Delegierten mit Stimmenmehrheit endgültig beraubte den leidgeprüften Pluto des Ehrenstatus eines klassischen Planeten und platzierte ihn nicht seine zusammen co Satellit Charon in Gruppe So genannt transneptunisch Objekte (TNO). Die Hauptgründe für diese unverschämte Diskriminierung waren die geringe Größe der neunte Planet und einige Merkmale seiner Umlaufbahn. Pluto ist der kleinste Planet Solar- Systeme (insgesamt 2300 Kilometer im Durchmesser, das heißt anderthalbmal weniger Mond), seine Fläche (17,9 Millionen km2) ist jedoch durchaus vergleichbar mit dem Territorium Russland.

Pluto, Halbbruder von Zeus-Jupiter und Poseidon-Neptun, war der Herrscher die Reiche der Toten, und Saturn und Uranus waren sein Vater und Großvater, also ist er wunderbarin die Familie der am weitesten entfernten Planeten des Sonnensystems passen. Die alten Griechen dachten darüber nach Selten reicher Mann zum zu ihm gehörte nicht nur Seelen tot, aber und unzählige Schätze, die in den Tiefen der Erde verborgen sind. Der Herr des alten Erebus hatte einen anderen Namen - Hades oder Hades, was übersetzt „formlos", „unsichtbar", „schrecklich" bedeutet. Als 1978 Der amerikanische Astronom James Christie entdeckte Plutos natürlichen Satelliten Er wurde fast sofort nach dem mythischen Bootsmann aus dem Reich der Toten auf den Namen Charon getauft. Dieser düstere und unfreundliche alte Mann, gekleidet in schäbige Lumpen, transportierte die Toten weiter Gewässer unter Tage Flüsse, die in Berater Es war voll-voll: stürmisch Styx, feurig Phlegeton, Lethe - der Fluss des Vergessens und der undurchdringliche schwarze Cocytus. Leider hat alles auf der Welt mein Preis, a Weil gearbeitet Charon auf keinen Fall nicht ist gratis. Denken Sie daran Brodsky, Leser?

Vergeblich sucht der mürrische Charon die Drachme in
deinem Mund, vergeblich jemand Trompeten nach oben in
mein Melodie herausgezogen.

Ich sende dir einen namenlosen Abschied Mit Ufer
Unbekannt was. Ja Sie und nicht wichtig.

Es stimmt, Iosif Alexandrovich war ein wenig aufgeregt und erhöhte schamlos die Zahlung für reisen. Der Verstorbene hat während des Bestattungsritus wirklich Geld unter die Zunge gelegt, Allerdings handelte es sich nicht um eine vollgewichtige Drachme, sondern um einen Obol – eine kleine Silber- oder Kupfermünze Würde in eines sechste Sie Teil.

Die gute Welt wird nicht nach dem Gott des Todes benannt. Im Vergleich zur Erde bekommt Pluto anderthalbtausendmal weniger Sonnenwärme herrscht daher auf seiner Oberfläche eisig kalt - aus Minus- 220 Vor Minus- 240 Grad Celsius. Bei eine solche niedrig Temperaturen gefriert sogar Stickstoff und bildet bis zu mehreren große transparente Kristalle Zentimeter breit. Gewöhnliches Wassereis ist aber auch auf Pluto zu finden Kleinmengen. Gefrorenes Kohlenmonoxid wird in einigen Gebieten gefunden Kohlenstoff. Ein Reisender, der die Oberfläche des neunten Planeten betritt, sieht eine Landschaft von atemberaubender Schönheit, eine erstaunliche Welt perfekter geometrischer Formen wie eisig Hallen Schneebedeckt Königinnen aus Märchen Hans Christian Andersen. Wie Junge Kayu, er eben kann sein versuchen falten Wort "Ewigkeit" aus transparent Kristalle, wo, wie nicht auf Pluto, können Sie in vollem Umfang am wenigsten fühlen ihr König Gleichgültigkeit? pechschwarz Himmel Oben Kopf in Typhus- Hautausschläge Sterne, Konglomerat Jahrhundert Eis unter Fuß und riesig Charon, still hängend in Zenit, wie Erinnerung über Eitelkeit von allen Dingen.

Pluto erforscht aus Hände aus schlecht, Weil was auf der heute Tag das ist das einzige Planet Solar- Systeme, Vor die Wiedersehen mehr nicht habe weder eines Weltraumsonde. Der Flug zum Pluto ist seit sechs eine sehr schwierige technische Aufgabe Milliarden Kilometer, die den neunten Planeten von der Sonne trennen, stellen ein Maximum dar Bedarf und zu Problem Funkkommunikation Mit automatisch Bahnhof, und zu Elemente Sie Energieversorgung. Standard Solar- Batterien auf der eine solche riesig Distanz völlig nutzlos. Trotzdem, im Januar 2006, der AmerikanerGerät Neu Horizons", die sich mit dem Herrn der Kälte treffen sollte Welten hinein Juli 2015. Wenn alles gut geht, fliegt die Raumsonde weiter, alles weiter von der Sonne entfernt. Sein neues Ziel werden Objekte des Kuipergürtels sein – eine amorphe Wolke durch gefroren eisig Felsbrocken, lügnerisch pro die Umlaufbahn des Pluto.

BEI 1988 Jahr bei neunte Planeten war entdeckt sehr spärlich Atmosphäre, vermutlich bestehend aus Stickstoff, Methan, Argon und nicht sie. Druck Dies fast Schwereloser Dunst ist völlig vernachlässigbar, was jedoch den Chemikalienfluss nicht stört Reaktionen. Unter beeinflussen sonnig Wind Atome Stickstoff, Kohlenstoff, Wasserstoff und Sauerstoff interagieren zwischen dich selbst Erstellen Komplex organisch Verbindungen. sich niederlassen auf der auftauchen Planeten, sie Fleck Sie in gelblich rosa Farbe. Aber die meisten Ein bemerkenswertes Merkmal von Plutos Atmosphäre sind die damit verbundenen jahreszeitlichen Metamorphosen Rückgeld mal des Jahres. Durch messen Annäherung zu Sonne Temperatur beginnt größer werden, was führt zur Verdunstung von Stickstoffeis und zum „Anschwellen" der Atmosphäre. Aber wenn Pluto geht aus Sonne ein Weg (seine Orbit repräsentiert dich selbst stark verlängert Ellipse), wie die Temperatur sinkt sofort, und die Gase kondensieren wieder und fallen an die Oberfläche Planeten in bilden Kristalle Stickstoff- Eis. Kommen saisonal Gletscher Zeitraum, und die Atmosphäre verschwindet für lange Zeit spurlos. Pluto ist also der einzige ein Planet im Sonnensystem, dessen Atmosphäre periodisch entsteht und stirbt, wie in Kometen während ihrer Bewegungen um die Sonne.

Auch die Parameter der Umlaufbahn von Pluto verdienen Aufmerksamkeit. Zum Zeitpunkt seiner Eröffnung, weit genug von der Sonne entfernt und nimmt zu Recht den Platz des neunten Planeten ein. Aber weil es Orbit Es hat sehr von Bedeutung Exzentrizität (0,25, dann Es gibt deutlich sogar größer als der von Merkur), die Entfernung von Pluto von der Sonne während seines Jahres verändert sich fast in zwei mal - aus 29.6 a. e. in Perihel Vor 48.8 a. e. in Aphelie. So der Weg

Pluto ist manchmal näher an der Sonne als Neptun. durch den nächsten Punkt Pluto hat seine Umlaufbahn im September 1989 passiert und entfernt sich nun weiter Aphel (der Punkt der maximalen Entfernung von der Sonne), der erst 2112 erreicht wird, und Die erste vollständige Umdrehung um die Sonne nach ihrer Entdeckung wird erst im Jahr 2176 abgeschlossen sein. Zusätzlich Plutos Umlaufbahn ist stark geneigt Flugzeug Ekliptik (17 Grad, am 10 Grad mehr als Merkur), was für die meisten Planeten der Sonne ebenfalls untypisch istSysteme.

Axial Drehung neunte Planeten zu Es hat ihr Besonderheiten. Ecke zwischen Plutos Äquatorebene und seine Umlaufbahnebene haben also 32 Grad Wenn es sich in der Umlaufbahn bewegt, rollt es wie ein Brötchen von einer Seite zur anderen. In diesem Sinne er ein wenig erinnert sich Uranus, obwohl bei der Letzte wie wir denken Sie daran axial Stimmung mehr mehr: Der siebte Planet liegt tatsächlich auf der Seite. Vollständige Rotation um Plutos Achse ist in 6,4 Erdentagen abgeschlossen, und sein Trabant Charon wickelt sich um die Mutter Planeten in Richtigkeit pro dann gleich die meisten Zeit. Außer Gehen, Orbit Charon Lügen in Äquatorebene von Pluto, also ist er nur von einer Hemisphäre aus sichtbar und niemals nicht versteckt pro Horizont. ABER weil die Distanz zwischen Pluto und Charon nicht übersteigt 19 400 Kilometer, Mit Oberflächen Pluto seine Satellit sieht aus sehr eindrucksvoll: seine sichtbar Durchmesser in Sieben einmal mehr Durchmesser Mond auf der irdisch Firmament.

Ich muss sagen, dass Pluto und Charon ein absolut einzigartiges Tandem sind unter Andere Planeten Solar- Systeme. Sie sind sehr nah dran an Größen (2300 und 1200 Kilometer beziehungsweise) und gelegen auf der klein Distanz Freund aus Freund. Das Verhältnis ihrer Massen ist auch beispiellos hoch, da es nur Pluto gibt achtmal schwerer als Charon. Zum Vergleich: der Mond, der traditionell als sehr angesehen gilt ein großer Satellit, 81-mal leichter als die Erde und viel weiter entfernt. Ähnlich die Massenverhältnisse anderer Planeten des Sonnensystems und ihrer Trabanten geben unvergleichlich nach kleiner Mengen. Sagen wir Satelliten Jupiter (nicht Apropos schon um Satelliten Mars) ihm an Masse um das Tausendfache unterlegen. Dagegen sind Pluto und Charon greifbar unterscheiden sich im durchschnittlichen Dichteparameter, der es uns ermöglicht, über ihre Unabhängigkeit nachzudenken Ursprung. Daher glauben die meisten Astronomen, dass Pluto und Charon ein Doppel sindZwerg Planet.

Aggregat alle diese Umstände - äußerst verlängert Orbit neunte Planet, stark zur Ekliptik geneigt, sein sehr kleiner Durchmesser und seine Masse, die Anwesenheit extrem nicht standardisierter Satellit - am Ende veranlassten sie die Experten entscheidend und Pluto unwiderruflich aus der Anzahl der Planeten im Sonnensystem verbannen und auf die Liste setzen Objekte Gürtel Kuiper (OPK).

Der Leser ist schon so oft auf den Seiten dieses Buches mit Transneptunian zusammengetroffen Objekte (oder Kuipergürtel-Objekte, was praktisch dasselbe ist), dass die Zeit gekommen ist ausführlicher über die ferne Umgebung des Sonnensystems sprechen. Wenn einige Der interstellare Wanderer betrachtete das Sonnensystem von der Seite, er würde es sehen umgeben kugelförmig Wolke protoplanetarisch Telefon, Schwarm Stein und eisig Felsbrocken relativ kleine Größen. Nach einigen Schätzungen gibt es mehrere Milliarden, und die Gesamtmasse dieser himmlischen Körper ist vergleichbar mit der Masse des Jupiters. Dies kugelförmig Hülse, Fernbedienung auf der 20–50 tausend astronomisch Einheiten aus Sonne, benannte die Oortsche Wolke zu Ehren ihres Entdeckers, des holländischen Astronomen Jan Hendrik Ort. Denken Sie daran, dass eine astronomische Einheit (1 AE) die durchschnittliche Entfernung von ist Erde zur Sonne, das sind etwa 150 Millionen Kilometer. Also die Wolke Horta ist ungeheuer weit weg - 20-50 Tausend Mal weiter von der Sonne entfernt als die Erde. Selbst Pluto ist tausendmal näher, da das Aphel seiner Umlaufbahn liegt "nur im 50 astronomische Einheiten unserer Koryphäe. Solche Abstände machen keinen Sinn mehr in Kilometern messen, denn von der Fülle an Nullen beginnt es in den Augen zu kräuseln. Damit Sie Leser, könnte irgendein visuell einführen dich selbst diese Freiflächen, genügend erzählen, was zentral Teil Wolken Ort Lügen in halb hell des Jahres aus irdisch

Beobachter. Proxima Centauri, unser nächster Stern, ist nur acht Jahre alt einmal weiter.

Paradiesisch Karosserie, Bestandteile Wolke Oorta, langsam drehen um Sonne, eine komplette Revolution in mehreren Millionen Jahren. Astronomen glauben das von dort, Mit entfernt Peripherie Solar- Systeme, Kommen Sie So genannt langfristig Kometen, die bewegen sich an äußerst verlängert Umlaufbahnen Mit Perihel unterhalb der Merkurbahn. In diesem Fall geht der Punkt ihrer maximalen Entfernung verloren Entfernung - in Tausenden oder sogar Zehntausenden von astronomischen Einheiten von der Sonne. Schließlich liegen die Bahnen der Planeten ungefähr in derselben Ebene (der Ebene der Ekliptik) und Kometen fliegen wie Gott auf der Seele stellen - unter die meisten bizarr Ecken, aus was, eigentlich, und war abgeschlossen etwa kugelförmig bilden Wolken Ort.

Aber welche Kraft treibt die Eisfragmente aus ihren ruhigen Bahnen und zwingt sie, sich zu ändern fast kreisförmig Flugbahn auf der elliptisch? Vor jüngste Zeit Es war gedacht was Anomalien in der Bewegung einiger Objekte der Oortschen Wolke werden durch die Gesamtgravitation eingeführt der Einschlag fast aller Sterne der Milchstraße, seit langperiodischen Kometen gleichmäßig verteilt an Firmament. Jedoch mehrere Jahre der Rücken amerikanisch Der Astronom John Matese stellte eine sensationelle Hypothese auf. Nach sorgfältiger Analyse Flugbahnen 82er die meisten Gut studiert langfristig Kometen er kam zu die Schlussfolgerung, dass eine ausgeprägte Selektivität in der Verteilung ihrer Trajektorien gefunden wird. Um dritte diese Kometen kommt überwiegend Mit eines Hand, deshalb sich unterhalten über Gleichverteilung ist nicht erforderlich. Außerdem haben sie alle atypische Umlaufbahnen - zu kurz im Vergleich zu den Bahnen anderer Kometen. Laut Matese der Grund ähnlich anomal Verhalten ist nicht gesamt Schwere Sterne, a beeinflussen etwas fest Karosserie - Zehntel Planeten Solar- Systeme, die schiebt heraus Kometen aus der Oortschen Wolke in Richtung Sonne. Nach seinen Berechnungen ist dieser Planet in mehrmals schwerer als Jupiter und versteckt sich in einiger Entfernung im Kern der Wolke ungefähr 25.000 astronomische Einheiten (ungefähr 0,4 Lichtjahre), was eine Vervollständigung ergibt Umsatz um die Sonne pro 4–5 Millionen Jahre.

Zudem dürfte die Umlaufbahn des hypothetischen Planeten stark dazu geneigt sein Flugzeug Ekliptik, a Sie selber Sie ist dreht sich rückläufig dann Es gibt in Richtung, direkt Gegenteil Bewegung mehrheitlich Planeten Solar- Systeme. Orbit Mit eine solche Parameter sollten instabil sein, also ist der Planet "X" von John Matese nicht heimisch, aber kam: Sie ist nicht könnte bilden Innerhalb Gas-Staub Scheibe, welche die vier Mit Vor einer halben Milliarde Jahren entstanden die acht klassischen Planeten – von Merkur bis Neptun inklusive. Folglich, "falsch" Zehntel Planet anfänglich repräsentiert dich selbst obdachlos Wanderer, wandern in interstellar Platz, und erst vor relativ kurzer Zeit war sie blau gefärbt und adoptiert, als sie gerade dabei war Umfeld Sonne.

Es ist jedoch noch nicht nötig, ernsthaft über den zehnten Planeten in der Oortschen Wolke zu sprechen, weil es echt ist niemand hat zugesehen - es existiert ausschließlich "Auf der Spitze Stift" John Matese. ABER hier in Gürtel Kuiper welche die beginnt fast sofort gleich pro Umlaufbahnen von Neptun und Pluto wurden kürzlich viele Planeten entdeckt. amerikanisch Der Astronom Gerard Kuiper stellte in den 50er Jahren des letzten Jahrhunderts die Hypothese auf Im hinteren Teil des Sonnensystems gibt es einen riesigen Asteroidengürtel mit der Nummer zwei (im Gegensatz zu aus Gut berühmt Gürtel Asteroiden zwischen Umlaufbahnen Mars und Jupiter), welche die erstreckt sich über Milliarden von Kilometern und verschwindet allmählich, wobei sie zwischen sich und zurückbleibt Wolke Ort imposant leer Lücke. Lang Zeit Hypothese amerikanisch blieb nichts weiter als ein elegantes Gedankenspiel, bis in den frühen 90er Jahren des letzten Jahrhunderts Mehrere Eistrümmer wurden in der Umlaufbahn von Pluto nicht gefunden. Seitdem Bestand Der Kuipergürtel ist zu einer unbestreitbaren Tatsache geworden, und die Liste der transneptunischen Objekte von Jahr zu Jahr ständig wird aufgefüllt neue Vertreter.

Wenn ein Wolke Ort mögen entfernt Moskauer Vororte dann Gürtel Kuiper lügnerisch auf der

Entfernung von 30 bis 100 astronomischen Einheiten von der Sonne, wird in der Nähe von Moskau sein. Durch geschätzt Spezialisten, er kann sein zählen Hunderte tausend oder eben Millionen eisig und Felsbrocken in verschiedenen Größen. Tandem Pluto - Charon fiel auch in die Nummer Objekte des Kuipergürtels, die den Status eines klassischen Planeten verloren haben, was wir schon schrieb. Weil dazu werden klein Maße neunte Planeten (Durchmesser Pluto nur 2300 Kilometer, in eineinhalb mal weniger, wie bei Mond) und Besonderheiten Sie Umlaufbahnen (ausgedrückt Exzentrizität und wahrnehmbar Neigung zu Flugzeug Ekliptik).

ernst Plutos Probleme gestartet in 2003 Jahr, Wenn Gruppe amerikanisch Astronomen in Kapitel Mit Michael Braun entdeckt in Gürtel Kuiper genügend hell ein Objekt, das die Katalognummer 2003UB313 erhielt. Im Jahr 2005 war es möglich, es zu berechnen umkreisen und die Größe des neuen Planeten berechnen. Es stellte sich heraus, dass sie sich extrem bewegte verlängert Orbit und heute gelegen in Punkt maximal Entfernung aus Sonne, auf der eine Entfernung von 97 astronomischen Einheiten. Aber wenn es das Perihel erreicht, wird es sein liegt dreimal näher - fast genauso weit von der Sonne entfernt wie Pluto. Wahrheit, das ist passieren nicht bald, denn Xena (genau So genannt mein Planet Braun, in ehren Heldinnen berühmt Serie um Kriegerin) begeht voll Umsatz um Sonne seit 650 Jahren. Brown und sein Team schätzen, dass Xenas Durchmesser etwa so groß sein sollte 3000 Kilometer, was Pluto aufgrund seines Durchmessers sofort in eine unangenehme Lage brachte deutlich weniger. Außerdem entdeckte Browns Team zwei weitere helle Objekte im Kuipergürtel. auf der Distanz 51 astronomisch Einheiten aus Sonne, nur ein wenig unterlegen in Größen neunter Planet (um 70 % Sie Durchmesser).

ABER Wenn Es zeigte sich, was Durchmesser Xena, Vielleicht, bestimmt falsch, a Stimmt Sie Maße kann in zwei Mit überflüssig mal überschreiten Durchmesser Pluto Leidenschaften und überhaupt aufgeflammt nicht auf der scherzen. AUS die eine solche, fragt man übrigens wir muss zählen seine neunte und neueste Planet Solar- Systeme, wenn viele weiter um Sonne ein viel beeindruckenderer Himmelskörper dreht? Ist es nicht einfacher, rücksichtslos zu putzen? unglücklichen Pluto aus einer befreundeten Planetenfamilie und reklassifizierte ihn in ein Gürtelobjekt Kuiper? Vor allem, wenn man bedenkt, dass Xena einen Satelliten namens Gabrielle zu Ehren gefunden hat Stimmt Freundinnen tapfer Krieger. BEI Klammern Hinweis was anschließend Xena umbenannt in Eridu - die antike griechische Göttin der Feindschaft und Zwietracht, die ihren Durchmesser schneidet Vor 2400 Kilometer. Tem nicht weniger er alle gleich mehr Pluto Durchmesser dem ist 2300km. Gabriela zu durchgestrichen aus Heilige - heute Sie ist genannt Dysnomie. Übrigens war es Eris, die sich mit Aphrodite, Athena und Hera gestritten hat und geworfen hat Tisch den berühmten Zwietrachtapfel mit der Aufschrift „Schönste", der zum Trojaner führte Krieg. Gut, dass bei Griechen Es gab so viele Götter...

Anfang 2004 wurde das amerikanische Weltraumteleskop Spitzer im Gürtel gefunden Kuiper mehr eines Planet die jetzt gelegen in 13 Milliarde Kilometer aus Sonne also doppelt so weit entfernt wie Pluto. Wie Xena-Eris geht sie gottlos weiter gestreckte Ellipse, die in 10.500 Jahren eine Umdrehung um die Sonne macht. Sein Aphel (Punkt maximale Entfernung) sollte 130 Milliarden Kilometer von unserer Leuchte entfernt liegen, das sind etwa 900 astronomische Einheiten, so sollten die Abmessungen des Kuipergürtels sein, voraussichtlich um mindestens eine Größenordnung steigen. Der neue Planet wurde Sedna genannt ehren Eskimo Göttinnen Ozean und Geliebte maritim Tiere, a Sie Durchmesser 1800 Kilometer geschätzt. Unter anderen Funden aus den "Null"-Jahren gibt es noch einige mehr bemerkenswerte Objekte: Zwergplaneten 2003EL61 und 2003FY9, fast so gut wie Pluto in Größen, und Quaoar Mit über nahe 1300 Kilometer (Quaar - das ist Schöpfergottheit bei Indianer Stamm Tonva). Zuerst aus diese Planeten Es hat bilden Ellipsoid Drehung und Reisen in eskortiert zwei Satelliten.

Der Kuipergürtel hat den Astronomen viele Rätsel aufgegeben. Es stellte sich zum Beispiel heraus, dass er allmählich ausdünnt, wie sein Entdecker glaubte, und plötzlich und unerwartet abbricht etwas - sehr groß - Distanz aus Sonne. Durch Meinung Spezialisten, ähnlich "Enthauptung" erklärt Explosion Supernova Sterne in der Nähe aus unser Koryphäen, in wodurch der gesamte Randteil der Gas-Staub-Wolke, der als Material für diente die Entstehung der Planeten des Sonnensystems, erwies sich als völlig überholt. Initial die Idee des Kuipergürtels als flache Scheibe aus protoplanetaren Körpern (im Gegensatz zu kugelförmig Wolken Ort) zu, offenbar sollte erkenne fehlerhaft. Sagen wir die Umlaufbahn von Xena-Eris ist nicht nur stark gestreckt, sondern auch unter der Ebene der Ekliptik geneigt Winkel von 44 Grad und der Neigungswinkel der Bahnen von zwei anderen entdeckten Kuipergürtelobjekten Gruppe braun, ist 28 Grad. ABER wenn abrufen, Was ist die Umlaufbahn Pluto zu liegt außerhalb der Bahnebene aller anderen Planeten des Sonnensystems (obwohl Pluto Dies Ecke weniger - Gesamt 17 Grad), dann schon nur an dieser Parameter sollte ausschließen von der Liste klassisch Planeten.

Daher sind die Bahnen fast aller Kuipergürtelobjekte zur Ebene geneigt der Ekliptik ist vollkommen willkürlich, was den aktuellen Vorherrschenden stark widerspricht Theorie der Planetenentstehung im Sonnensystem. Nach dem orthodoxen Szenario zu urteilen, Planeten wurden aus einer flachen Scheibe aus Gas und Staub geboren, die die Reifung umgab in seine Center Stern - Zukunft Sonne. Jedoch neueste Beobachtungs Daten unwiderlegbar bezeugen was Gürtel Kuiper - nein nicht Gürtel und seine es ist verboten behandeln Sie es als eine flache Scheibe. Höchstwahrscheinlich ist es eine Kugel eine Formation, die der viel weiter entfernten Oortschen Wolke ähnelt. Dann unser Solar System, wenn sehen auf der Sie von außen wird sein ähnlich auf der Matroschka bzw Birne: eines groß Kugel (Wolke Ort), Innerhalb Sie Kugel etwas weniger (Gürtel Kuiper) und, endlich,Sonne und acht Planeten liegen praktisch drin eines Flugzeuge.

Die alte Theorie der Entstehung der Planeten gibt daher in den letzten Jahren kein solches Bild ab Einige Astronomen begannen, aktiv ein grundlegend anderes Szenario zu entwickeln, das erhalten wurde der Name des Oligarchen. Innerhalb dieser Version wird die Hauptrolle dem sogenannten zugewiesen Oligarchenplaneten, die durch die Kraft ihrer Schwerkraft das Verhalten maßgeblich beeinflussten andere Himmelskörper. Nach der Geburt der Sonne klassische Planeten und Asteroidengürtel der Entstehungsprozess des Sonnensystems war keineswegs abgeschlossen, sondern nahm weiter zu wendet sich. Asteroiden wuchsen schnell und nach dem Überschreiten einer bestimmten Grenze begannen sie kräftig zu wachsen anlocken zu dich selbst Sonstiges Karosserie, sich in etwas verwandeln in groß Planeten. Sergej Iljin in Artikel
"Stürmisch Biografie Zehnter Planet" veröffentlicht in Juni Zimmer Zeitschrift "Wissen
– Stärke" pro 2006 Jahr, Detail macht sich auf Wesen oligarchisch Skript.

...

Laut den Autoren dieser neuen Theorie fand gleichzeitig derselbe Prozess statt am Rande des Sonnensystems, im Kuipergürtel. Als Ergebnis, wie Berechnungen zeigen Computer Simulationen, Innerhalb Solar- Systeme muss Es war bilden 20–30 Objekte von der Größe des Mars und am Rande - etwa die gleiche Anzahl von Objekten von der Größe der Erde. Bei einer solchen Zahl hätten sie nah genug dran sein müssen, und das mit der Notwendigkeit verursacht Verzerrung Sie Umlaufbahnen Freund Freund. Verkehr "Oligarchen" wurde chaotisch sie "hinausgeworfen" Freund Freund Mit nachhaltig Umlaufbahnen, gelegen in Flugzeug Ekliptik. Teil aus Sie bei Dies allgemein ist gegangen aus Solar- Systeme in interstellar Platz, Werden "obdachlos" Planeten, "planetarisch" Sonstiges, der Rest nahm Umlaufbahnen auf, die in den "wildesten" Winkeln zur Ebene geneigt waren Ekliptik und damit in ihrer Gesamtheit eine kugelförmige Wolke mit einem Durchmesser von 1000 astronomische Einheiten oder mehr. In dieser Wolke muss daher bis heute Tag existieren nicht nur "klein Planeten" Typ Pluto oder 2003UB313, aber und einige der Überlebenden „primäre Oligarchen". Befürworter eines solchen Szenarios hoffen was erstellt jetzt Teleskope, bestimmt zum Tore rechtzeitig Warnungen Erde um Asteroid Achtung, ermöglichen parallel produzieren systematisch nach solchen "Oligarchen" suchen und "den zehnten, elften, zwölften und So Des Weiteren" Planeten mit Land oder sogar mehr.

Brunnen was und, Lass uns leben - wir werden sehen...

ABER wie das ist der Fall ein Geschäft Mit Planeten nahe Andere Sterne? Schließlich wenn unser Sonne, vertreten dich selbst gewöhnliche gelb Stern spektral Klasse g, gelang es Erwerben Sie eine beeindruckende Familie von acht klassischen Planeten und Zehntausenden Offsuit Asteroiden und Zwergplaneten, ist es logisch anzunehmen, dass andere Sterne können auch eigene Planeten haben. Und da der Haupthafen des Lebens in Das Universum besteht genau aus den Planeten (jedenfalls neigen die meisten dazu, so zu denken Biologen) ist die Suche nach extrasolaren Planeten von besonderer Relevanz. Tatsächlich das Fazit unverzichtbar "Bindung" Leben zu Oberflächen Planeten gemacht auf der Basis unser sehr dürftige Erfahrung (das Leben ist uns in einer einzigen irdischen Version bekannt), aber Wahrsagerei Café dicker mehr weniger fruchtbar. Na sicher, ziemlich wahrscheinlich, was Leben kann sein geboren werden eben in interstellar Umgebung (in seine Zeit Englisch Astrophysiker Fred Halloschrieb auf der Dies Thema Fantastisch Roman unter Name "Schwarz Wolke"), aber eine solche Hypothese wäre noch spekulativer. Bei den Planeten ist es irgendwie klarer - dazu Beispiel unser besitzen Existenz. Deshalb wenn wir wollen kennt, wie viel Leben ist im Universum weit verbreitet, Sie müssen sich zuerst mit Planetensystemen befassenAndere Sterne.

Bis vor kurzem glaubten viele Wissenschaftler, dass Planeten sehr selten vorkommen Platz. Eine solche Sicht Mit Beweis floss aus aus Theorien Ursprung Planeten Englisch Astronom Jeans. Entsprechend Dies einmal Beliebt Theorie, Planeten Das Sonnensystem wurde aus der Zunge der Sonnensubstanz gebildet, die geschnappt wurde Gravitationskräfte eines massereichen Sterns, der an der Sonne vorbeizieht. Materiestrahl, in den Weltraum spritzte, hatte eine Spindelform - mit einer Verdickung in der Mitte Teile und relativ dünne Enden. Daher die nächsten Planeten zur Sonne Gruppen und die am weitesten entfernten wie Pluto und andere Objekte des Kuipergürtels sind klein. Größen und Masse, a in Center Solar- Systeme erledigt Gas Riesen. ABER da die Annäherung von Sternen nicht nur ein zufälliges Ereignis ist, sondern auch äußerst selten (in jedem Fall). Fall am Rande der Milchstraße, wo unsere Sonne steht), die Geburt des Planeten Systeme engagiert sein sehr selten. Wahrheit, heute Theorie Jeans repräsentiert in von Bedeutung messen historisch Interesse, So wie auf der Wechsel Sie kam anders Szenario: praktisch gleichzeitig Auftreten Planeten und Sonne aus rotierend Gas- und Staubwolke. Wie dem auch sei, Theorien bleiben Theorien, und wir wollen kennt mit Sicherheit gibt es planetarisch Systeme bei Andere Sterne.

Na sicher Direkte optisch Überwachung Planeten nahe Andere Sterne unmöglichbereits heute und wird in absehbarer Zeit nicht möglich sein. Und zwar wissenschaftlich und technisch der Fortschritt eilt sprunghaft voran, es gibt grundsätzliche Verbote Charakter. Planeten, wie bekannt gegenwärtig dich selbst paradiesisch Karosserie, die scheinen durch das reflektierte Licht ihrer Sonne, so ihre Brillanz vor dem Hintergrund des Glanzes des Muttersterns praktisch nicht zu unterscheiden. So weit ein zarter Funke vor dem Hintergrund eines lodernden Feuers zu sehen bisher konnte es keiner. Möglicherweise im Zentrum der Milchstraße, wo die Sterne kollidieren in dichte Herden, die visuelle Verfolgung der Planeten ist nicht besonders schwierig, aber auf Peripherie unser Galaxien Fixierung Planeten bei benachbart Sterne umdrehen fast eine unlösbare Aufgabe. Spiralarme der Milchstraße, von denen einer vegetiert unser Sonne, entfernt aus Center Galaxien auf der 26 tausend hell Jahre, nicht kann rühmen hoch Dichte hervorragend Population. es auf keinen Fall nicht Holland, nicht Belgien und nicht das Gangestal, wo man sich auf den Kopf setzt, sondern Jakutien bzw Tschukotka. In unseren galaktischen Breiten gibt es viel freien Raum. Ich werde Sie daran erinnern Leser, dass selbst die nächsten Sterne unvorstellbar weit entfernt sind: die Entfernung zu Proxima Centauri (übrigens, "proxima" bedeutet auf Lateinisch "am nächsten") ist 4,3 hell des Jahres, berühmt "fliegend" Stern Barnard hinkt hinterher aus Sonne auf der 6 hell Jahre,a zu Sirius - die meisten heller Stern unser Himmel - fast 9 Licht Jahre.

Wenn Sie einen Würfel mit einer Seite von 10 Lichtjahren nehmen, passen sie bestenfalls hinein zwei oder drei Sterne. ABER hier in gewöhnliche Ball Stau, lügnerisch nicht weit weg von Center Galaxien (in Komposition milchig Wege eine solche Cluster nahe 200) auf der 100 kubisch hell Jahre Konto für mehrere Hunderte Sterne. Dichte hervorragend Population dort in mehrere tausend Mal höher, und der Nachthimmel in diesen Gegenden muss ungewöhnlich hell sein. So, betonen mehr einmal: Direkte optisch Überwachung out-solar Planeten (oder Exoplaneten, wie Sie werden Ruf heute an) nicht scheint möglich.

Aber wenn Exoplanet es ist verboten entdecken direkt, dann, sein kann sein, in Verfügung zeitgenössisch Astronomie es gibt indirekt Methoden Sie Erkennung? BEI Derzeit wurden mehrere solcher Methoden vorgeschlagen - die astrometrische Methode, die Methode Strahlung Geschwindigkeiten, Überwachung Transite und etwas Sonstiges. ich nicht ich werde gehen in in technische Details und schlüsseln Sie jeden dieser Ansätze auf, aber ich werde das nur anmerken mehrheitlich zeitgenössisch Methoden Erkennung Exoplaneten basierend auf der Buchhaltung Schwere Störungen in Bewegung Sterne. Ein Geschäft in Volumen, was irgendein fest Karosserie (z. B. ein Planet), der sich um einen Stern dreht, wirkt mit seiner Schwerkraft auf ihn ein. In diesem Fall zieht der Planet den Stern sozusagen leicht zu sich und seitdem aufgrund der Bewegung entlang Orbit Sie ist regelmäßig stellt sich heraus an verschiedene Seiten aus Koryphäen, dann und Stern regelmäßig verschiebt sich in anders Richtungen unter Aktion Schwere Planeten. Andere Wörter wenn Planet ziehen um an Orbit um mütterlich Sterne, dann und Stern, in mein drehen, nicht Überreste bewegungslos, a beschreibt sehr klein Kreis in Platz unter beeinflussen Kräfte Schwere seine natürlich Satellit. So der WegBeide Körper drehen sich tatsächlich um einen gemeinsamen Massenschwerpunkt, den Astronomen genannt Schwerpunkt.

Na sicher Gewicht Planeten unerheblich klein an Vergleich Mit Gewicht Sterne, deshalb Umfang Sie Zögern sehr klein. Sagen wir Sonne unter Einschlag Attraktion Jupiter (und das ist der massereichste Planet) oszilliert um den Massenmittelpunkt der Sonne Systeme mit einer Geschwindigkeit von nur 12,5 Metern pro Sekunde. Für die Erde oder die Venus gilt dieser Wert immer noch weniger und beträgt etwa 0,1 Meter pro Sekunde. Wir können sagen, dass die Sonne ein wenig ist schwankend bei Bewegung Planeten an ihr Umlaufbahnen a Schwerpunkt Solar-Systeme Lügen, Also der Weg Innerhalb unser Koryphäen. Vor die meisten jüngste Zeit Empfindlichkeit Ausrüstung, verfügbar in Verfügung Astronomen war deutlich nicht aus, um leichte Himmelskörper um andere Sterne zu entdecken. Obwohl solche Versuchewiederholt wurden gemacht alle sie war auf der Grenze Experimental- Richtigkeit und unterzogen wurden angemessen Zweifel.

Die Situation änderte sich erst Anfang der 1990er Jahre, als Spektrometer einer neuen Generation, die es ermöglichten, Radialgeschwindigkeiten viel genauer zu messen Sterne. Was eine solche radial Geschwindigkeit? Wenn ein bei Sterne verfügbar Satellit (Sonstiges Stern oder Planet), dann bei Bewegung um Schwerpunkt radial Geschwindigkeit Sterne (Geschwindigkeit Sie sich dem Betrachter entlang der Sichtlinie nähert oder sich von ihm entfernt) wird Schwankungen mit erfahren Zeitraum, gleich Zeitraum Verkehr Sterne um Center Gew. Empfindlichkeit Ausrüstung in Ende XX Jahrhundert erhöht, an extrem am wenigsten auf der bestellen, So was wurdemöglich finden extrasolar Planeten, vergleichbar an Masse Mit Jupiter.

Neben der astrometrischen Methode und der Radialgeschwindigkeitsmethode gibt es noch eine weitere Weg Erkennung Exoplaneten - So genannt Überwachung Transite. Wenn ein fangen Planeten im Moment seines Durchgangs durch die Scheibe eines Sterns, ist es nicht nur möglich, seine Masse zu berechnen, sondern und definieren Maße (Volumen), a Folglich - Berechnung Dichte. Na sicher Es ist unmöglich, einen dunklen Kreis auf der gepunkteten Scheibe eines Sterns zu erkennen (selbst mit dem stärksten Teleskop Sterne sehen aus wie dimensionslose Punkte), sondern um eine kleine Flussabnahme zu messen Sveta aus Sterne ziemlich Vielleicht. Zu Unglücklicherweise Methode Beobachtungen Transite erfordert Erfüllung Besondere Bedingungen: Planet, Sie Stern und terrestrisch Beobachter muss liegen in eines Flugzeug (in Flugzeug Kepler Orbit, wie Sie sagen

Astronomen). Eine solche Glück fällt aus verhältnismäßig selten, deshalb Fälle Beobachtungen Transite lassen sich buchstäblich an den Fingern abzählen. Trotzdem ist das Spiel die Kerze wert, denn nur mit Hilfe dieser Methode ist es möglich, eine Reihe wichtiger Eigenschaften von Exoplaneten zu untersuchen, messen Sie Radius und sogar Forschung Eigenschaften Sie Atmosphären.

Der Erste Erfolg fiel aus auf der Teilen schweizerisch Astronomen M. Haupt und D. Quelotsa, die Glücklich entdecken Planet nahe sonnenartig Sterne, festgelegt in Verzeichnis wie 51 in Konstellation Pegasus (51 Anbindung). es von Bedeutung Veranstaltung passiert in 1994, aber die Eigenschaften des ersten Exoplaneten waren so unerwartet was Wissenschaftler beschlossen verhaften Veröffentlichung, zu wie sollte überprüfen ihr Ergebnisse. Bis 1995 waren alle Zweifel verschwunden und die Entdeckung geschlüpft. Neuer Planet mit 51 Pegasus war unglaublich. Seine Masse entsprach ungefähr der Masse des Jupiter und der Entfernung von mütterlich Sterne war Gesamt 0,05 astronomisch Einheiten, dann Es gibt in zwanzig einmal weniger als von der Erde zur Sonne (und sogar fast 8-mal weniger als von der Sonne zum Merkur). Planet engagiert sein voll Umsatz um Sterne pro 4.2 Tage - solches ist war Dauer Sie des Jahres. durch Nähe zu Leuchte Temperatur Sie Oberflächen übertroffen 1000 Grad von Kelvin.

Erzählen, was wissenschaftlich Welt war gestürzt in Bedingung Schock - nichts nicht erzählen. planetarisch System 51 Pegasus hat sich herausgestellt unbedingt unähnlich auf der Solar-System. Im Herbst 1995 berichteten Major und Quelotz auf einer Konferenz in Italien über ihre Entdeckung Planeten einverstanden Anruf an Name Sterne Mit hinzufügen Briefe "b" zum Erste gefunden Planeten, "Mit" - zum zweite und So Des Weiteren. Anfangs Astronomen amüsiert mich selbst Hoffnung was schweizerisch gelang es stolpern auf der etwas Anomalie beispiellos Seltenheit in Welt Planeten, aber anschließend findet gezwungen Schau mal auf der Dinge anders. Ein anderer Exoplanet hatte eine viermal größere Masse als Jupiter und die Periode seine Umdrehung um den Mutterstern (also das Jahr) war sogar noch kürzer - 3,3 Tage. Später wurden Planeten dieses Typs "heiße Jupiter" genannt. Stimmt, hinein 1996 scheint die Entdeckung den amerikanischen Astronomen D. Marcy und P. Butler gelungen zu sein planetarisch System, teilweise erinnernd Solar, bei Sterne Ypsilon Andromedae (? Und), aber mehr aufmerksam Analyse zeigte was Ähnlichkeit das ist ersichtlich. BEI System
„Und drei sehr schwere Planeten kreisen um den Mutterstern und die Masse der nächste von ihnen ist etwas kleiner als die Masse von Jupiter, und die anderen beiden sind schwerer als unser Gas Riese in zwei und vier mal beziehungsweise. Zuerst (die meisten einfach) Planet - typisch "heißer Jupiter" mit einem Umlaufradius von 0,06 AE. e., aber die anderen beiden liegen ganz ordentlich auf Entfernungen - 0,9 und 2,5 ae Die Umlaufbahnen dieser fernen Exoplaneten haben jedoch nichts gemeinsam Mit Umlaufbahnen Planeten Solar- Systeme, weil die besitzen sehr von Bedeutung Exzentrizität. Leider wieder ein Mist. Die Liste der extrasolaren Planeten wurde fortgesetzt ständig auffüllen, und zu Mitte Martha 2007 des Jahres es gab schon 182 Sterne, von Planeten belastet. Und da es in einigen Systemen möglich war, mehrere zu finden Planeten, Sie Allgemeines Menge zahlenmäßig unterlegen 200.

So haben heute Astronomen, wenn auch begrenzt, aber Es gibt jedoch genügend Statistiken, um die Behauptung zu untermauern Etwa 4% der sonnennahen Sterne haben in Bezug auf die spektralen Eigenschaften Planeten Systeme oder einzelne Planeten. Etwas heißere und etwas kältere Sterne Die Planeten der Klassen F und K (denken Sie daran, dass unsere Sonne zur Klasse G gehört) wurden vollständig gefunden wenig. Das bedeutet natürlich nicht, dass heiße weiße und blaue Sterne keine Planeten haben. in Wirklichkeit; Es ist nur so, dass die Radialgeschwindigkeitsmethode nicht universell ist und nicht gut funktioniert, wenn Stern hat eine unruhige Photosphäre.

Aber das Hauptproblem ist dass fast alle neu entdeckt Exoplaneten oder Planetenfamilien weisen einen auffälligen Unterschied zur Sonne auf Systeme und Sie Planeten. Nur in Single Fälle gelang es entdecken Planeten, im Umlauf an kreisförmig oder fast kreisförmig Umlaufbahnen auf der reicht aus Entfernung aus mütterlich Sterne. Alle Andere oder drehen sich wie verrückt, Rücken an Rücken zu seine Die Sonne

Erwärmung auf Hunderte und Tausende von Grad (und wir sprechen von Gasriesen in der Größe von Jupiter, a dann und mehr), oder sind auf der Scharf Exzenter Umlaufbahnen mehr den Umlaufbahnen von Kometen ähneln. Was würden Sie über einen Planeten sagen, der um ein Vielfaches größer ist als an Masse Jupiter, die dann Annäherung zu mütterlich Stern fast Rücken an Rücken dann fliegt über die Umlaufbahn von Neptun hinaus? Inzwischen ist das genau so, wie die Planeten Familien Fremde Sonnen.

In letzter Zeit haben Astronomen von „sehr heißen Jupitern" gesprochen. Ein solcher Planet, in eineinhalb mal übersteigen Jupiter an Masse, war verhältnismäßig in letzter Zeit entdeckt bei Sterne sonnig Typ. Sie ist gelegen auf der Distanz 3.3 Million Kilometer (0,02 AE) vom Mutterstern entfernt (die durchschnittliche Entfernung des Merkur von der Sonne beträgt 58 Millionen Kilometer) und umkreist sie in rekordverdächtig kurzer Zeit - 1,2 Tage. Von der Oberfläche dieses einzigartigen Planeten aus sieht der Mutterstern unvorstellbar aus. eine riesige Kugel, die vor zischendem Feuer platzt (50-mal größer im Durchmesser als die Sonne auf der irdisch Himmel).

Ungewöhnlich planetarisch Familien Andere Sterne entschlossen widersprechen allgemein anerkannte Theorie der Entstehung von Planetensystemen, nach der Sonne und Planeten wurden geboren aus Gas-Staub Scheibe praktisch gleichzeitig. Alle Planeten Solar-Systeme fallen in zwei große Gruppen: relativ kleine feste Kugeln mit hoch Dichte, gefaltet felsig Rassen, und Gas Riesen, Deren Durchschnitt Dichte wenig ist anders aus Dichte Wasser. Unterschied zwischen groß und klein Planeten erklärt Themen was Gas Riesen wurden geboren in zentral Teile protostellare Wolke, indem sie allmählich riesige Gasmassen auf der Primärwolke ansammeln eisig Kern, a klein Planeten gebildet auf der nahe und entfernt Peripherie Gas-Staub Scheibe, wo Substanzen Es war sehr wenig. Ausbildung Planeten terrestrisch Gruppen konzipiert wie Ergebnis mehrere Zusammenstöße und Fusionen So genanntplanetazimal (planetarisch Embryonen) Mit anschließend Sie Aufwärmen pro überprüfen radioaktiv Elemente, erledigt in Kerne fest Planeten. Weil die primär Gas-Staub Wolke hatte bilden rotierend um vertikal Achsen Scheibe Mit Verdickung in der Mitte, sollten die Umlaufbahnen aller Planeten fast regelmäßig sein Kreise und liegen in der gleichen Ebene. Das sagt zumindest die allgemein anerkannte Theorie. Planetenbildung.

Unterdessen weigern sich Exoplaneten und Exoplanetenfamilien hartnäckig, dazuzugehören Dieses idyllische Bild, so müssen Astrophysiker und Planetenforscher suchen Sonstiges Erklärungen. Und wenn ungewöhnlich Eigenschaften Erste extrasolar Planeten anfangs als eine Art Anomalie angesehen werden, dann regen uns neue Entdeckungen an, darüber nachzudenken, was Anomalie schneller Gesamt, sollte zählen unser Solar- System. Zu erklären Phänomen der "heißen Jupiter", ein Migrationsmechanismus wurde vorgeschlagen, der ist langsam gleiten Planeten Mit hoch Umlaufbahnen, wo sie ursprünglich gebildet, auf der Umlaufbahnen niedrig, zirkumstellar. Dass Umstand, was sie weder in wer Fall nicht könnte in der Nähe des Muttersterns geboren, wo sie bis heute sind, mehrheitlich Planetenwissenschaftler Zweifel nicht Anrufe. Zusätzlich Streit in Nutzen
"entfernt" Geburt "heiß Jupiter" sind entdeckt Astronomen Gas-Staub-Wolken im Stadium der Planetenentstehung. Der weite Bereich um den Stern ist immer sauber besenrein, frei von Staub und Gas, denn die Dichte der Sternstrahlung hier so hoch, dass er den ganzen Müll komplett an die Peripherie fegt. Daher das Material auf denen sich "heiße Jupiter" in niedriger Umlaufbahn bilden, nur lokalisiert werden können Distanz nicht weniger fünf astronomisch Einheiten aus elterlich Sterne. Durch alle Sichtweite, Mechanismus Migration anmachen sehr frühzeitig, a Entwicklungen sich entwickeln sehr schnell: kaum Zeit haben geboren werden Planeten Anfang gleiten an sanft abfallend Spiralen zu seine Die Sonne Wiedersehen Gezeiten Interaktionen Sterne und Planeten nicht stabilisieren Orbit
"heiß Jupiter" Rücken an Rücken zu Stern. Jedoch, ziemlich verfügbar und Ein weiterer Szenario: Schwere mütterlich Sterne ständig verlangsamt Planet Wiedersehen das nicht Zusammenbruch an

Verjüngung Spiralen auf der seine Sonne und nicht Abbrennen in seine Eingeweide.

Gasriesen sind so eng an den Mutterstern gequetscht ein gewöhnliches Phänomen, das nur mit den Schultern zucken kann. Das Phänomen des Sonnensystems findet verständlich Erklärungen. Arzt physikalisch und mathematisch Wissenschaften L. Xanformalität, Angestellter Institut Platz Forschung RAS, schreibt um Dies nächste Weg:
„Extrasolare Planeten bieten Theoretikern so viele Fragen, dass es zur ganzen Theorie passt Ausbildung Planeten schreiben wieder. ABER naiv Frage: warum Migration Nein in unser Solar-System? - Sie besser nicht einstellen". Tem mehr nicht Kosten Fragen Spezialisten um Andere körperlich Parameter Exoplaneten. Nehmen pro Punkt Hinweis Solar- System haben wir das Recht anzunehmen, dass die durchschnittliche Dichte von Gasriesen in der Nähe von Außerirdischen liegt Sonnen (heiß sie oder kalt - grundlegend Werte nicht Es hat) muss ein wenig in vertraute Werte passen anders als Dichte Wasser. Allerdings nicht hier und da Es war! Mittel Dichte fest Exoplaneten "schwimmt" in sehr breit innerhalb
– von der halben Dichte des Jupiter bis zu mehreren Dichten des Saturn. Zum Beispiel einer von solche Planeten, die Jupiter im Durchmesser deutlich unterlegen sind, übertreffen ihn gründlich Masse, aus was sollte vermuten was Sie ist hat gewichtig Ader aus schwer Elemente, auf der die Konto für Vor 0,7 Massen Neu Exoplaneten. Gas Riesen in Das Sonnensystem kann das nicht sich eines so dichten Kerns rühmen, also rein Standard Theorien Ursprung Planeten Dies Tatsache nicht findet verständlich Erklärungen.

Das Phänomen des "heißen Jupiters" haben Astrophysiker zur Hälfte erklärt, bleiben aber mehr "kalt Jupiter", völlig und neben beschreiben um mütterlich Sterne Also gestreckt Ellipsen, die mehr gesteckt langfristig Kometen von Zeit zu Zeit ins Nirgendwo wegfliegen. Richtig, Computersimulation scheint zu sein geholfen Baracke hell auf der Evolution planetarisch Systeme Ypsilon Andromedae ("heiß Jupiter" in niedriger Umlaufbahn und zwei entfernte Planeten mit deutlicher Exzentrizität der Umlaufbahn). VON Ein weiterer Hand, Modelle Modelle Streit. Zum Beispiel, Angestellte Washington Universität in Seattle aus irgendeinem Grund kam zu Fazit was mehrheitlich Exoplaneten, ähnlich in der Größe mit der Erde (nur für den Fall der Referenz: noch kein einziger solcher Planet war wurde beobachtet zum Sie Erkennung Lügen pro außen zeitgenössisch Astrophysik Methoden), muss sein Wasser Welten. Sie sind gemischt verschiedene Szenarien Planetogenese, und jedes Mal erschienen vier erdähnliche Planeten auf dem Display, der kleinste von ihnen die war fünffach weniger Erde, a am meisten groß - in vier mal mehr. Bei Computer Modellieren auf der diese virtuell landet angesammelt unglaublich die Wassermenge ist 300 mal größer als auf der realen Erde, also ihre gesamte Oberfläche muss sein bedeckt beeindruckend Ozean viele Kilometer Tiefe.

Übrigens, was ist mit der Suche nach erdähnlichen Planeten? Leider praktisch nichts, So wie Empfindlichkeit Methode Strahlung Geschwindigkeiten erlaubt zuverlässig erkennen nur Riesenplaneten (Planeten in der Nähe von Pulsaren, die besprochen werden unten ist eine seltene und glückliche Ausnahme). Der kleinste der kürzlich entdeckten Exoplaneten dreht sich um rot Zwerg - Sterne spektral Klasse M Mit Temperatur Oberfläche ist 2-3 Tausend Grad Kelvin (unsere Sonne hat 6 Tausend). Vermutlich es ist fest, das heißt, es besteht wie die Erde aus Gestein, und seine Masse wird geschätzt etwa 7,5 Erdmassen (merklich weniger als die von Neptun oder Uranus). Alles wäre nichts leider ist dies wieder ein Planet in niedriger Umlaufbahn (allerdings aufgrund der relativ klein, um es "Jupiter" zu nennen, dreht sich irgendwie die Sprache nicht). Um deine schwacher Sonne, dreht er sich in zwei Tagen (1,94 Tage) um und ist von ihm entfernt drei Millionen Kilometer - 50-mal näher als die Erde von der Sonne. Und zwar der Rote Zwerg - nicht wie unsere heiße Koryphäe, wärmt es doch die Oberfläche eines schnell fliegenden Planeten Vor 200–400 Grad drin Celsius. Leben irdisch Typ dort kaum ob möglich.

Jedoch verzweifeln alle gleich nicht Kosten, weil die Statistiken extrasolar Planeten lange weg nicht voll. Sagen wir beträchtlich Interesse repräsentiert System Sterne HD37124 in Konstellation Stier wo entdeckt drei Planeten, jeder aus die zweimal Einfacher Jupiter a die Radien ihrer Umlaufbahnen betragen 0,5, 1,7 und 3,2 AE. e. Und da herrscht eine besondere Enge im Sternensystem aus Das Sternbild Stier wird nicht beobachtet, es ist durchaus möglich, dort das Vorhandensein von terrestrischen Planeten anzunehmen Typ. Gleiches gilt für den Stern 47 Ursa Major, in dem massive Planeten, die Saturn ähneln und Jupiter, mit einem sehr ähnlich Parameter Umlaufbahnen. Daher ist im inneren Bereich dieses Systems die Existenz von Planeten Erdtyp.

Tatsache bleibt jedoch, dass die Struktur der Umlaufbahnen der überwiegenden Mehrheit der Exoplaneten eben entfernt nicht erinnert sich Solar- System. Rücken an Rücken gequetscht zu ihr heiße Gaskugeln zur Sonne oder auf unvorstellbar gestreckten Ellipsen davonlaufen eisig Riesen nicht haben nichts Allgemeines Mit Planeten Solar- Systeme. Wenn ein um darauf hinzuweisen, dass in den inneren Regionen einiger exoplanetarer Systeme Platz ist Für erdähnliche Planeten ist es schwer vorstellbar, wie sie überleben können, weil Migration Riesen zu Stern zwangsläufig wird führen zu katastrophal Überschneidung Umlaufbahnen.

Auch die Anatomie ausländischer Gasriesen ist grundlegend anders. Viele von ihnen haben fest Ader aus schwer Elemente, auf der die Konto für Vor 70% alle Massen Planeten. deutlich minderwertig in der Größe unser Jupiter bzw Saturn, so untypisch Exoplaneten sind ihnen zahlenmäßig deutlich überlegen. Es gibt nichts Vergleichbares im Sonnensystem. trifft. Alle diese Rätsel, zusammen vergriffen, führen zu sehr traurig Fazit um Einzigartigkeit unser planetarisch Systeme. Planeten terrestrisch Gruppen anwenden an nachhaltig Umlaufbahnen und in Prinzip fähig sein Wiege Leben. Riesenplaneten langsam in der Ferne kreisen und niemanden stören; Darüber hinaus gibt es einen Standpunkt entsprechend die sie ausführen wichtig schützend Funktion, Abdeckung inländisch Planeten vor unerwarteten Angriffen gefährlicher Himmelskörper. Es kommt auf einige an Astrophysiker sprechen von einer eigentümlichen Version des anthropischen Prinzips die Auftreten Leben auf der Erde am nächsten Weg verbunden Mit Jupiter.

Die Astronomie als Wissenschaft entwickelte sich im Zeichen zunehmender Dezentralisierung. Zuerst wir gelernt, was Erde nicht ist Center Universum, a repräsentiert dich selbst sehr ein bescheidener Himmelskörper, der unermüdlich um die Sonne huscht. Dann stellte sich heraus, dass unsere großartige Leuchte, vergöttert, in den Himmel erhoben und jedem Leben spendend Kreaturen - ein gewöhnlicher gelber Zwerg der Spektralklasse G, die Teil der Milch sind Es gibt Dunkelheit auf dem Weg. Und es befindet sich keineswegs im Zentrum der Galaxie, da Einige Astronomen des 18. Jahrhunderts glaubten rücksichtslos und entschieden sich für seine Ferne Hinterhöfe, wo es nur ein paar Sterne gab, zwischen zwei staubigen Spiralarmen. ABER jetzt uns Sie sagen, was Scheibe milchig Wege, Dies verdrehte in fest Knoten monströs Fleck Mit über in 100 tausend hell Jahre, Es gibt nicht was Sonstiges wie eines aus Hunderte Milliarde Galaxien, verstreut an grenzenloses Universum.

Der Gedanke an die Einzigartigkeit des Sonnensystems sitzt weiterhin wie ein Splitter, ziemlich Vergiftung Astronomen Leben. Xanformity schreibt:

...

Alle groß Planeten Solar- Systeme haben fast koplanar (gelegen in eines Flugzeug) stabil Umlaufbahnen Mit niedrig Exzentrizität, exklusiv Sie katastrophal Konvergenz. Sonnig System - das ist System Mit niedrig Entropie (hohe Stabilität). Aber es sind gerade die Hochentropiesysteme von Exoplaneten, in denen nur die massereichsten Körper überleben, mag die Norm sein. Das Sonnensystem könnte ganz anders sein als das, in dem wir leben. Oder vielleicht leben wir darin exakt weil sie nicht ähnlich auf der Sonstiges?

BEI Fazit Überreste erzählen, was Erste Exoplanet war entdeckt nicht 1994 Jahr, a auf der mehrere Jahre Vor - in 1990 Wenn amerikanisch Astronom Polieren Ursprung Alex Woltzschan (Wolchan in Ein weiterer Transliteration) gesendet Mine

Radioteleskop zum schwachen Pulsar PSR 1257+12, der sich in einer Entfernung von 1300 Licht befindet Jahre von der Erde. Pulsare sind ihrer physikalischen Natur nach Neutronensterne. die starke, streng periodische Impulse elektromagnetischer Strahlung aussenden. Impulsperiodizität jeder hat es Pulsar streng Individuell und normalerweise besteht in von 640 Impulsen pro Sekunde bis zu einem Impuls pro fünf Sekunden. schnell ein rotierender Neutronenstern ist tatsächlich ein riesiger Magnet, und eine lange gerade, verbinden Stangen Dies Magnet, welche die Spinnen wie wütend, ausfliegen So genannt Jets - mächtig Jets glühend heiß Plasma und Photonen. Die Helligkeitsvariabilität erklärt sich einfach, da der Magnetpol nicht auf der Achse liegen muss Rotation (die magnetischen Pole der Erde stimmen auch nicht mit den geografischen Polen überein). Der ausgehende elektromagnetische Strahl beschreibt einen Kegel um die Rotationsachse, und wir sehen der Pulsar nur in den Momenten, in denen er direkt auf die Erde "schaut". Gleich er wendet sich ab und geht zur Seite, um nach einiger Zeit wieder zurückzukommen, streng Fest Zeitintervall.

Weil die Zeitraum Pulsare ausschließlich stabil (bis zu Vor 10-14 Sekunden), Strahlung Geschwindigkeit Neutron Sterne kann messen Mit Präzision Vor 1cm/s was völlig unzugänglich für gewöhnliche Sterne. Noch genauer kann man seine Periodizität definieren Verschiebung beim Drehen um das Baryzentrum, so dass der Pulsar keinen großen hat arbeiten, um Planeten mit einer Masse in der Größenordnung der Erde zu entdecken. Aber seit der Existenz von Planeten Pulsare niemand nicht könnte Traum eben in Alptraum Traum, Astronomen einfach winkte auf der Sie Hand.

Doch Alex Woltzschan brach mit der Tradition und verlor nicht. Analyse von Pulsarvariationen mit Pulsfrequenz von 6,2 Millisekunden zeigte, dass um einen Neutronenstern herum bis zu drei Planeten, deren Massen durchaus mit der Masse der Erde vergleichbar sind (0,02, 4,3 und 3,9 M „jeweils). Umlaufbahnen, an die sie bewegen sich fast kreisförmig und bilden 0,2 0,4 und 0,5 a. e. Perioden appelliert zu akzeptabel - 25, 66 und 98 Tage. Problem ist in Volumen, was unbedingt unklar, was Weg diese Planeten könnte sicher überleben Explosion Supernova, zum Neutron Stern Es gibt nicht was Sonstiges wie Produkt der Explosion eines gewöhnlichen Sterns am Ende seines Lebens. Supernova-Explosion ist monströs Katastrophe, welche die muss war "Bügeln" Aufräumen Nachbarschaft Sterne, So was Planeten elementar nicht könnte überleben. Astrophysiker vermuten was in der Nähe aus Explodierte Supernova einmal gab es einen anderen Stern, dessen Substanz nach und nach floss zum Pulsar (ein Pulsar ist ein sehr massiver Körper), und der Rotz, der arbeitslos blieb, kondensiert in Planeten.

Zu sich entscheiden, wie viel einzigartig Sonnig System, brauchen fortsetzen Suche Exoplaneten und in erster Linie - erdähnlich. Es gibt Grund zu der Annahme, dass die Zukunft das Jahrzehnt sollte von neuen Entdeckungen geprägt sein. Die Franzosen beabsichtigen zu starten Weltraumsatellit COROT, der speziell für die Beobachtung von Transiten entwickelt wurde, und Amerikanisches Orbitalteleskop "Kepler" für vier Jahre Arbeit wird in der Lage sein, zu erforschen nahe 100 tausend Sterne. europäisch Platz Agentur geplant Start Satellit
"Darwin", vertreten dich selbst System aus sechs orbital Teleskope, welche die Ziel ist es, auf anderen Planeten nach chemischen Lebenszeichen zu suchen. Das bleibt zu hoffen Menge früh bzw spät wird bestehen in Qualität.

www.ingramcontent.com/pod-product-compliance
Lightning Source LLC
Chambersburg PA
CBHW060417220526
45465CB00008B/2913